中国特色高水平高职学校项目建设成果

建筑施工组织

JIANZHU SHIGONG ZUZHI

主　编 ◎ 杜丽敏
副主编 ◎ 曹　洋
主　审 ◎ 王天成

中国铁道出版社有限公司
CHINA RAILWAY PUBLISHING HOUSE CO., LTD.

内 容 简 介

本书依据高等职业院校建筑工程技术专业人才培养目标和定位要求,及以建筑施工组织设计为导向构建的课程要求编写,主要内容包括编写施工方案、编制施工进度计划、制定主要施工技术组织措施三个学习情境。学习情境下设 8 个学习性工作任务,包括编写工程概况、编写工程施工方案、编制施工进度横道计划、编制施工进度网络计划、绘制施工现场平面图、制定技术措施、制定质量保证措施、制定施工安全措施。

本书适合作为高等职业院校建筑工程技术、工程造价等专业的教材,也可作为岗位培训教材或有关工程技术人员的学习参考用书。

图书在版编目(CIP)数据

建筑施工组织 / 杜丽敏主编. -- 北京 : 中国铁道出版社有限公司, 2025. 1. -- ISBN 978-7-113-31788-1
Ⅰ. TU721
中国国家版本馆 CIP 数据核字第 20242RN851 号

书　　名:建筑施工组织
作　　者:杜丽敏

策　　划:祁　云　何红艳　　　　　　　　　　编辑部电话:(010)63560043
责任编辑:何红艳　许　璐
封面设计:刘　颖
责任校对:苗　丹
责任印制:赵星辰

出版发行:中国铁道出版社有限公司(100054,北京市西城区右安门西街 8 号)
网　　址:https://www.tdpress.com/51eds
印　　刷:北京联兴盛业印刷股份有限公司
版　　次:2025 年 1 月第 1 版　2025 年 1 月第 1 次印刷
开　　本:880 mm×1 230 mm　1/16　印张:15.5　字数:478 千
书　　号:ISBN 978-7-113-31788-1
定　　价:49.00 元

版权所有　侵权必究

凡购买铁道版图书,如有印制质量问题,请与本社教材图书营销部联系调换。电话:(010)63550836
打击盗版举报电话:(010)63549461

中国特色高水平高职学校项目建设成果系列教材编审委员会

主　　任：高洪旗　　哈尔滨职业技术大学党委书记
　　　　　　刘建国　　哈尔滨职业技术大学校长、党委副书记

副 主 任：金　淼　　哈尔滨职业技术大学宣传（统战）部部长
　　　　　　杜丽萍　　哈尔滨职业技术大学教务处处长
　　　　　　徐翠娟　　哈尔滨职业技术大学国际学院院长

委　　员：黄明琪　　哈尔滨职业技术大学马克思主义学院党总支书记
　　　　　　栾　强　　哈尔滨职业技术大学艺术与设计学院院长
　　　　　　彭　彤　　哈尔滨职业技术大学公共基础教学部主任
　　　　　　单　林　　哈尔滨职业技术大学医学院院长
　　　　　　王天成　　哈尔滨职业技术大学建筑工程与应急管理学院院长
　　　　　　于星胜　　哈尔滨职业技术大学汽车学院院长
　　　　　　雍丽英　　哈尔滨职业技术大学机电工程学院院长
　　　　　　赵爱民　　哈尔滨电机厂有限责任公司人力资源部培训主任
　　　　　　刘艳华　　哈尔滨职业技术大学质量管理办公室教学督导员
　　　　　　谢吉龙　　哈尔滨职业技术大学机电工程学院党总支书记
　　　　　　李　敏　　哈尔滨职业技术大学机电工程学院教学总管
　　　　　　王永强　　哈尔滨职业技术大学电子与信息工程学院教学总管
　　　　　　张　宇　　哈尔滨职业技术大学高建办教学总管

编写说明

实施中国特色高水平高职学校和专业建设计划(简称"双高计划")是教育部、财政部为建设一批引领改革、支撑发展、中国特色、世界水平的高等职业学校和骨干专业(群)而做出的重大决策。哈尔滨职业技术大学(原哈尔滨职业技术学院)入选"双高计划"建设单位。为了切实有效落实"双高计划",学校对中国特色高水平学校建设进行顶层设计,编制了站位高端、理念领先的建设方案和任务书,并扎实开展了人才培养高地、特色专业群、高水平师资队伍与校企合作等项目建设,借鉴国际先进的教育教学理念,开发中国特色、国际水准的专业标准与规范,深入推动"三教"改革,组建模块化教学创新团队,实施"课程思政",开展"课堂革命",校企双元开发活页式、工作手册式、新形态教材。为适应智能时代先进教学手段应用,学校加大优质在线资源的建设,丰富教材的信息化载体,为开发优质特色教材奠定基础。

按照教育部印发的《职业院校教材管理办法》要求,教材编写总体思路是:依据学校双高建设方案中教材建设规划、国家相关专业教学标准、专业相关职业标准及职业技能等级标准,服务学生成长成才和就业创业,以立德树人为根本任务,融入课程思政,对接相关产业发展需求,将企业应用的新技术、新工艺和新规范融入教材之中。教材编写遵循技术技能人才成长规律和学生认知特点,适应相关专业人才培养模式创新和课程体系优化的需要,注重以真实生产项目、典型工作任务及典型工作案例等为载体开发内容体系,实现理论与实践有机融合,满足"做中学、做中教"的需要。

本系列教材是哈尔滨职业技术大学中国特色高水平高职学校项目建设的重要成果之一,也是哈尔滨职业技术大学教材建设和教法改革成效的集中体现。教材体例新颖,具有以下特色:

第一,教材研发团队组建创新。按照学校教材建设统一要求,遴选教学经验丰富、课程改革成效突出的专业教师担任主编,邀请相关企业作为联合建设单位,形成了一支学校、行业、企业高水平专业人才参与的开发团队,共同参与教材编写。

第二,教材内容整体构建创新。精准对接国家专业教学标准、职业标准、职业技能等级标准确定教材内容体系,参照行业企业标准,有机融入新技术、新工艺、新规范,构建基于职业岗位工作需要的体现真实工作任务、流程的内容体系。

第三,教材编写模式形式创新。与课程改革相配套,按照"工作过程系统化""项目+任务式""任务驱动式""CDIO式"四类课程改革需要设计教材编写模式,采用创新新形态、活页式及工作手册式教材编写形式。

第四，教材编写实施载体创新。依据本专业教学标准和人才培养方案要求，在深入企业调研、岗位工作任务和职业能力分析基础上，按照"做中学、做中教"的编写思路，以企业典型工作任务为载体进行教学内容设计，将企业真实工作任务、真实业务流程、真实生产过程纳入教材之中。本书开发了教学内容配套的教学资源①，可满足教师线上线下混合式教学的需要；配套资源同时在相关平台上线，学生可随时下载相应资源，满足在线自主学习课程的需要。

第五，教材评价体系构建创新。从培养学生良好的职业道德、综合职业能力与创新创业能力出发，设计并构建评价体系，注重过程考核和学生、教师、企业等参与的多元评价，在学生技能评价上借助社会评价组织的"1+X"考核评价标准和成绩认定结果进行学分认定，每部教材均根据专业特点设计了综合评价标准。

为确保教材质量，哈尔滨职业技术大学组建了中国特色高水平高职学校项目建设成果系列教材编审委员会，由职业教育专家和企业技术专家组成。学校组织了专业与课程专题研究组，对教材持续进行培训、指导、回访等跟踪服务；有常态化质量监控机制，能够为修订完善教材提供稳定支持，确保教材的质量。

本系列教材在学校骨干院校教材建设的基础上，经过几轮修订，融入课程思政内容和课堂革命理念，既具积累之深厚，又具改革之创新，凝聚了校企合作编写团队的集体智慧。本系列教材的出版，充分展示了课程改革成果，为更好地推进中国特色高水平高职学校项目建设做出积极贡献！

哈尔滨职业技术大学中国特色高水平高职
学校项目建设成果系列教材编审委员会
2025 年 1 月

---

① 2024 年 6 月，教育部批复同意以哈尔滨职业技术学院为基础设立哈尔滨职业技术大学（教发函〔2024〕119 号）。本书配套教学资源均是在此之前开发的，故署名均为"哈尔滨职业技术学院"。

前 言

《建筑施工组织》是高等职业院校建筑工程技术专业核心课程的配套教材。施工组织设计报告编制和管理是贯穿于建筑工程施工全过程的一项工作。本书根据高等职业院校的培养目标,按照教学改革和课程改革的要求,以企业调研为基础,确定工作任务,明确课程目标,制定课程标准,以能力培养为主线,与企业合作,共同进行课程的开发和设计。编写《建筑施工组织》教材的目的是培养学生具有技术员岗位的职业能力,在掌握基本技能的基础上,着重培养学生能够灵活运用编制施工组织设计报告的方法,以解决施工现场的复杂施工问题。在教学中,以理论够用为度,以全面掌握编制工程施工组织设计报告方法为基础,侧重培养学生的编制和优化施工进度计划的能力,以及现场分析解决问题的能力。

教材设计的理念与思路遵循学生职业能力成长的过程,以行动任务为导向,以任务驱动为手段,注重理论联系实际,在教学中以培养学生的测量方法运用能力为重点,以使学生全面掌握编制单位工程施工组织设计报告为基础,以培养学生现场分析解决问题的能力为终极目标,将学生需要使用的实训工单设计成可以自由摘取的形式,方便学生使用。

教材的特色与创新有如下几方面:

1. 采用"学习情境—工作任务"式结构形式

本书完全打破了传统知识体系章节的结构形式,与典型施工企业合作,开发了全新的以工作任务为载体的任务结构形式;设计的教学模式对接岗位工作模式,开发了利于学生自主学习的任务单、计划单、决策单、作业单、检查单、评价单等能力训练的工作单,使学生通过完成真实的工作任务掌握工作流程,实现学习过程与工作过程一致。

2. 全面融入行业技术标准、素质教育与能力培养

将建筑施工行业工程技术标准和学生就业岗位的工程测量员职业资格标准融入教材中,突出了职业道德和职业能力培养。通过学生自主学习,在完成学习性工作任务中训练学生对于知识、技能、思政、劳动教育和职业素养方面的综合职业能力,锻炼学生分析问题、解决问题的能力,注重多种教学方法和学习方法的组合使用,将学生素质教育与能力培养融入教材。

3. 采用新型活页式设计引导学生学习工作过程系统化

本书的设计逻辑是以"学习者为中心",情境导入、学习目标、任务安排、任务单、资讯思维导图、课前自学、自学自测、任务指导、任务工作单、任务评价单、课后反思等内容均是以工作过程系统化为指导原则。另外,还将知识点、技能点和思政点融入情境导入、任务描述、资讯思维导图、自学自测、任务实施中。本书可以按照完成工作任务的需要摘取活页式页面,实现教材教学功能的有机拆分与实时聚合。

4. 配套教学资源丰富，支撑线上精品在线平台开放

本书配套教学资源主要包括微课视频等，读者可扫描书中二维码或登录中国铁道出版社教育资源数字化平台获取。另外，本书所对应的"建筑施工组织"课程在学银在线（超星泛雅网络课程平台）上线，该平台主要配套资源包括动画、PPT、PDF文本、测试题、作业库、试卷库、图片等。

本书共设三个学习情境，8个学习性工作任务，参考教学时数为72～96学时。

本书由哈尔滨职业技术大学杜丽敏任主编，曹洋任副主编，侯庆瑶、李晓光、于微微、汤闯、薛文博、文丽丽、高伟、狄春辉等参与编写。具体编写分工如下：杜丽敏负责制订编写提纲及统稿工作，并编写学习情境1任务1和学习情境2任务1；哈尔滨职业技术大学曹洋辅助主编完成教材任务工单的实践性、操作性统稿，并编写学习情境1任务2；中铁城建集团第三工程有限公司侯庆瑶编写学习情境2任务2；中铁城建集团第三工程有限公司侯庆瑶和哈尔滨职业技术大学李晓光共同编写学习情境2任务3；哈尔滨职业技术大学于微微编写学习情境3任务1；哈尔滨职业技术大学汤闯编写学习情境3任务2；黑龙江大学薛文博和哈尔滨职业技术大学文丽丽共同编写学习情境3任务3；北大荒建设投资集团高伟高级工程师和中铁城建集团第三工程有限公司狄春辉高级工程师提供参考案例。

本书由哈尔滨职业技术大学王天成主审，给各位编者提出了很多专业技术性修改建议。在此特别感谢哈尔滨职业技术大学教材编审委员会的各位专家对教材编写的指导和大力帮助。

由于编写组的业务水平和经验有限，书中难免存在疏漏与不妥之处，恳请批评指正。

编　者
2024年10月

目 录

学习情境1　编写施工方案 …………………………………………………………… 1

任务1　编写工程概况 ………………………………………………………………… 2
　　任务知识1　基本建设项目 ……………………………………………………… 3
　　任务知识2　基本建设程序 ……………………………………………………… 6
　　任务知识3　建筑施工程序 ……………………………………………………… 8
　　任务知识4　编制施工组织设计 ………………………………………………… 9
　　任务知识5　编写工程概况 ……………………………………………………… 15

任务2　编写工程施工方案 …………………………………………………………… 26
　　任务知识1　施工部署 …………………………………………………………… 27
　　任务知识2　施工准备 …………………………………………………………… 31
　　任务知识3　编写单位工程施工方案 …………………………………………… 40
　　任务知识4　编制施工组织总设计的施工方案 ………………………………… 46

学习情境2　编制施工进度计划 ……………………………………………………… 58

任务1　编制施工进度横道计划 ……………………………………………………… 59
　　任务知识1　组织施工的基本方式 ……………………………………………… 60
　　任务知识2　流水施工横道计划 ………………………………………………… 64
　　任务知识3　编制流水施工横道计划 …………………………………………… 75
　　任务知识4　编制单位工程施工进度横道计划 ………………………………… 84
　　任务知识5　编制施工总进度横道计划 ………………………………………… 89

任务2　编制施工进度网络计划 ……………………………………………………… 104
　　任务知识1　网络计划技术 ……………………………………………………… 105
　　任务知识2　绘制双代号网络计划 ……………………………………………… 108
　　任务知识3　绘制单代号网络计划 ……………………………………………… 125
　　任务知识4　绘制双代号时标网络计划 ………………………………………… 128
　　任务知识5　工期优化 …………………………………………………………… 130
　　任务知识6　费用优化 …………………………………………………………… 132
　　任务知识7　资源优化 …………………………………………………………… 138

任务3　绘制施工现场平面图 ………………………………………………………… 154
　　任务知识1　绘制单位工程施工现场平面图 …………………………………… 155

	任务知识2　绘制施工总平面图	163

学习情境3　制定主要施工技术组织措施　186

任务1　制定技术措施　187
- 任务知识1　制定基础工程技术措施　188
- 任务知识2　制定主体工程技术措施　190
- 任务知识3　制定防水工程技术措施　192
- 任务知识4　制定装饰工程技术措施　193

任务2　制定质量保证措施　204
- 任务知识1　制定基础工程质量保证措施　205
- 任务知识2　制定主体工程质量保证措施　207
- 任务知识3　制定防水工程质量保证措施　209
- 任务知识4　制定装饰工程质量保证措施　210

任务3　制定施工安全措施　222
- 任务知识1　制定基础工程安全生产措施　223
- 任务知识2　制定主体工程安全生产措施　225
- 任务知识3　制定临时施工用电安全生产措施　226
- 任务知识4　制定机械设备安全生产措施　226

附录A　"自学自测"参考答案　238

参考文献　238

学习情境 1
编写施工方案

●●●● 学习指南 ●●●●

情境导入

某住宅楼工程,平面由4个标准单元组成,共5层,建筑面积为3 300 m²,层高为3.0 m,檐口标高为15.750 m,室内外高差为900 mm。公司组建了项目部,并开展了各项工作。首先拟定了详细的调查提纲,其调查的范围、内容等均根据拟建工程的规模、性质、复杂程度、工期等确定。在调查时,除从建设单位、勘察设计单位、当地气象台(站)及有关部门和单位收集资料及了解有关规定外,还到实地进行了勘测,并向当地居民了解情况。同时有关技术人员对设计图纸进行了学习和会审工作,掌握了施工图的内容、要求和特点,并结合施工单位的具体情况确定了分部分项工程的施工顺序和施工方法,选择了适用的施工机械并制定了施工方案。

学习目标

1. 知识目标

(1)能够叙述工程概况和工程施工方案编写的依据;

(2)能够撰写施工单位的工程概况和工程施工方案;

(3)能够总结工程概况和工程施工方案的编写程序,并整理内容。

2. 能力目标

(1)能够根据工程情况,查找工程资料;

(2)能够根据工程资料和编写依据,编写工程概况;

(3)能够根据工程资料和编写依据,编写工程施工方案。

3. 素质目标

(1)培养学生遵守职业道德准则和职业规范;

(2)培养学生与他人合作的团队精神;

(3)培养学生社会参与意识。

工作任务

任务1 编写工程概况　　　　　　参考学时:课内4.5学时(课外1.5学时)

任务2 编写工程施工方案　　　　参考学时:课内4.5学时(课外1.5学时)

任务1　编写工程概况

任务单

学习情境1	编写施工方案			任务1	编写工程概况	
任务学时	课内4.5学时(课外1.5学时)					
布　置　任　务						
任务目标	1. 能够查找工程资料,并掌握工程概况编写程序; 2. 能根据工程项目原始资料,编写工程建设概况; 3. 能根据工程技术资料,编写工程设计概况; 4. 能根据工程资源和施工现场情况,编写工程施工概况; 5. 能够在完成任务过程中锻炼职业素养,做到严谨认真对待工作程序,能够吃苦耐劳、主动承担,能够主动帮助小组落后的其他成员,有团队意识,诚实守信、不瞒骗,培养保证质量等建设优质工程的爱国情怀					
任务描述	在工程项目筹建开始,就开始编写建筑工程施工组织报告,施工单位相关技术人员联合开展工作,首先向建设单位、勘察设计单位、当地企业等单位收集施工合同、施工图纸、劳动力供应、交通运输条件等资料,同时掌握施工单位自身的情况。在充分掌握工程项目的实际情况后,再对各项资料进行认真分析和比较,最后编写工程建设概况、工程设计概况和工程施工情况,保证工程概况的全面性和合理性					
学时安排	资讯	计划	决策	实施	检查	评价
	0.5学时(课外1.5学时)	0.5学时	0.5学时	2学时	0.5学时	0.5学时
对学生学习及成果的要求	1. 每名同学均能按照资讯思维导图自主学习,并完成知识模块中的自测训练; 2. 严格遵守课堂纪律,学习态度认真、端正,能够正确评价自己和同学在本任务中的素质表现,积极参与小组工作任务讨论,严禁抄袭; 3. 具备识图的能力,具备计算机知识和计算机操作能力; 4. 小组讨论确定工程概况的内容,能够结合工程实际情况编制工程概况; 5. 具备一定的实践动手能力、自学能力、数据计算能力、沟通协调能力、语言表达能力和团队意识; 6. 严格遵守课堂纪律,不迟到、不早退;学习态度认真、端正;每位同学必须积极动手并参与小组讨论; 7. 讲解确定工程概况的过程,接受教师与学生的点评,同时参与小组自评与互评					

资讯思维导图

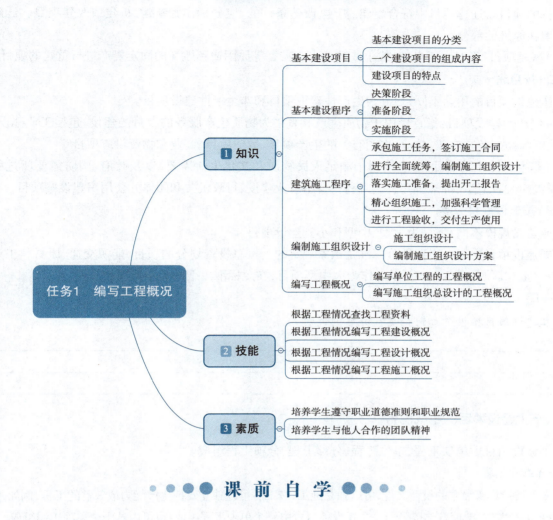

课前自学

任务知识1　基本建设项目

基本建设项目(简称建设项目),一般指在一个总体设计或初步设计范围内组织施工,建成后具有完整的系统,可以独立地形成具有生产能力或使用价值的建设工程。例如,在工业建设中,一座电站、一个棉纺厂等;在民用建设中,一所学校、一所医院等。建设项目可以分为单个建设项目和多个建设项目。

一、基本建设项目的分类

为了计划管理和统计分析研究的需要,建设项目可以按照不同的角度进行分类。

(一)按性质分类

基本建设项目按建设性质不同,划分为新建项目、扩建项目、改建项目、迁建项目、恢复项目等。

(1)新建项目:指根据国民经济和社会发展的近远期规划,按照规定的程序立项,从无到有的建设项目。有的建设项目原有规模很小,经扩大建设规模后,其新增加的固定资产价值超过原有固定资产价值三倍以上的,也算新建项目。

(2)扩建项目:指原有企业、事业单位,为扩大原有产品生产能力或增加新的产品生产能力或效益而增建的工程项目。

(3)改建项目:指为了提高生产效率,采用新技术、新工艺、新方法而改变产品方向,提高产品质量以及综合利用原材料等而对原有设备或工程进行技术改造的工程项目。

(4) 迁建项目:指为改变生产布局、考虑自身的发展前景或出于环境保护等其他特殊要求,搬迁到其他地点进行的项目。迁建项目中符合新建、扩建、改建条件的,应分别作为新建、扩建或改建项目。迁建项目不包括留在原址的部分。

(5) 恢复项目:指对由于自然、战争或其他人为灾害等原因遭到毁坏的固定资产进行重建的项目。

(二) 按用途分类

按照建设项目的用途不同,划分为生产性建设项目和非生产性建设项目。

(1) 生产性建设项目:指直接用于物质生产和直接为物质生产服务的项目的建设,包括工业建设、建筑业、地质资源勘探及与农业、林业、水利有关的生产项目、运输项目、商业和物资供应项目等。

(2) 非生产性建设项目:指直接用于满足人民物质和文化生活需要,以及政府、国防需要所进行的项目,主要包括文教卫生、科学研究、社会福利、公用事业建设、行政机关和团体办公用房建设等项目。

(三) 按建设规模分类

按照建设规模不同,划分为大型、中型和小型建设项目。

基本建设项目大、中、小型划分标准是国家规定的。按总投资划分的项目,能源交通、原材料工业项目5 000万以上,其他项目3 000万以上作为大中型项目,在此标准以下的为小型项目。

思一思

基本建设项目按性质如何分类?并举例说明。

_____
_____
_____

二、一个建设项目的组成内容

一个建设项目由单项工程、单位工程、分部工程、分项工程组成。

(一) 单项工程

单项工程指具有独立的设计文件,可以独立施工,竣工后可以独立发挥生产能力或效益的工程,例如,独立的生产车间、实验大楼、学校教学楼等。一个建设项目可由一个单项工程组成,也可由若干个单项工程组成。

(二) 单位工程

单位工程是单项工程的组成部分,指具有独立组织施工条件、单独作为计算成本对象,建成后不能独立进行生产或发挥效益的工程。例如,一幢住宅楼一般由土建工程、管道工程、给排水工程、电气照明工程等单位工程组成。

(三) 分部工程

分部工程一般按单位工程的部位、专业性质的不同划分,是单位工程的组成部分。例如,住宅楼的土建工程按其部位划分为土石方工程、地基与基础工程、主体结构工程、屋面防水工程、装饰工程等分部工程。

(四) 分项工程

分项工程是分部工程的组成部分,往往通过较为简单的施工过程就能完成,以适量的计量单位就可以计算工程量及其单价,一般按照施工方法、主要工种、材料、结构构件的规格等不同因素划分。例如,砖混结构的基础分部工程可以划分为挖土、混凝土垫层、砌砖基础等分项工程。

思一思

某住宅楼的绑扎钢筋属于哪类工程?

_____
_____
_____

三、建设项目的特点

（一）建筑产品的特点

（1）固定性：建筑产品固定在使用地点，与深埋在地下的地基基础相连，因此，只能在建设地点生产使用，不能随意转移，不能像一般工业产品那样流动，直到报废为止。该特点是建筑产品与其他工程生产部门生产的物质产品有所不同的一个重要特点。

（2）多样性：不同的建筑产品在建设规模、结构类型、建筑设计、基础设计和使用要求等方面都各不相同。即使是同一类型的建筑产品，也会因所在地点、地形、地质及环境条件、材料种类等的不同而彼此有所区别。

（3）庞体性：建筑产品为了满足其使用功能的要求，需要使用大量的物质资源，占据广阔的平面与空间，与一般工业产品相比，其体形远比工业产品庞大。由于建筑产品体积庞大，在生产建造过程中，需要消耗大量的人力、物力和财力。

（4）复杂性：建筑产品作为一个完整的固定资产实物体系，不仅在艺术风格、建筑功能、结构构造、装饰做法等方面极其复杂，而且工艺设备、采暖通风、供水供电、卫生设备等各类设施都错综复杂，其施工过程也繁多且复杂。

（5）综合性：建筑产品不仅涉及土建工程的建筑功能、结构构造、装饰做法等多方面、多专业的技术问题，也综合了工艺设备、采暖通风、供水供电、通信网络等各类设施，因此建筑产品是一个错综复杂的有机整体。

忆一忆

建筑产品具有哪些特点？

_____

_____

（二）建筑施工的特点

（1）长期性：建筑产品从开始建造到建成交付使用的生产周期较长。有的建设项目，少则一至二年，多则三至六年。建筑产品的工程量巨大，生产中要消耗大量的人力、物力和财力，需要多工种、多班组相互配合、共同劳动，经过长时间生产才能完成。

（2）流动性：建筑产品的固定性决定了建筑产品生产的流动性。一般工业产品的生产地点、生产者和生产设备是固定的，产品是在生产线上流动的。而建筑施工则相反，建筑产品是固定的，参与施工的生产者、材料和生产设备等不仅要随着建筑产品的建造地点变更而流动，而且还要随着建筑产品施工部位的不同而不断地在空间流动。

（3）单件性：建筑产品地点的固定性和类型的多样性，决定了建筑产品生产的单件性。每一个建筑产品都是按照建设单位的要求和规划，根据其使用功能、建设地点的不同，进行单独的设计施工，制定可行的施工方案，从而使建筑施工具有单件性的特点。

（4）复杂性：建筑产品的生产时间长、工作量大、资源消耗多、涉及专业广，它涉及力学、材料、建筑、结构、施工、水电和设备等不同专业，加上施工的流动性和单件性，从而使建筑施工生产的组织协作综合复杂。

忆一忆

建筑施工具有哪些特点？

_____

_____

任务知识2　基本建设程序

基本建设程序指拟建建设项目从决策、设计、施工、竣工验收到投产或交付使用的全过程中,各个工作必须遵循先后次序,是拟建建设项目在整个建设过程中必须遵循的客观规律。它是我国多年来的基本建设实践经验和科学总结。基本建设程序主体单位是建设单位。

我国的基本建设程序包括三个阶段、九个步骤。三个阶段一般可划分为:决策、准备、实施。九个步骤划分为:编制项目计划任务书、进行项目可行性研究、勘察设计、施工准备、安排分年度投资及建设计划、建筑施工、生产准备、竣工验收及交付生产或使用、建设项目后期评价。

一、决策阶段

这个阶段是根据国民经济长期、中期发展规划制定的,包括进行编制项目计划任务书、项目可行性研究两个步骤。

(一)编制项目计划任务书

编制项目计划任务书是编制设计文件的主要依据,是对拟建项目的一个总体轮廓设想,是根据国民经济和社会发展长期规划、行业规划和地区规划,以及国家产业政策,经过调查研究、市场预测及技术分析,着重从宏观上对项目建设的必要性做出分析,并初步分析项目建设的可行性。

项目计划任务书是建设单位向主管部门提出的,要求建设某一项目的建议性文件。对于大中型项目,由于工艺技术复杂、涉及面广、协调量大,还要编制可行性研究报告,并作为项目建议书的主要附件之一。项目计划任务书是项目发展周期的初始阶段,是国家选择项目的依据,也是可行性研究的依据,涉及利用外资的项目,在项目计划任务书批准后,方可开展对外工作。

(二)进行项目可行性研究

项目计划任务书经批准后,方可进行可行性研究工作。可行性研究是建设项目在投资决策前,对与拟建项目有关的社会、经济、技术等各方面进行深入细致的调查研究,对各种可能拟定的技术方案和建设方案进行认真的技术经济分析和比较论证,对项目建成后的经济效益进行科学的预测和评价。在此基础上,对拟建项目的技术先进性和适用性、经济合理性和有效性,以及建设必要性和可行性进行全面分析、系统论证、多方案比较和综合评价,由此得出该项目是否应该投资和如何投资等结论性意见,为项目投资决策提供可靠的科学依据。

查一查

项目计划任务书主要包括哪些主要内容?

_____
_____
_____

二、准备阶段

这个阶段主要是根据批准的计划任务书,进行勘察设计、施工准备、安排分年度投资及建设计划三个步骤。

(一)勘察设计

编制设计文件是一项复杂的工作,设计之前和设计之中都要进行大量的调查和勘测工作,在此基础之上,根据批准的可行性研究报告,将建设项目的要求逐步具体化,并成为指导施工的工程图纸及其说明书。

设计文件是安排建设项目和进行建筑施工的主要依据。设计文件一般由建设单位通过招投标或直接委托有相应资质的设计单位进行设计。一个建设项目如果有两个或两个以上的设计单位配合,应指定其中一个单位总体负责。

设计是分阶段进行的。对一般不太复杂的、中小型建设项目多采用两个阶段的设计,即初步设计和施工图设计;对重要的、复杂和缺少设计经验的、大型的建设项目经主管部门指定,可以采用三个阶段的设计,即初步设计、技术设计(扩大初步设计)和施工图设计。

(二)施工准备

新的工程开工之前,非常重要的一项工作就是施工准备,其重要意义在于:创造有利的施工条件,从技术、物质和组织等方面做好必要的准备,使建设项目能连续、均衡、有节奏地进行。搞好建设项目的准备工作,对于提高工程质量、降低工程造价、加快施工进度,有着重要的保证作用。

施工准备基本就绪后,应由建设单位提出开工报告,经批准后才能开工。根据国家规定,大中型建设项目的开工报告,要由国家计委批准。项目在报批开工前,必须由审计机关对项目的有关内容进行审计证明,对项目的资金来源是否正当、落实,项目开工前的各项支出是否符合国家的有关规定,资金是否存入规定的专业银行等进行审计。从1991年起,新开工的项目必须至少有三个月以上的工程施工图纸,否则不能开工。

(三)安排分年度投资及建设计划

建设项目的初步设计和概算批准后,经过综合平衡,才能列入年度计划。建设项目只有列入年度计划后,才能作为取得建设贷款或拨款的依据。

安排年度建设计划时,必须按照量力而行的原则。根据批准的工期和总概算,结合当年落实的投资、材料、设备,合理地进行年度投资计划安排,使其与中长期计划相适应,以保证建设项目建设的连续性,保证建设工期如期完成。

建设项目列入年度计划前,必须对初步设计和总概算再一次进行"五定",即定规模、定总投资、定建设工期、定投资效益、定外部协作条件。

三、实施阶段

项目实施阶段是基本建设程序中时间最长、工作量最大、资源消耗最多的阶段。该阶段主要包括建筑施工、生产准备、竣工验收及交付生产或使用、建设项目后期评价,共四个步骤。

(一)建筑施工

建筑施工是基本建设程序中一个重要环节。建筑施工指具有一定生产经验和劳动技能的劳动者,通过必要的施工机具,对各种建筑材料(包括成品或半成品)按一定要求,有目的地进行搬运、加工、成型和安装,生产出质量合格的建筑产品的整个活动过程,是将计划和施工图变为实物的过程。

施工之前要认真做好图纸会审工作,施工中要严格按照施工图和图纸会审记录施工,如果需变动应该取得建设单位和设计单位的同意;施工前应编制施工图预算和施工组织设计,明确投资、进度、质量的控制要求并被批准认可;施工中应严格执行有关的施工标准和规范,确保工程质量,按合同规定的内容完成施工任务。

(二)生产准备

生产准备是项目投产前由建设单位进行的一项重要工作,是建设阶段基本完成之后转入生产经营的必要条件。项目法人应该按照监管结合和项目法人责任制的要求,及时组织专门班子或机构做好有关生产准备工作。

(三)竣工验收及交付生产或使用

竣工验收是工程完成建设目标的标志,是全面考核基本建设成果、检验设计和工程质量的重要步骤。建设项目竣工验收由发包人、承包人和项目验收委员会负责,以项目批准的设计任务书和设计文件,以及国家或部门颁发的施工验收规范和质量检验标准为依据,按照一定的程序和手续,在项目建成并试生产合格后,对工程项目的总体进行检验和认证、综合评价和鉴定的活动。

竣工验收是建设工程的最后阶段,要求在单位工程验收合格,并且工程档案资料按规定整理齐全,完成竣工报告、竣工决算等必需文件的编制后,才能向验收主管部门提出申请并组织验收。

(四)建设项目后期评价

建设项目的后期评价是我国基本建设项目程序中一项重要内容,一般在竣工投产后,经过1~2年生产运营后,进行的一次系统项目后期评价。

项目后期评价指在项目建成投产并达到设计生产能力后,通过对项目前期工作、项目实施、项目运营情况的综合研究,衡量和分析项目的实际情况与预测(计划)情况的差距,确定有关项目预测和判断是否正确,并分析其原因,从项目完成过程中吸取经验教训,为今后改进项目决策、准备、管理、监督等工作创造条件,为提高项目投资效益提出切实可行的对策措施。

忆一忆

建筑施工程序主要包括哪些阶段?

_____
_____
_____

任务知识3　建筑施工程序

建筑施工程序指建设项目在整个施工过程或施工阶段中必须遵循的客观规律,是多年来施工实践经验的总结,反映了整个建筑施工阶段必须遵循的先后次序。

建筑施工程序通常分为三个阶段、五个步骤。三个阶段:施工准备阶段、施工过程阶段、竣工验收阶段。五个步骤:承包施工任务,签订施工合同;进行全面统筹,编制施工组织设计;落实施工准备,提出开工报告;精心组织施工,加强科学管理;进行工程验收,交付生产使用。

忆一忆

建筑施工程序主要包括哪三个阶段?

_____
_____

一、承包施工任务,签订施工合同

施工单位承包工程的方式一般有三种,即国家或上级主管部门直接下达;受建设单位(业主)直接委托承包;通过投标而中标承包。不论采用哪种方式承包任务,施工单位都要核查其施工项目是否有批准的正式文件、审查通过的施工图纸、投资是否落实到位等。

承接施工任务后,建设单位与施工单位应根据有关规定签订施工承包合同。施工承包合同应规定承包的内容、要求、工期、质量、造价、安全及材料供应等,明确合同双方应承担的义务、职责及应完成的施工准备工作。施工合同应采用书面形式,经双方法定代表人签字盖章后具有法律效力,必须共同履行。

二、进行全面统筹,编制施工组织设计

签订施工合同后,施工单位应全面了解工程性质、规模、特点及工期要求等,进行场址勘察、技术经济和社会调查,收集有关资料,编制施工组织总设计或单位工程施工组织设计。

三、落实施工准备,提出开工报告

根据施工组织设计的规划,对施工的各单位工程应抓紧落实各项施工准备工作,如会审图纸,落实劳

动力、材料、构件、施工机具及现场"三通一平"等。具备开工条件后,提出开工报告,并经审查批准,即可正式开工。

四、精心组织施工,加强科学管理

施工过程是施工程序中的主要阶段,应从整个阶段现场的全局出发,按照施工组织设计精心组织施工,加强各单位、各部门的配合与协作,协调解决各方面的问题,使施工活动顺利开展。在施工过程中,应加强技术、材料、质量、安全、进度等各项管理工作,按工程项目管理方法,落实施工单位内部承包的经济责任制,全面做好各项经济核算与管理工作,严格执行各项技术、质量检验制度。

施工阶段是直接生产建筑产品的过程,也是施工组织工作的重点所在。这个阶段的主要工作包括:进行质量管理,保证工程符合设计与使用的要求;抓好进度控制,使工程如期竣工;落实安全措施,不发生工程安全事故;做好成本控制,增加经济效益。

五、进行工程验收,交付生产使用

这是施工的最后阶段,在交工验收前,施工单位内部应该先进行验收,检查各分部分项工程的施工质量,整理各项交工验收的技术经济资料。在此基础上,由建设单位组织竣工验收合格后,报政府主管部门备案,办理验收签证书,并交付使用。

竣工验收也是施工组织工作的结束阶段,这一阶段主要做好竣工文件资料的准备工作和组织好工程的竣工收尾,同时也必须搞好施工组织工作的总结,以便积累经验,不断提高管理水平。

忆一忆
建筑施工程序主要包括哪五个阶段?
_____
_____
_____

任务知识4　编制施工组织设计

一、施工组织设计

施工组织设计是规划和指导拟建工程从工程投标、签订承包合同、施工准备到竣工验收全过程的一个综合性的技术经济文件,是对拟建工程在人力和物力、时间和空间、技术和组织等方面所作的全面合理的安排,是沟通工程设计和施工之间的桥梁。

(一)作用

(1)施工组织设计作为投标文件的内容和合同文件的一部分,可用于指导工程投标和签订工程承包合同。

(2)施工组织设计是工程设计与施工之间的纽带,既要体现建筑工程的设计和使用要求,又要符合建筑施工的客观规律,衡量设计方案施工的可能性和经济合理性。

(3)科学地组织建筑施工活动,保证各分部(分项)工程的施工准备工作及时进行,建立合理的施工程序,有计划、有目的地开展各项施工过程。

(4)抓住影响工程进度的关键性施工过程,及时调整施工中的薄弱环节,实现工期、质量、安全、成本和文明施工等各项生产要素管理的目标及技术组织保证措施,提高建筑企业综合效益。

(5)协调各施工单位、各工种、各种资源、资金、时间等方面在施工流程、施工现场布置和施工工艺等方面的合理关系。

(二)分类

1. 按设计阶段分类

(1)标前设计:标前设计以投标与签订工程承包合同为服务范围,在投标前由经营管理层编制。标前设计的水平是能否中标的关键因素。

(2)标后设计:标后设计以施工准备至施工验收阶段为服务范围,在签约后、开工前,由项目管理层编制,用以指导和规划部署整个项目的施工。

想一想

标前设计和标后设计有什么区别?

_____
_____
_____

2. 按编制对象范围分类

(1)施工组织总设计:施工组织总设计以一个建筑群或一个建设项目为编制对象,用以指导整个建筑群或建设项目施工全过程的各项施工活动的技术、经济和组织的综合性文件。施工组织总设计一般在初步设计或扩大初步设计被批准之后,在总承包企业的总工程师领导下,会同建设、设计及分包单位共同编制。

(2)单位(或单项)工程施工组织设计 单位(或单项)工程施工组织设计以一个单位工程(一个建筑物或构筑物)为编制对象,用以指导其施工全过程的技术、经济和组织的指导性文件。单位工程施工组织设计一般在施工图设计完成之后,拟建工程开工之前,在工程项目部技术负责人的领导下进行编制。

(3)分部分项工程施工组织设计:分部分项施工组织设计以施工难度较大或技术较复杂的分部分项工程为编制对象,用以具体实施其施工全过程的各项施工活动的技术、经济和组织的综合性文件。分部分项工程施工组织设计一般是与单位工程施工组织设计的编制同时进行,并由单位工程的技术人员负责编制。

3. 按编制内容繁简程度分类

(1)完整的施工组织设计:完整的施工组织设计对于重点的,工程规模大,结构复杂,技术水平高,采用新结构、新技术、新材料和新工艺的工程项目,必须编制内容详尽、比较全面的施工组织设计方案。

(2)简明的施工组织设计:简明的施工组织设计对于工程规模小、结构简单、技术水平要求不高的工程项目,可以编制施工方案、施工进度计划和施工平面图等内容粗略、简单的施工组织设计方案。

忆一忆

施工组织设计按编制对象范围不同如何进行分类?

_____
_____
_____

二、编制施工组织设计方案

(一)编制施工组织设计方案的原则

根据我国建筑行业几十年来积累的经验和教训,在编制施工组织设计方案和组织施工时,应遵循以下基本原则:

(1)认真贯彻党和国家对工程建设的各项方针和政策,严格执行现行的基本建设程序。

(2)遵循建筑施工工艺及其技术规律,坚持合理的施工程序和施工顺序,在保证工程质量的前提下,加快建设速度,缩短工程工期。

(3)采用流水施工、网络计划技术及线性规划等,组织有节奏、连续和均衡施工,保证人力、物力充分发挥作用。

(4)科学地安排冬、雨季施工项目,落实施工措施,增加全年施工日数,提高施工的连续性和均衡性。

(5)认真贯彻建筑工业化方针,不断提高施工机械化水平;贯彻工厂预制和现场预制相结合的方针,扩大预制范围,提高预制装配程度。

(6)充分利用现有机械设备,扩大机械化施工范围,改善劳动条件,减轻劳动强度,提高劳动生产率。

(7)采用国内外先进施工技术,科学地确定施工方案,贯彻执行施工技术规范和操作规程,提高工程质量、确保安全施工、缩短施工工期、降低工程成本。

(8)尽量减少临时设施,合理存储物资和充分利用当地资源,减少物资运输量;精心规划施工平面布置图,做好现场文明施工,并节约施工用地,力争不占或少占耕地。

(二)编制单位工程施工组织设计

1. 编制依据

单位工程施工组织设计的编制依据,主要包括以下内容:

(1)招标文件或施工合同:包括对工程的造价、进度、质量等方面的要求,双方认可的协作事项和违约责任等。

(2)设计文件(如已进行图纸会审的,应有图纸会审记录):包括本工程的全部施工图纸及设计说明,采用的标准图和各类勘察资料等。较复杂的工业建筑、公共建筑及高层建筑等。应了解设备、电器和管道等设计图纸内容,了解设备安装对土建施工的要求。

(3)施工组织总设计:当该工程属群体工程的组成部分时,其单位工程施工组织设计必须按照总设计的要求进行编制。

(4)工程预算、报价文件及有关定额:有详细的分部、分项工程量,最好有分层、分段、分部位的工程量以及相应的定额。

(5)建设单位可提供的条件:包括可配备的人力、水电、临时房屋、机械设备和技术状况,职工食堂、浴室、宿舍等情况。

(6)施工现场条件:场地的占用、地形、地貌、水文、地质、气温、气象等资料,现场交通运输道路、场地面积及生活设施条件等。

(7)本工程的资源配备情况:包括施工中需要的人力情况,材料、预制构件的来源和供应情况,施工机具和设备的配备及其生产能力。

(8)有关的国家规定和标准:国家及建设地区现行的有关建设法律、法规、技术标准、质量标准、操作规程、施工验收规范等文件。

2. 编制内容

单位工程施工组织设计的内容,依工程规模、性质、施工复杂程度的不同而有所不同,但较完整的内容通常包括:工程概况和施工特点分析、施工方案选择、单位工程施工进度计划、资源需要及供应计划、单位工程施工平面图、主要技术组织措施、单位工程施工组织设计的主要技术经济指标。

(1)工程概况:工程概况一般包括拟建工程的性质、规模、建筑、结构特点,建设条件,施工条件,建设单位及上级的要求等。

(2)施工方案:施工方案的选择是施工单位在工程概况及特点分析的基础上,结合自身的人力、材料、机械、资金和可采用的施工方法等生产因素进行相应的优化组合,全面、具体地布置施工任务,再对拟建工程可能采用的几个方案进行技术经济的对比分析和选择最佳方案,包括安排施工流向和施工顺序,确定施工方法和施工机械,制定保证成本、质量、安全的技术组织措施等。

(3)施工进度计划:施工进度计划是工程进度的依据,反映了施工方案在时间上的安排,包括划分施工过程、计算工程量、计算劳动量或机械量、确定工作天数及相应的作业人数或机械台数、编制进度计划表及检查与调整等。通常采用横道图或网络计划图作为表现形式。

(4)施工准备工作计划与各种资源需用量计划:施工准备工作计划主要是明确施工前应完成的施工准备工作的内容、起止期限、质量要求等。各种资源需用量计划主要包括资金、劳动力、施工机具、主要材料、半成品的需要量及加工供应计划。

(5)施工平面图：施工平面图是施工方案和施工进度计划在空间上的全面安排，主要包括各种主要材料、构配件、半成品堆放安排、施工机具布置、各种必需的临时设施及道路、水电等安排与布置。

(6)主要技术组织措施：单位工程主要技术组织措施包括保证质量措施、保证安全措施、保证工期措施、降低成本措施、成品保护措施、环境保护措施和季节性施工措施等内容。

(7)主要技术经济指标：技术经济指标对确定的施工方案、施工进度计划及施工平面图的技术经济效益进行全面的评价。主要指标通常包括施工工期、全员劳动生产率、资源利用系数、机械使用总台班量等。

3. 编制程序

单位工程施工组织设计的编制程序如图1.1所示。

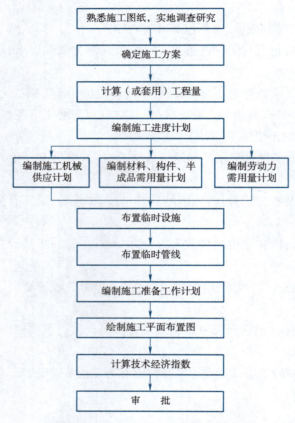

图1.1　单位工程施工组织设计编制程序

(三)编制施工组织总设计

施工组织总设计是以整个建设项目或建筑群为对象编制的，它是一个用以指导建设项目施工全过程的全局性、控制性和技术经济性的文件。其主要作用是：为生产建立必要的条件，确定设计方案的可能性和经济合理性，为建设单位编制基本建设计划提供依据，为承建单位编制年、季度施工计划提供依据，为保证及时、有效地进行全现场性施工准备工作打下良好的基础。

1. 编制依据

为了保证施工组织总设计编制工作顺利进行和提高编制质量，使施工组织总设计文件能更密切地结合工程实际情况，从而更好地发挥其在施工中的指导作用，在编制施工组织总设计时，编制依据如下：

(1)设计文件及有关资料：建设项目的初步设计、扩大初步设计或技术设计的有关图纸、设计说明书、建筑区域平面图、建筑总平面图、建筑竖向设计、总概算或修正概算等。

(2)计划文件及有关合同：国家批准的基本建设计划、可行性研究报告、工程项目一览表、分期分批施工项目和投资计划；地区主管部门的批件、要求交付使用的期限、施工单位上级主管部门下达的施工任务；

招投标文件及鉴定的工程承包合同;工程材料和设备的订货指标或供货合同等。

(3)工程勘察和技术经济资料:工程勘察资料主要包括地形、地貌、工程地质和水文地质、气象等自然条件。技术经济资料主要包括可能为建设项目服务的建筑安装企业、预制加工企业的人力、设备、技术和管理水平;工程材料的来源和供应情况;交通运输情况;水、电供应情况;商业和文化教育水平等。

(4)现行规范、规程和有关技术规定:现行规范、规程和有关技术规定主要指国家现行的施工及验收规范、操作规程、概算、预算及施工定额、技术规定和有关经济技术指标等。

(5)其他资料

其他资料包括类似的建设项目的施工组织总设计和有关总结资料。

2. 编制内容

施工组织总设计的内容,主要包括以下内容:

(1)工程概况:工程概况主要包括项目构成状况表;项目的建设、设计,施工单位和监理单位;建设地区的自然条件状况;建设地区的技术经济状况;施工项目的施工条件等内容。建筑安装工程项目一览表见表1.1。主要建筑物和构筑物一览表见表1.2。

表1.1 建筑安装工程项目一览表

序号	工程名称	建筑面积/m²	建筑层数	结构类型	建安工作量/万元		设备安装工程量/t
					土建	安装	
合计							

表1.2 主要建筑物和构筑物一览表

序号	工程名称	建筑结构构造类型			占地面积/m²	建筑面积/m²	建筑层数	建筑体积/m³
		基础	主体	屋面				

(2)施工部署和主要工程项目施工方案:施工部署主要包括施工总目标(见表1.3)、施工组织和施工总体安排等内容。其中,施工组织包括:确定施工管理目标,管理工作内容,管理组织机构,制定管理程序、制度和考核标准;施工总体安排又包括调集施工力量、安排为全场性服务的施工设施、划分独立交工系统、确定单项工程开(竣)工时间和主要项目施工方案。因此,施工部署和主要工程项目施工方案是施工组织总设计的核心。

表1.3 施工总目标

序号	工程名称	建筑面积/m²	控制工期/月	控制成本/万元	控制质量等级(合格)
合计					

(3)施工总进度计划:施工总进度计划属于控制性计划,要根据施工部署要求,合理确定每个独立交工系统以及单项工程控制工期。

(4)施工准备工作计划与各种资源需用量计划:施工准备工作计划根据施工项目的施工部署、施工总进度计划、施工资源计划和施工总平面布置的要求,编制施工准备工作计划。

施工资源需用量计划又称为施工总资源计划,包括劳动力需要量计划、主要材料和预制品需要量计划、施工机具以及设备需要计划。

(5)施工总平面图:施工总平面图反映整个施工现场的布置情况。

(6)主要技术组织措施:主要技术组织措施包括施工总质量计划、施工总成本计划、施工总安全计划、施工总环保计划和施工风险总防范等内容。

(7)主要技术经济指标:主要技术经济指标包括项目施工工期、质量、成本、消耗、安全和环保等其他施工指标。

3. 编制程序

施工组织总设计的编制程序,如图1.2所示。

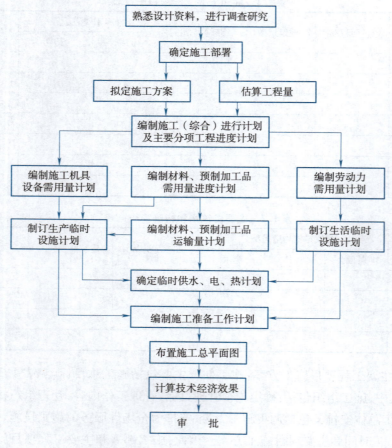

图1.2 施工组织总设计编制程序

忆一忆

单位工程施工组织设计主要包括哪些内容?

_____

_____

_____

任务知识5　编写工程概况

一、编写单位工程的工程概况

单位工程施工组织设计中的工程概况，是对拟建工程的工程特点、地点特征和施工条件等所作的一个简要的、突出重点的文字介绍。为弥补文字叙述的不足，一般附以拟建工程简介图表。工程概况一般包括以下内容：

（一）工程建设概况

工程建设概况主要说明拟建工程的建设单位，工程名称、性质、用途和建设的目的；资金来源及工程造价；开工竣工日期；设计单位、施工单位、监理单位；施工图纸情况的施工（是否出齐和是否经过会审）；施工合同是否签订；主管部门的有关文件和要求；组织施工的指导思想等。

（二）工程设计概况

1. 建筑设计概况

建筑设计概况主要介绍拟建工程的建筑面积、平面形状和平面组合情况；房屋层数、层高、总高度、总长度、总宽度等尺寸；室内外装修的构造及做法等情况。

2. 结构设计概况

结构设计主要介绍基础的类型、埋置深度；主体结构的类型；结构布置方案；墙、柱、梁、板等构件的材料及截面尺寸；预制构件的类型及安装位置等。

3. 设备安装设计概况

建设安装设计概况主要说明拟建工程的建筑采暖卫生与煤气工程、建筑电气安装工程、通风和空调工程、电梯安装的设计要求。

（三）工程施工概况

1. 施工特点

施工特点主要用于指出单位工程的施工特点和施工中的关键问题，以便在选择施工方案、组织资源供应、技术力量配备、施工准备等工作中采取有效措施，突出重点、抓住关键，使施工顺利进行，提高施工单位的经济效益和管理水平。

不同类型的建筑、不同条件下的工程施工，均有不同的施工特点。例如，砖混结构房屋建筑施工的特点是砌筑和抹灰工程量大，水平和垂直运输量大等。现浇钢筋混凝土高层建筑的施工特点是对结构和施工机具设备的稳定性要求高，钢材加工量大，混凝土浇筑难度大，脚手架要进行设计计算，安全问题突出，要有高效率的机械设备等。

2. 建设地点特征

建设地点特征主要说明拟建工程的位置、建筑地点的地形、地貌、工程地质与水文地质条件；地下水位、水质；气温和冬、雨季施工起止时间；主导风向、风力，抗震设防烈度要求等。

3. 施工条件

施工条件主要说明水、电、道路及场地的"三通一平"情况；现场临时设施、施工现场及周边环境等情况；当地的交通运输条件；预制构件的生产及供应情况；施工单位机械、设备、劳动力等落实情况；内部承包方式、劳动组织形式及施工管理水平等情况。

忆一忆

单位工程施工组织设计的工程概况包括哪些主要内容？

_____

_____

_____

二、编写施工组织总设计的工程概况

施工组织总设计的工程概况是对整个建设项目的总说明和总分析,是对整个建设项目或建筑群所作的一个简单扼要、突出重点的文字介绍。有时为了补充文字介绍的不足,还可以附有建设项目总平面图,主要建筑的平、立、剖示意图及辅助表格。一般包括以下内容:

(一)建设项目特点

建设项目特点主要说明建设项目的建设地点、工程性质、建设总规模、总工期、总占地面积、总建筑面积、分期分批投入使用的项目和工期、总投资、主要工种工程量、设备安装及其吨数、建筑安装工程量、生产流程和工艺特点、建筑结构类型、新技术、新材料、新工艺的复杂程度和应用情况等。

(二)建设地点特征

建设地点特征主要说明建设地区自然条件,如气象及其变化情况;地形、地貌、地质等情况;建设地区资源、交通、水、电、劳动力、生活设施情况。

(三)施工条件

施工条件主要说明建设地区的技术经济状况,如地方建筑生产企业的生产能力、技术装备和管理水平,市场竞争能力和完成指标的情况;主要材料和生产工艺设备的供应状况;地方建筑材料品种及其供应状况;地方交通运输方式及其服务能力状况;地方供水、供电、供热和电信服务能力状况;社会劳动力和生活服务设施状况;以及承包单位的信誉、能力、素质和经济效益状况;项目施工图纸供应的阶段划分和时间安排;应提供施工现场的标准和时间安排;以及上级主管部门或建设单位对施工的某些要求等。

(四)其他有关内容

主要说明施工组织总设计目标,如建设项目施工总成本、总工期和总质量等级,每个单项工程的施工成本、工期和工程质量等级要求。此外,还包括有关建设项目的决议和协议,土地的征用范围、数量和居民搬迁时间等与建设项目施工有关的重要情况。

忆一忆

施工组织总设计的工程概况包括哪些主要内容?

_____

_____

_____

自 学 自 测

一、单选题(只有1个正确答案,每题10分)

1. 建筑产品的固定性决定了其生产的(　　)。
   A. 流动性　　　　B. 体积庞大　　　　C. 多样性　　　　D. 综合性
2. 属于基本建设项目按性质划分的是(　　)。
   A. 筹建项目　　　　　　　　　　　　B. 生产性建设项目
   C. 新建项目　　　　　　　　　　　　D. 国家投资项目
3. 住宅楼土建工程的基础工程属于(　　)。
   A. 单项工程　　　B. 分部工程　　　C. 单位工程　　　D. 分项工程
4. 不同建筑产品在建设规模、结构类型、建筑设计等方面各不相同,体现了建筑产品的(　　)特点。
   A. 固定性　　　　B. 复杂性　　　　C. 综合性　　　　D. 多样性
5. 以一个建筑群或一个建设项目为编制对象的是(　　)。
   A. 单位工程施工组织设计　　　　　　B. 专项工程施工组织设计
   C. 施工组织总设计　　　　　　　　　D. 分部分项工程施工组织设计

二、判断题(对的划"√",错的划"×",每题10分)

1. 建筑设计多采用两个阶段的设计,即初步设计和施工图设计。　　　　　　(　　)
2. 建筑产品的固定性决定了其生产的流动性。　　　　　　　　　　　　　　(　　)
3. 施工图设计是建筑设计的中间阶段,是在前一个阶段基础上将设计的工程形象化。(　　)
4. 施工组织设计是规划和指导拟建工程从工程投标、签订承包合同、施工准备到竣工验收全过程的一个综合性的技术经济文件。　　　　　　　　　　　　　　　　　　　　　　　　(　　)
5. 以施工准备至施工验收阶段为服务范围,在签约后、开工前,由项目管理层编制,用以指导和规划部署整个项目的施工的是标前设计。　　　　　　　　　　　　　　　　　　(　　)

任务指导

根据实际工程的建筑建设管理工作需求,施工单位编写工程概况的工作程序包括如下步骤。

一、分析建筑施工组织研究的对象

建筑施工组织涉及劳动力、材料、施工机具设备、资金等诸多方面的问题,因此,施工组织的主要研究对象包括:施工过程中的时间问题,即施工进度计划编写;空间问题,即组织管理机构即场地布置;资源问题,即劳动力、材料、机械设备等的供应;经济问题,即工程造价、工程成本控制及资金合理利用等。

二、明确建筑施工组织的任务

建筑施工组织的基本任务是根据业主对建设项目的各项要求,充分考虑建筑施工特点,运用科学的方法和手段进行施工。合理地安排施工过程中劳动力、材料、机械设备、资金等要素,以提高经济效益为中心,使施工工期短、工程建设费用低、生产效率高、工程质量好,保证按合同工期完成项目施工任务,以期达到项目施工的整体效益最佳的目的。

三、开展准备工作

建设单位工程技术人员应了解并熟悉图纸,掌握设计意图、结构和构造特点,以及技术、质量要求,并积极做好施工项目的实施勘测和调查,获取有关的一手资料。同时根据拟建工程项目实际情况,做好工作人员的组织分工工作并责任到人。

四、编写工程概况

工程概况要结合拟建工程项目特点进行编写,包括工程建设概况、工程设计概况和工程施工概况。文字要简单,重点要突出,为了补充文字介绍的不足,可以附建筑项目设计的平面图等。对于建筑和结构设计比较简单、规模不大的工程,也可以采用工程概况表的形式。

笔记栏

工 作 单

计 划 单

学习情境 1	编写施工方案	任务 1	编写工程概况
工作方式	组内讨论、团结协作共同制订计划：小组成员进行工作讨论，确定工作步骤	计划学时	0.5 学时
完成人			

计划依据：1. 单位工程施工组织设计报告；2. 分配的工作任务

序号	计划步骤	具体工作内容描述
1	准备工作 （准备材料，谁去做？）	
2	组织分工 （成立组织，人员具体都完成什么？）	
3	制订两套方案 （各有何特点？）	
4	记录 （都记录什么内容？）	
5	整理资料 （谁负责？整理什么？）	
6	编写工程概况 （谁负责？要素是什么？）	
制订计划说明	（写出制订计划中人员为完成任务的主要建议或可以借鉴的建议、需要解释的某一方面）	

决 策 单

学习情境1	编写施工方案		任务1	编写工程概况
决策学时	0.5学时			
决策目的:确定本小组认为最优的工程概况				

	方案特点		比对项目	确定最优方案（划√）
方案优劣比对	方案名称1：	方案名称2：		
			工程建设概况是否准确	方案1优 □
			工程设计概况是否准确	
			工程施工概况是否准确	方案2优 □
			工作效率的高低	
决策方案描述	（本单位工程最佳方案是什么？最差方案是什么？描述清楚,未来指导现场编写施工组织设计报告的实际工作）			

作 业 单

学习情境1	编写施工方案		任务1	编写工程概况
参加编写人员	第　　组 签名：		开始时间： 结束时间：	
序号	工作内容记录 （编写工程概况的实际工作）		分　　工 （负责人）	
1				
2				
3				
4				
5				
6				
7				
8				
9				
10				
11				
12				
小结	主要描述完成的成果及是否达到目标		存在的问题	

检 查 单

学习情境 1	编写施工方案		任务 1	编写工程概况
检查学时	课内 0.5 学时		第 组	
检查目的及方式	教师监控小组的工作情况,如检查等级为不合格,小组需要整改,并拿出整改说明			

序号	检查项目	检 查 标 准	检查结果分级① (在检查相应的分级框内划"√")				
			优秀	良好	中等	合格	不合格
1	准备工作	资源是否已查到、材料是否准备完整					
2	分工情况	安排是否合理、全面,分工是否明确					
3	工作态度	小组工作是否积极主动、全员参与					
4	纪律出勤	是否按时完成负责的工作内容、遵守工作纪律					
5	团队合作	是否相互协作、互相帮助、成员是否听从指挥					
6	创新意识	任务完成不照搬照抄,看问题具有独到见解、创新思维					
7	完成效率	工作单是否记录完整,是否按照计划完成任务					
8	完成质量	工作单填写是否准确,记录单检查及修改是否达标					
检查评语							教师签字:

① 优秀(90分以上),良好(80~89分),中等(70~79分),合格(60~69分),不合格(60分以下)。

评 价 单

1. 小组工作评价单

学习情境1	编写施工方案		任务1	编写工程概况		
评价学时	课内 0.5 学时					
班 级				第 组		
考核情境	考核内容及要求	分值（100）	小组自评（10%）	小组互评（20%）	教师评价（70%）	实得分（Σ）
汇报展示（20）	演讲资源利用	5				
	演讲表达和非语言技巧应用	5				
	团队成员补充配合程度	5				
	时间与完整性	5				
质量评价（40）	工作完整性	10				
	工作质量	5				
	报告完整性	25				
团队情感（25）	核心价值观	5				
	创新性	5				
	参与率	5				
	合作性	5				
	劳动态度	5				
安全文明（10）	工作过程中的安全保障情况	5				
	工具正确使用和保养、放置规范	5				
工作效率（5）	能够在要求的时间内完成，每超时5分钟扣1分	5				

2. 小组成员素质评价单

学习情境1	编写施工方案			任务1	编写工程概况				
班　　级				第　　组	成员姓名				
评分说明	每个小组成员评价分为自评和小组其他成员评价两部分,取平均值计算,作为该小组成员的任务评价个人分数。评价项目共设计5个,依据评分标准给予合理量化打分。小组成员自评分后,要找小组其他成员以不记名方式打分								
评分项目	评 分 标 准	自评分	成员1评分	成员2评分	成员3评分	成员4评分	成员5评分		
核心价值观 （20分）	是否有违背社会主义核心价值观的思想及行动								
工作态度 （20分）	是否按时完成负责的工作内容、遵守纪律,是否积极主动参与小组工作,是否全过程参与,是否吃苦耐劳,是否具有工匠精神								
交流沟通 （20分）	是否能良好地表达自己的观点,是否能倾听他人的观点								
团队合作 （20分）	是否与小组成员合作完成任务,做到相互协作、互相帮助、听从指挥								
创新意识 （20分）	看问题是否能独立思考,提出独到见解,是否能够创新思维,解决遇到的问题								
最终小组成员得分									

课后反思

学习情境1	编写施工方案		任务1	编写工程概况
班　　级		第　　组	成员姓名	
情感反思	通过对本任务的学习和实训,你认为自己在社会主义核心价值观、职业素养、学习和工作态度等方面有哪些需要提高的部分?			
知识反思	通过对本任务的学习,你掌握了哪些知识点?请画出思维导图。			
技能反思	在完成本任务的学习和实训过程中,你主要掌握了哪些技能?			
方法反思	在完成本任务的学习和实训过程中,你主要掌握了哪些分析和解决问题的方法?			

任务2　编写工程施工方案

●●●● 任 务 单 ●●●●

学习情境1	编写施工方案			任务2		编写工程施工方案	
任务学时	课内4.5学时(课外1.5学时)						
布置任务							
任务目标	1. 能根据施工合同和施工图纸,确定施工流向; 2. 能根据具体任务,确定施工顺序; 3. 能够根据结构特点和要求,合理选择施工方法; 4. 能够根据具体任务和工程实际情况,正确选择施工机械; 5. 能够在完成任务过程中锻炼职业素养,做到严谨认真对待工作程序,能够吃苦耐劳、主动承担,能够主动帮助小组落后的其他成员,有团队意识,诚实守信、不瞒骗,培养保证质量等建设优质工程的爱国情怀						
任务描述	工程施工方案是施工组织设计的核心内容,相关技术人员需要熟悉原始资料,了解施工项目的建设特点和企业的生产能力,还需要熟悉设计图纸,确定施工流向和施工顺序,能够结合工程实际情况选择合适的施工方法和施工机械,并由项目负责人主持,项目经理部全体管理人员参加编制一个最经济、最合理的工程施工方案						
学时安排	资讯	计划		决策	实施	检查	评价
	0.5学时(课外1.5学时)	0.5学时		0.5学时	2学时	0.5学时	0.5学时
对学生学习及成果的要求	1. 每名同学均能按照资讯思维导图自主学习,并完成知识模块中的自测训练; 2. 严格遵守课堂纪律,学习态度认真、端正,能够正确评价自己和同学在本任务中的素质表现,积极参与小组工作任务讨论,严禁抄袭; 3. 具备识图的能力,具备计算机知识和计算机操作能力; 4. 小组讨论工程施工方案编写的内容,能够结合工程实际情况编写工程施工方案; 5. 具备一定的实践动手能力、自学能力、数据计算能力、沟通协调能力、语言表达能力和团队意识; 6. 严格遵守课堂纪律,不迟到、不早退;学习态度认真、端正;每位同学必须积极动手并参与小组讨论; 7. 讲解编制工程施工方案的过程,接受教师与学生的点评,同时参与小组自评与互评						

资讯思维导图

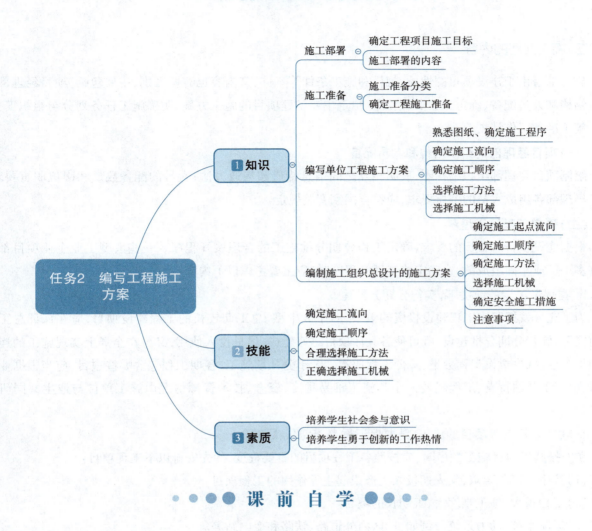

课 前 自 学

任务知识1　施工部署

施工部署指对整个建设项目全局做出统筹规划和全面安排,主要解决影响建设项目全局的重大战略问题的活动。它是施工组织设计的中心环节,是对整个建设项目带有全局性的总体规划。

由于建设项目的性质、规模、客观条件不同,施工部署的内容和侧重点也各不相同。因此,在进行施工部署设计时,应对具体情况进行具体分析,按国家工期定额、总工期、合同工期的要求,事先制定出必须遵循的原则,做出切实可行的施工部署。

忆一忆
什么是施工部署?
_____
_____

一、确定工程项目施工目标

工程项目施工目标应根据施工合同、招标文件以及本单位对工程管理目标的要求确定,包括进度、质量、安全、环境和成本等目标。各目标是一个相互关联的整体,它们之间既存在着矛盾,又存在着统一。进行工程项目管理时,必须充分考虑工程项目各施工目标之间的对立统一关系,注意统筹兼顾,合理确定进度、质量、安全、环境和成本等目标,防止发生盲目追求单一目标而冲击或干扰其他目标的现象。

二、施工部署的内容

施工部署由于建设项目的性质、规模和施工条件等不同,其内容也有所区别,主要包括:项目经理部的组织结构和人员配备、确定工程展开程序、拟定主要工程项目的施工方案、明确施工任务划分与组织安排、编制施工准备工作计划等。

(一)项目经理部的组织结构和人员配备

绘制项目经理部组织结构图,表明相互之间信息传递和沟通方法;人员的配备数量和岗位职责要求。项目经理部各组成人员的资质要求,应符合国家有关规定。

(二)确定工程展开程序

根据建设项目总目标的要求,确定工程分期分批施工的合理展开程序。一些大型工业企业项目都是由许多工厂或车间组成的,在确定施工展开程序时,应主要考虑以下内容:

1. 在保证工期的前提下,实行分期分批建设

为了充分发挥国家工程建设投资的效果,对于大中型、总工期较长的工程建设项目,应在保证总工期的前提下,施行分期分批建设,既可使各具体项目迅速建成,尽早投入使用,又可在全局上实现施工的连续性和均衡性,减少暂设工程数量,降低工程成本。至于分几期施工,各期工程包含哪些项目,应当根据业主要求、生产工艺的特点、工程规模大小和施工难易程度、资金、技术资源情况由施工单位与业主共同研究决定。

2. 统筹安排各类项目的施工,既要保证重点,又要兼顾其他

在安排施工项目施工顺序时,应按照各工程项目的重要程度,优先安排以下工程项目:

(1)按生产工艺要求,须先期投入生产或起主导作用的工程项目。

(2)工程量大、施工难度大、工期长的项目。

(3)运输系统、动力系统。例如,厂区内外道路、铁路和变电站等。

(4)生产上需先期使用的机修、车床、办公楼及部分家属宿舍等。

(5)供施工使用的工程项目,例如,采砂(石)场、木材加工厂、各种构件加工厂等施工附属设施及其他为施工服务的临时设施。

对小型企业或大型企业的某一系统,由于工期较短或生产工艺要求,可不必分期分批建设;也可先建生产厂房,然后边生产边施工。

3. 注意施工顺序的安排

施工顺序指互相制约的工序在施工组织上必须加以明确而又不可调整的安排。建筑施工活动由于建筑产品的固定性,必须在同一场地上进行,如果没有前一阶段的工作,后一阶段就不能进行。在施工过程中,即使他们之间交错搭接进行,也必须遵守一定的顺序。一般所有工程项目均应按照先地下、后地上,先深后浅,先干线后支线的原则进行安排。例如,地下管线和修筑道路的程序,应该先铺设管线,然后在管线上修筑道路。

4. 注意施工季节的影响

不同季节对于施工有很大影响,它不仅影响施工进度,而且还影响工程质量和投资效益,在确定工程开展程序时,应特别注意。例如,大规模土方工程和深基础施工,最好避开雨季。寒冷地区入冬以后最好封闭房屋并转入室内作业和安装设备。

忆一忆
确定施工展开程序应该考虑哪些问题?

_____
_____

(三)拟定主要工程项目施工方案

施工组织设计中要拟定一些主要工程项目的施工方案,这些项目是整个建设项目中工程量大、施工难度大、工期长,对整个建设项目的完成起关键作用的建筑物或构筑物,以及全场范围内工程量大、影响全局的特殊分项工程。拟定主要工程项目施工方案的目的是进行技术和资源的准备工作,同时也为了施工顺利进行和现场的合理布局。内容包括:确定施工方法、施工工艺流程、施工机械设备等。

对施工方法的确定要考虑技术工艺的先进性和经济上的合理性。对施工机械的选择,应使主导机械的性能既能满足工程的需要,又能发挥其效能,在各个工程上能够实现综合流水作业,减少其拆、装、运的次数。对于辅助机械,其性能应与主导施工机械相适应,以充分发挥主导施工机械的工作效率。

1. 编制依据

施工方案编制的依据主要是:施工图纸;施工现场勘察调查的资料和信息;施工验收规范;质量检查验收标准;安全与技术操作规程;施工机械性能手册;新技术、新设备、新工艺等资料。

2. 主要内容

施工方案编制的主要内容包括:确定主要的施工方法、施工工艺流程、施工机械设备等。对施工方法的确定,要兼顾技术工艺的先进性和经济的合理性;对施工工艺流程的确定,要符合施工的技术规律;对施工机械的选择,应使主导施工机械的性能满足工程的需要,辅助配套机械的性能应与主导施工机械相适应,并能充分发挥主导施工机械的工作效率。

3. 注意的问题

(1)机械化施工方案注意的问题。机械化是实现现场施工文明、高效率的重要前提,因此,在拟定主要建筑物施工方案时,在考虑机械化施工方案的问题时,主要考虑以下内容:

①所选择的主要施工机械的类型和数量,应能满足各个主要建筑物的施工要求,并能在各工程上进行流水作业。

②所选择的施工机械的类型和数量,尽量在当地或本企业内解决。

③所选择的机械化施工总方案,不仅在技术上先进、适用,而且在经济上是合理的。

(2)其他应该注意的问题。对于某些施工技术要求高或比较复杂、技术上比较先进或施工单位尚未完全掌握的分部分项工程,应提出原则性的技术措施方案。例如,软弱地基大面积钢管桩工程、复杂的设备基础工程、大跨度结构、高炉及高耸结构的结构安装工程等。

思一思
拟定施工方案是否需要考虑机械问题?

_____
_____

(四)施工任务划分与组织安排

一个建设项目或建筑群是由若干幢建筑物和构筑物组成的。为了科学地规划和控制,应对施工任务进行组织分工及程序安排。

明确施工任务的划分与组织安排,即在明确施工管理体制、机构的条件下,建立施工现场统一的组织领导机构和职能部门,划分参与建设项目的各单位的工作任务,明确总包与分包的关系,明确各施工单位之间的协作关系,明确各施工单位分期分批的主攻项目、穿插项目及建设期限。在安排具体施工任务时,应注意以下内容：

(1) 及时完成有关的施工准备工作，为工程的正式顺利施工创造良好的条件。

(2) 正式施工时应先进行场地平整、铺设管道、修筑道路等全场性工程及可供施工使用的永久性建筑物的施工，以减少临时设施费用，便于施工现场管理。

(3) 在安排管线和道路工程施工程序时，一般应当遵循"先场外后场内、先主干后分支、场外由远而近"的施工顺序。

(五) 编制施工准备工作计划

施工准备工作主要包括以下内容：

(1) 按照建筑总平面图，做好现场测量控制网，引测和设置坐标点。

(2) 办理土地征用手续。

(3) 居民拆迁及障碍物（房屋、管线、树木和坟墓等）的拆除。

(4) 对工程设计中拟采用的新结构、新技术、新材料、新工艺的试制和试验工作。

(5) 现场"三通一平"（即施工用水通、用电通、道路通和场地平整）工作，落实现场外交通运输条件（例如，有关铁路、公路码头的建设工作等）。

(6) 有关大型临时设施的建设。

(7) 编制劳动力、材料、构件、加工品、半成品和机具的申请及准备计划。

(8) 建立工程管理指挥机构及领导网络。

为了落实各项施工准备工作，加强检查和监督，必须根据各项施工准备工作的内容、时间和人员，编制出施工准备工作计划，见表1.4。

表1.4 施工准备工作计划

序号	施工准备项目	内容	负责单位	负责人	起止时间		备注
					××月	××月	

综合案例分析

1. 背景

某施工单位作为总承包商，承接一写字楼工程，该工程为相邻的两栋18层钢筋混凝土框架——剪力墙结构高层建筑，两栋楼地下部分及首层相连，中间设有后浇带。2层以上分为A座、B座两栋独立高层建筑。合同规定该工程的开工日期为2007年7月1日，竣工日期为2008年9月25日。施工单位编制了施工组织设计，其中施工部署中确定的项目目标为：质量目标为合格，创优目标为主体结构创该市的"结构长城杯"；由于租赁的施工机械可能进场时间推迟，进度目标确定为2007年7月6日开工，2008年9月30日竣工。该工程工期紧迫，拟在主体结构施工时安排两个劳务队在A座和B座同时施工；装修装饰工程安排较多，工人从上向下进行内装修的施工，拟先进行A座施工，然后进行B座的施工。

2. 问题

(1) 该工程施工项目目标有哪些不妥之处和需要补充的内容？

(2) 一般工程的施工程序应当如何安排？

(3) 该工程主体结构和装饰装修工程的施工安排是否合理？说出理由。如果工期较紧张，在该施工单位采取管理措施可以保证质量的前提下，应该如何安排较为合理？

3. 分析

本案例主要考核施工部署的问题、合理施工程序的确定。

4. 参考答案

（1）进度目标不妥，租赁的施工机械进场推迟是施工单位的问题，施工单位无法进行工期索赔，因此进度目标的竣工日期不能超过合同规定的日期。施工单位可以通过采取有效措施解决拖延时间的问题。施工项目目标还应补充施工成本目标和安全目标。

（2）一般工程的施工程序："先准备、后开工""先地下、后地上""先主体、后围护""先结构、后装饰""先土建、后设备"。应注意施工程序并非一成不变，随着科学技术进步，复杂的建筑、结构工程不断出现，同时施工技术也不断发展，有些施工程序会发生变化，但是不管如何变化，施工程序总的原则是，必须满足施工项目目标的要求。

（3）由于工期紧张，该工程主体结构安排两栋楼同时施工是合理的，这样的施工程序可以缩短工期。同样的原因，由于工期紧张，装饰装修工程施工安排致使施工工期较长，因而不尽合理。装饰装修工程较合理的安排如下：

① 安排两个装饰装修施工劳务队，A 座、B 座同时进行内装修工程。

② 如果可以满足工期要求，待主体结构封顶后，可以自上而下进行内装修工程。如果工期还不能满足，在施工单位采取管理措施可以保证质量的前提下，可以采取以下两种施工流向来缩短工期：

第一，主体结构完成一半左右时，装修施工插入，自中向下施工，待主体结构封顶后，再自上向中完成内部装修施工。

第二，主体结构完成几层后，即插入内装修施工，自下而上进行施工。

忆一忆

开展施工部署时需要做哪些工作？

_____
_____
_____

任务知识2 施工准备

施工准备工作是为拟建工程的施工创造必要的技术、物资条件，是为了统筹安排施工力量和部署施工现场，保证工程建设项目施工顺利进行和总进度计划目标的按期实现的必备条件。在施工组织总设计中，应明确施工总准备工作的内容、负责单位、负责人和完成期限，并编制施工总准备工作计划。

一、施工准备分类

（一）按准备工作的规模和范围分类

1. 全场性施工准备

工程施工准备

全场性施工准备是以一个建筑工地为对象而进行的各项施工准备，其目的和内容都是为全场性施工服务的，它不仅要为全场性的施工活动创造有利条件，而且要兼顾单位工程施工条件的准备。全场性施工准备也可称为施工总准备或施工部署。

2. 单位工程施工条件准备

单位工程施工条件准备是以一个建筑物或构筑物为对象而进行的施工准备，其目的和内容都是为该单位工程服务的，它既要为单位工程做好开工前的一切准备，又要为其分部分项工程施工进行作业条件的准备。

3. 分部分项工程作业条件准备

分部分项工程作业条件准备是以一个分部分项工程或冬、雨季施工工程为对象而进行的作业条件准备。

忆一忆
施工准备按规模和范围如何进行分类?

_____

_____

(二)按工程所处的施工阶段分类

1. 开工前的施工准备

开工前的施工准备是在拟建工程正式开工前所进行的一切施工准备,其目的是为工程正式开工创造必要的施工条件。它既包括全场性的施工准备,又包括单位工程施工条件的准备,带有全局性和总体性的特点。

2. 开工后的施工准备

开工后的施工准备是在拟建工程开工后,每个施工阶段正式开始之前所进行的施工准备,带有局部性和经常性。例如,普通住宅的施工,通常分为基础工程、主体结构工程和装饰工程等施工阶段,每个阶段的施工内容不同,其所需物资技术条件、组织要求和现场布置等方面也不同。因此,必须做好相应的施工准备。

思一思
开工前和开工后的施工准备有什么区别?

_____

_____

(三)按工程项目行为主体分类

1. 建设单位(业主)的施工准备

建设单位(业主)的施工准备指按照常规或合同的约定应由建设单位(业主)所做的施工准备工作。例如,土地征用、拆迁补偿、"三通一平"、施工许可、水准点与坐标控制点的确定以及部分施工材料的采购等工作。

2. 施工单位(承包商)的施工准备

施工单位(承包商)的施工准备指按照常规或合同的约定应该由施工单位(承包商)所做的施工准备工作。例如,施工组织设计、临时设施的建造、材料采购、施工机具租赁、施工人员进场等工作。

二、确定工程施工准备

工程项目施工准备工作按其性质和内容,通常包括技术资料准备、物资准备、劳动组织准备、施工现场准备和施工场外准备等工作。施工准备工作流程图如图1.3所示。

(一)技术资料准备

技术准备即通常所说的"内业"工作,它是施工准备工作的核心,它可以为项目施工提供各种指导性文件。由于任何技术的差错或隐患都可能引起人身安全事故或工程质量事故,造成生命、财产和经济的巨大损失,因此,必须认真做好技术准备工作。主要包括以下内容:

1. 原始资料调查分析

(1)自然条件调查分析:施工现场的调查,即建设地区的地形图、控制桩与水准基点的位置、地形、地貌、现场地上和地下障碍物状况,例如,建筑物、构筑物、树木人防工程、地下管线等项的调查。自然条件调查表见表1.5。

(2)技术经济条件调查分析:给水、供电等能源资料可向当地城建、电力和建设单位等进行调查收集,主要满足施工临时供水、供电的需求。交通运输资料可向当地铁路、公路运输管理部门进行调查收

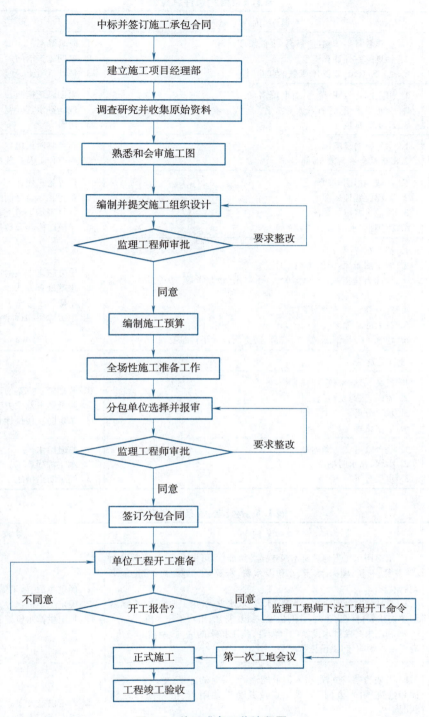

图 1.3 施工准备工作流程图

集,主要解决组织施工运输任务、选择运输方式等工作。设备与材料的调查,主要指施工项目的工艺设备、建筑机械和建筑材料的"三材"(水泥、钢材、木材)以及地方材料的砂、石、砖、灰、特种材制和成品、半成品、购配件等的供应能力、质量、价格情况,以便确定材料的供应计划、加工方式、储存和堆放场地及临时设施的建设。建设地区的社会劳动力和周围环境的调查,用以拟定劳动力安排计划、建立职工生活基地、确定临时设施的面积等。水、电、气等条件调查表,见表 1.6。交通运输条件调查表,见表 1.7。

表1.5 自然条件调查表

分类	项目	调查内容	调查目的
一、气象	气温	1. 全年各月平均温度,最高、最低温度,月份。 2. 冬夏季室外计算温度。 3. ≤-3 ℃、0 ℃、5 ℃天数的起止时间	1. 防暑降温。 2. 冬期施工措施。 3. 估计混凝土、砂浆强度
	雨雪	1. 雨期起止时间;降雪时间,降雪量。 2. 全年降水量,一日最大降水量。 3. 年雷暴日数	1. 雨期施工措施。 2. 现场排水、防洪。 3. 防雷
	风	1. 主导风向及频率。 2. 8级风全年天数、时间	1. 布置临时设施。 2. 高空作业及吊装措施
二、工程地形地质	地形	1. 区域地形图。 2. 工程位置地形图。 3. 该地区城市规划图。 4. 控制桩、水准点的位置	1. 选择施工用地。 2. 布置施工总平面图。 3. 计算现场平整土方量。 4. 了解障碍物及数量
	地质	1. 钻孔布置图。 2. 地质剖面图:土层类别、厚度。 3. 物理力学指标:天然含水量、孔隙比、塑性指数、渗透系数、地基承载力。 4. 地质稳定性:滑坡、流砂。 5. 最大冻结深度。 6. 地基土破坏情况、钻井、古墓、防空洞及地下构筑物	1. 土方施工方法的选择。 2. 地基处理方法。 3. 基础施工方法。 4. 拟定障碍物拆除方案
	地震	地震类别	
三、工程水文地质	地下水	1. 最高、最低水位及时间。 2. 流向、流速及流量。 3. 水质分析。 4. 抽水试验	1. 基础施工方案的选择。 2. 降低地下水位方法、措施。 3. 拟定防止侵蚀性介质的措施
	地面水	1. 是否临近江河湖泊及距离。 2. 洪水、枯水时期。 3. 水质分析	1. 临时给水。 2. 水土工程施工。 3. 施工防洪措施

表1.6 水、电、气条件调查表

序号	项目	调查内容	调查目的
一	给排水	1. 工地用水与当地现有水源连接的可能性,可供水量,管线敷设地点、管径、材料、埋深、水压、水质及水费;水源至工地距离,沿途地形地物状况。 2. 自选临时江河水源的水质、水量、取水方式,至工地距离,沿途地形地物状况;自选临时水井的位置、深度、管径、出水量和水质。 3. 利用永久性排水设施的可能性,施工排水的去向、距离和坡度;有无洪水影响,防洪设施状况	1. 确定生活、施工供水方案。 2. 确定工地排水方案和防洪设施。 3. 拟定供排水设施的施工进度计划
二	供电与电信	1. 当地的电源位置,引入的可能性,可供电的容量、电压、导线截面和电费,引入方向,接线地点及其至工地距离,沿途地形地物状况。 2. 建设单位和施工单位自有的发、变电设备的型号、台数和容量。 3. 利用邻近电信设施的可能性,电话、通信网络等至工地的距离,可能增设电信设备、线路的情况	1. 确定供电方案。 2. 确定通信方案。 3. 拟定供电、通信设施的施工进度计划
三	蒸汽等	1. 蒸汽来源,可供蒸汽量,接管地点、管径、埋深,至工地距离,沿途地形地物状况,蒸汽价格。 2. 建设、施工单位自有锅炉的型号、台数和能力,所需燃料及水质标准。 3. 当地或建设单位可能提供压缩空气、氧气的能力,及其至工地的距离	1. 确定施工、生活用气方案。 2. 确定压缩空气、氧气的供应计划

表 1.7 交通运输条件调查表

序号	项目	调查内容	调查目的
一	铁路	1. 邻近铁路专用线、车站至工地的距离及沿途运输条件。 2. 站场卸货线长度、起重能力和储存能力。 3. 装载单个货物的最大尺寸、重量的限制。 4. 运费、装卸费和装卸力量	1. 选择运输方式。 2. 拟定运输计划
二	公路	1. 主要材料产地至工地的公路等级、路面构造、路宽及完好情况,允许最大载重量,途经桥涵等级,允许最大尺寸、最大载重量。 2. 当地专业运输机构及附近村镇能提供的装卸、运输能力,汽车、畜力、人力车的数量及运输效率、运费、装卸费。 3. 当地有无汽车修配厂,修配能力和至工地距离	
三	航运	1. 货源、工地至邻近河流、码头渡口的距离,道路情况。 2. 洪水、平水、枯水期时,通航的最大船只吨位及取得船只的可能性。 3. 码头装卸能力、最大起重量,增设码头的可能性。 4. 渡口渡船能力,同时可载汽车、马车数,每日次数,能为施工提供的运载能力。 5. 运费、渡口费、装卸费	

2. 认真做好初步设计方案的审查工作

任务确定以后,应提前与设计单位沟通,掌握初步设计方案的编制情况,使方案的设计在质量、功能、工艺、技术等方面均能适应建材、建工的发展水平,为施工扫除障碍。

3. 熟悉和审查施工图纸

熟悉和审查施工图纸主要为编制施工组织设计提供各项依据。熟悉图纸,要求参加施工的技术和经营管理人员充分了解和掌握设计意图、结构与构造的特点及技术要求,能按照设计图纸的要求,做到心中有数,从而生产出符合设计要求的建筑产品。

4. 制施工图预算和施工预算

施工图预算是施工单位依据施工图纸所确定的工程量、施工组织设计拟定的施工方法、建筑工程预算定额和有关费用定额等编制的建筑安装工程造价和各种资源需用量的经济文件。施工预算是施工单位根据施工图纸、施工组织设计或施工方案、施工定额等文件进行编制的企业内部经济文件。

5. 编制施工组织设计

施工组织设计是根据拟建工程的工程规模、结构特点和建设单位要求,编制的指导该工程施工全过程的综合性文件,是施工准备工作的主要技术文件。它结合所收集的原始资料、施工图纸和施工图预算等相关信息,综合建设单位、监理单位、设计单位的具体要求进行编制,以保证工程施工好、快、省,并且安全、顺利地完成。

(二)物资准备

物资准备指施工中必须有的劳动手段(施工机械、工具)和劳动对象(材料、配件、构件)等的准备。物资准备的具体内容有材料准备、构(配)件及设备加工订货准备、施工机具准备、生产工艺设备准备、运输设备和施工物资价格管理等。

1. 材料准备

(1)根据施工方案、施工进度计划和施工预算中的工料分析,编制工程所需材料的需用量计划,作为备料、供料和确定仓库、堆场面积及组织运输的依据。

(2)根据材料需用量计划,做好材料的申请、订货和采购工作,使计划得到落实。

(3)组织材料按计划进场,按施工平面图和相应位置堆放,并做好合理储备、保管工作。

(4)严格进场验收制度,加强检查、核对材料的数量和规格,做好材料试验和检验工作,保证施工质量。

2. 构配件及设备加工订货准备

(1)根据施工进度计划及施工预算所提供的各种构配件及设备数量,做好加工翻样工作,并编制相应的需用量计划。

(2) 根据各种构配件及设备的需用计划，向有关厂家提出加工订货计划要求，并签订订货合同。

(3) 组织构配件和设备按计划进场，按施工平面布置图做好存放及保管工作。

3. 施工机具准备

(1) 各种土方机械，混凝土、砂浆搅拌设备，垂直及水平运输机械，钢筋加工设备、木工机械、焊接设备、打夯机、排水设备等应根据施工方案，明确施工机具配备的要求、数量以及施工进度安排，并编制施工机具需用量计划。

(2) 拟由本施工单位内部负责解决的施工机具，应根据需用量计划组织落实，确保按期供应进场。

(3) 对施工单位缺少且施工又必需的施工机具，应与有关单位签订订购或租赁合同，以满足施工需要。

(4) 对于大型施工机械（如塔式起重机、挖土机、桩基设备等）的需求量和时间，应加强与有关方面（例如，专业分包单位）的联系，以便及时提出要求，落实后签订有关分包合同，并为大型机械按期进场做好现场有关准备工作。

(5) 安装、调试施工机具。按照施工机具需要量计划，组织施工机具进场，根据施工总平面图将施工机具安置在规定的地方或仓库。对于施工机具要进行就位、搭棚、接电源、保养、调试工作。对所有施工机具都必须在使用前进行检查和试运转。

4. 生产工艺设备准备

订购生产用的生产工艺设备，要注意交货时间与土建进度密切配合。因为某些庞大设备的安装往往需要与土建施工穿插进行，如果土建全部完成或封顶后，设备安装将会面临极大困难，各种设备的交货时间就要与安装时间密切配合，否则将直接影响建设工期。

在准备时，应按照施工项目工艺流程及工艺设备的布置图，提出工艺设备的名称、型号、生产能力和需要量，确定分期、分批进场时间和保管方式，编制工艺设备需要量计划，为组织运输、确定堆场面积提供依据。

5. 运输准备

(1) 根据上述四项需用量计划，编制运输需用量计划，并组织落实运输工具。

(2) 按照上述四项需用量计划明确的进场日期，联系和调配所需运输工具，确保材料、构（配）件和机具设备按期进场。

6. 强化施工物资价格管理

(1) 建立市场信息制度，定期收集、披露市场物资价格信息，提高透明度。

(2) 在市场价格信息指导下，"货比三家"，选优进货；对大宗物资的采购要采取招标采购方式，在保证物资质量和工程质量的前提下，降低成本、提高效益。

（三）劳动组织准备

1. 项目组织机构组建

实行项目管理的工程中，建立项目组织机构就是建立项目经理部。高效率的项目组织机构是为建设单位服务的，是为项目管理目标服务的。这项工作实施的合理与否关系着工程能否顺利进行。施工单位建立项目经理部，应针对工程特点和建设单位要求，根据有关规定进行。

2. 组织精干的施工队伍

组织施工队伍时应认真考虑专业工程的合理配合，技工和普工的比例要满足合理的劳动组织要求。按组织施工的方式要求，确定建立混合施工队组或是专业施工队组及其数量。组建施工队组应坚持合理、精干的原则，同时制定出该工程的劳动力需用量计划。

3. 优化劳动组合与技术培训

针对工程施工要求，强化各工种的技术培训，优化劳动组合。施工组织设计、计划和技术交底的目的是把施工项目的设计内容、施工计划和施工技术等要求，详尽地向施工队组和工人讲解交代。这是落实计划和技术责任制的好办法。施工组织设计、计划和技术交底的时间在单位工程或分部（项）工程开工前及时进行,以保证严格按照施工图纸、施工组织设计、安全操作规程和施工验收规范等要求进行施工。施工队组、工人接受施工组织设计、计划和技术交底后,要组织其成员进行认真的分析研究,弄清关键部位、质量标准、安全措施和操作要领。必要时应该进行示范,并明确任务及做好分工协作,同时建立健全岗位责任制和保证措施。

4. 建立健全各项管理制度

施工现场的各项管理制度是否建立健全,直接影响其各项施工活动的顺利进行。有章不循,其后果是严重的,而无章可循更是危险的。为此必须建立健全工地的各项管理制度。

建立健全各项管理制度主要包括:项目管理人员岗位责任制度;项目技术管理制度;项目质量管理制度;项目安全管理制度;项目计划、统计与进度管理制度;项目成本核算制度;项目材料、机械设备管理制度;项目现场管理制度;项目分配与奖励制度;项目例会及施工日志制度;项目分包及劳务管理制度;项目组织协调制度;项目信息管理制度。

项目组织机构自行制定的规章制度与施工单位现行的有关规定不一致时,应报送施工单位或其授权的职能部门批准。

5. 做好分包安排

对于施工单位难以承担的一些专业项目,例如,深基础开挖和支护、大型结构安装和设备安装等项目,应及早做好分包或劳务安排,加强与有关单位的沟通与协调,签订分包合同或劳务合同,以保证按计划组织施工。

6. 组织好科研攻关

凡工程施工中采用带有试验性质的一些新材料、新产品、新工艺项目,应在建设单位、主管部门的参与下,组织有关设计、科研、教学等单位共同进行科研工作,并明确相互承担的试验项目、工作步骤、时间要求、经费来源和职责分工。

所有科研项目必须经过技术鉴定后,再用于施工生产活动。

(四)施工现场准备

施工现场准备工作,主要是为了给施工项目创造有利的施工条件和充足的物质保证。主要包括以下内容:

1. 清除障碍物

施工场地内的一切障碍物,无论是地上的还是地下的,都应在开工之前清除。这些工作一般是由建设单位来完成的,但也有委托施工单位来完成的。清除时,一定要了解现场实际情况。原有建筑物情况复杂、原始资料不全时,应采取相应的措施,防止发生事故。

对于原有电力、通信、给排水、煤气、供热网、绿化树木等设施和障碍物的排除和清理,要与有关部门联系并办好手续后方可进行,一般由专业公司来处理。房屋只有在水、电、气切断后,才能进行拆除。

2. 施工现场控制网测量

根据给定永久性坐标和高程,按照建筑总平面图要求,进行施工场地控制网测量,设置场区永久性控制测量标桩。

建筑施工工期长,现场情况变化大,只有正确建立测量控制网,才能确保建筑施工质量,特别是在城区建设,障碍多、通视条件差,给测量工作带来一定的难度,因此,应制定切实可行的测量方案(如平面控制、标高控制、沉降观测和竣工测量等)。

建筑物定位放线,一般通过设计图中的平面控制轴线来确定建筑物位置,测定并经自检合格后提交有关部门和建设单位或监理人员验线,以保证定位的准确性。施工时应根据建设单位提供的由规划部门给定的永久性坐标和高程(绝对高程),按建筑总平面图上的要求,妥善设立现场永久性标点(设在建筑物附近,其底部位置超过冻线),以供沉降观测专业队监控建筑物的沉降使用。除此之外,在测量放线时,还需要在拟建建筑物轴线上使用隐桩建立测量平面控制网(一般每条平面控制轴线上一边做一个隐桩,其标高与自然地面相同),以便为施工全过程的投测创造条件,并能保证在放线工作受到破坏时,能够及时进行恢复。如果场地须进行土方竖向设计,施工单位应按10~20 m的正方形测出各方格网点的天然地面标高,为土方挖填平衡的计算提供依据。

在测量放线时,还应校核红线桩(规划部门给定的红线,在法律上起着控制建筑用地的作用)与水准点。沿红线的建筑物放线后,还要由城市规划部门验线以防止建筑物压红线或超红线,为正常顺利地施工创造条件。

3. 做好"三通一平"工作,认真设置消火栓

"三通一平"指工程开工前确保施工现场水通、电通、道路通和场地平整。现有些建设工程也往往进一步要求工程开工前达到"四通一平"或"七通一平"的标准。"七通一平"即通上水、通下水、通污水、通电力、通电信、通燃气、通交通、场地平整。

(1)场地平整:清除障碍物后,即可进行场地平整工作,按照建筑总平面图的要求,计算出挖填土方量,设计土方调配方案,确定场地平整的施工方案,进行场地平整工作。

(2)路通:施工现场的道路是组织物资进场的动脉。拟建工程开工前,必须按照施工总平面图的要求,修建现场永久性道路和必要的临时道路,形成完整的运输网络。为了节省工程费用,应尽可能利用已有的道路,为使施工时不损坏路面和加快修路速度,可以先修路基或在路基上铺设简易路面,施工完毕后,再铺路面。

(3)给水通:施工用水包括生产用水、生活用水和消防用水。应按施工总平面图的规划进行安排,施工给水尽可能与永久性的给水系统结合起来。临时管线的铺设,既要满足施工用水的需要量,又要施工方便,并且尽量缩短管线的长度,以降低工程的成本。

(4)排水通:施工现场的排水也十分重要,特别在雨期,例如,场地排水不畅,会影响到施工和运输的顺利进行。高层建筑的基坑深、面积大,施工往往要经过雨期,应做好基坑周围的挡土支护工作,防止坑外雨水向坑内汇流,并做好基坑底部雨水的排放工作。

(5)排污通:施工现场的生活污水排放,直接影响到城市的环境卫生。由于环境保护的要求,有些污水不能直接排放,而需要进行处理以后方可排放。因此,现场的排污也是一项重要的工作。

(6)电力及电信通:电是施工现场的主要动力来源,施工现场用电包括施工生产用电和生活用电。应按施工组织设计要求,接通电力和电信设施。电源首先应考虑从国家电力系统或建设单位已有的电源上获得。例如,供电能力不能满足施工用电需要,应考虑在现场建立自备发电系统,确保施工现场动力设备和通信设备的正常运行。

(7)蒸汽及燃气通:施工中如果需要通蒸汽、燃气,应按施工组织设计的要求进行安排,以确保施工的顺利进行。

"三通一平"或"七通一平"工作,有时工作量大、牵涉面广、需要时间较长。对特大型工程或分期分批建设的工程现场,为了使工程早日开工,可在统一规划下首先做好全场性的主干道路和水电管线,而支线和场地平整工作则分区、分批进行。施工现场必须按消防要求,设置足够数量的消火栓。

4. 建造临时设施

建造临时设施要按照施工总平面图和临时设施需要量计划,建造各项临时设施,为正式开工准备好生产和生活用房。

5. 组织施工机具进场

组织施工机具进场要根据施工机具需要量计划,按施工平面图和施工方案要求,组织施工机械、设备和工具先后进场,按规定地点和方式存放,并应进行相应的保养和试运转等项工作。

6. 组织建筑材料进场

组织建筑材料进场要根据建筑材料、构(配)件和制品需要量计划,按工程进度要求组织其陆续进场,按规定地点和方式储存或堆放。

7. 拟定有关试验、试制项目计划

建筑材料进场后,应进行各项材料的复试、检验。对于新技术项目,应拟定相应试验和试制计划,并均应在开工前实施。

8. 做好季节性施工准备

做好季节性施工准备要按照施工组织设计要求,认真落实冬雨期和高温季节施工项目的临时设施和技术组织措施。

忆一忆

"三通一平"包含哪些内容?

_____

_____

(五)施工场外准备

施工准备除了施工现场内部的准备工作外,还有施工现场外部的准备工作,主要包括以下内容:

1. 材料加工和订货

建筑材料、构(配)件和制品大部分一般需要外购,工艺设备更是如此。应根据各项资源需用量计划,同建材加工和设备制造部门或单位取得联系,签订供货合同,保证按时保质保量供应。

2. 施工机具租赁或订购

对于本单位缺少且需要的施工机具,应根据需要量计划,同有关单位签订租赁合同或订购合同。

综合案例分析

1. 背景

某建筑公司有一项土方挖运施工任务,基坑开挖深度为 8.5 m,土方量 10 000 m³,该公司拟租赁挖土机进行土方开挖。租赁市场上有甲、乙两种液压挖掘机,甲、乙的租赁单价分别为 1 000 元/台班、1 200 元/台班,台班产量分别为 500 m³、750 m³。租赁甲液压挖掘机需要一次支出进出场费 20 000 元,租赁乙液压挖掘机需要一次支出进出场费 25 000 元。因工期充裕,该公司考虑按费用最低选择挖掘机。

2. 问题

(1)该建筑公司应租赁哪种液压挖掘机?

(2)若土方量为 15 000 m³,该建筑公司应租赁哪种液压挖掘机?

3. 分析

本案例考核考生对建筑机械及机械设备选购基本内容的掌握程度。要求了解该计算方法,正确处理工程实际问题。

4. 参考答案

(1)每立方米土方的挖土直接费用分别如下:

甲机:$1\ 000 \div 500 = 2.00$ 元/m³;

乙机:$1\ 200 \div 750 = 1.60$ 元/m³。

设土方开挖量为 Q,则

租赁甲机的土方开挖费用为:$F_1 = Q \times 2.00 + 20\ 000$;

租赁乙机的土方开挖费用为:$F_2 = Q \times 1.60 + 25\ 000$。

当 $F_1 = F_2$,即 $Q \times 2.00 + 20\ 000 = Q \times 1.60 + 25\ 000$,可得 $Q = 12\ 500$ m³。

因施工合同的土方量 10 000 m³ < 12 500 m³,即该建筑公司应选用甲液压挖掘机。

(2)土方量 15 000 m³ > 12 500 m³,该建筑公司应选用乙液压挖掘机。

忆一忆

工程施工准备包含哪些内容？

_____

_____

任务知识3　编写单位工程施工方案

视频
编写单位工程施工方案

选择合理的施工方案是单位工程施工组织设计的核心。它包括熟悉图纸、确定施工程序；确定施工流向；确定施工顺序；选择施工方法；选择施工机械等方面。

一、熟悉图纸、确定施工程序

编制施工方案时必须在熟悉施工图纸，明确工程特点和施工任务，充分研究施工条件，正确进行技术经济比较的基础上作出决定。施工方案的合理与否直接影响到工程的施工成本、工期、质量和安全效果，因此必须予以重视。

（一）熟悉图纸

熟悉设计资料和施工条件，熟悉审核施工图纸是领会设计意图，明确工程内容，分析工程特点必不可少的重要环节。在有关施工人员认真阅读图纸、充分准备的基础上，召开设计、建设、施工（包括协作施工）、监理和科研（必要时）单位参加的"图纸会审"会议。设计人员向施工单位作技术交底，讲清设计意图和对施工的主要要求。有关施工人员应该对施工图纸及工程有关的问题提出质询，通过各方认真讨论后，逐一作出决定并详细记录。对于图纸会审中所提出的问题和合理建议，如需变更设计或作补充设计时，应该办理设计变更签证手续。未经设计单位同意，施工单位不得随意修改设计。

（二）确定施工程序

施工程序指单位工程中各分部工程或施工阶段施工的先后次序及其制约关系。工程施工除受自然条件和物质条件等的制约，同时它在不同阶段不同的施工过程中必须按照其客观存在的、不可违背的先后次序渐进地向前开展，它们之间既相互联系又不可替代，更不允许前后倒置或跳跃施工。在工程施工中，必须遵守"先地下、后地上""先主体、后围护""先结构、后装饰""先土建、后设备"的一般原则，结合具体工程的建筑结构特征、施工条件和建设要求，合理确定建筑物各楼层、各单元（跨）的施工顺序、施工段的划分，各主要施工过程的流水方向等。

忆一忆

确定施工程序应该遵守哪些原则？

_____

_____

二、确定施工流向

施工流向指单位工程在平面上或空间上施工的开始部位及其展开的方向。对单层建筑物来讲，仅确定在平面上施工的起点和施工流向；对多、高层建筑物来讲，除了确定每层平面上的起点和流向外，还需要确定在竖向上施工的起点和流向。

施工流向应按所选的施工方法及所制定的施工组织要求进行安排。例如，一幢高层建筑物若采用顺序作法施工地下两层结构，其施工流程为：测量定位放线→底板施工→拆第二道支撑→地下两层施工→拆第一道支撑→±0.000标高结构层施工→上部结构施工。若采用逆作法施工地下两层结构,其施工流程为:测量定位放线→地下连续墙施工→±0.000标高结构层施工→地下两层结构施工,同时进行地层结构施工→底板施工并做各层柱,完成地下施工→完成上部结构。例如,在结构吊装工程中,采用分件吊装法时,其施工流向不同于综合吊装法的施工流向;同样,工程设计人员的要求不同,也会使得其施工流向不同。

三、确定施工顺序

施工顺序是指单位工程中各分部工程或各分项工程的先后顺序及其制约关系,体现了施工步骤上的规律性。在组织施工时,应根据不同阶段、不同的工作内容,按其固有的、不可违背的先后次序展开。这对保证工程质量、保证工期、提高生产效益均有很大的作用。

任何一个建筑物的建造过程都是由许多工艺过程所组成的,而每一个工艺过程只完成建筑物的某一部分或某一种结构构件。在编制施工组织设计时,需要对工艺过程进行安排。常见结构的施工顺序如下:

(一)多层混合结构

多层混合结构房屋的施工特点是:砌砖工程量大,材料运输量大,便于组织流水施工等。多层砖混结构房屋的施工,一般可划分为基础工程、主体结构工程、屋面及装饰工程三个施工阶段。多层混合结构房屋的施工顺序示意图如图1.4所示。

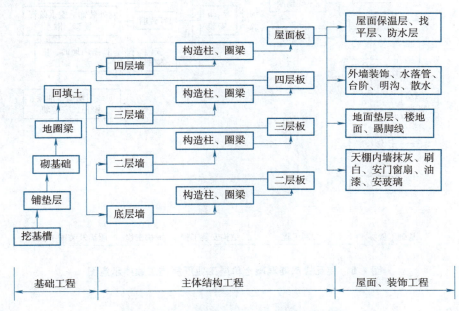

图1.4 多层混合结构房屋施工顺序示意图

(二)框架结构

多、高层全现浇钢筋混凝土框架结构建筑的施工程序,一般可划分为±0.000以下基础工程、主体结构工程、屋面及围护工程、装饰工程等四个施工阶段。多、高层全现浇钢筋混凝土框架结构建筑的施工顺序示意图如图1.5所示。

(三)单层工业厂房

由于生产工艺的需要,装配式钢筋混凝土单层工业厂房无论在厂房类型、建筑平面、造型或结构构造上都与民用建筑有很大差别。单层工业厂房具有设备基础和各种管网,因此施工要比民用建筑复杂。单层装配式厂房的施工一般可分为基础工程、预制工程、结构安装工程、围护工程和屋面及装修工程等五个阶段。装配式钢筋混凝土单层工业厂房的施工顺序如图1.6所示。

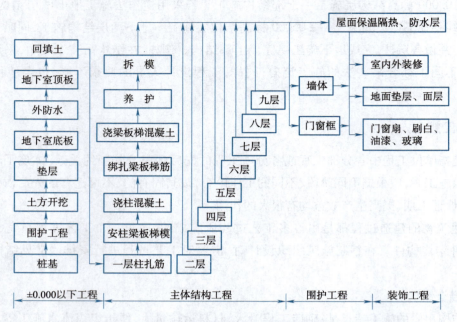

图1.5　多、高层全现浇钢筋混凝土框架结构建筑施工顺序示意图

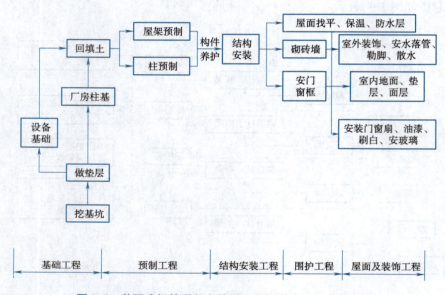

图1.6　装配式钢筋混凝土单层工业厂房施工顺序示意图

综合案例分析

1. 背景

现有一框架结构的厂房工程,桩基础采用CFG桩(水泥粉煤灰碎石桩),地下1层,地下室外墙为现浇混凝土,深5.5 m,地下室内独立柱尺寸为600 mm×600 mm,底板采用600 mm厚筏板。地上4层,层高4 m。建筑物平面尺寸45 m×17 m。地下防水层为SBS高聚物改性沥青防水卷材,拟采用外贴法施工。屋顶为平屋顶,水泥加气混凝土碎渣找坡,采用SBS高聚物改性沥青防水卷材,预制钢筋混凝土架空隔热板隔热。具体做法如图1.7所示。

2. 问题

(1)试确定该工程基础工程的施工顺序。

(2)试确定该工程屋面工程的施工顺序。

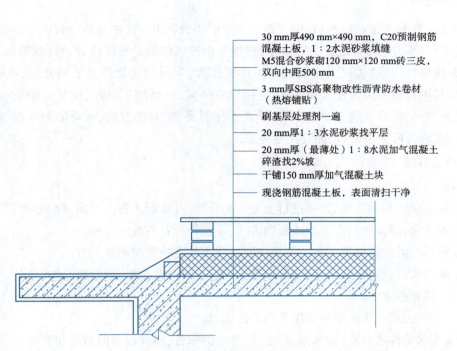

图 1.7 屋面做法示意图

(3)写出框架柱和顶板梁板在施工中各分项工程的施工顺序(包括钢筋分项工程、模板分项工程、混凝土分项工程)。

3. 分析

本案例考核基础工程的施工顺序、屋面工程的施工顺序、框架柱和顶板梁板施工程序的掌握程度。要求理解并掌握各分部分项工程的施工顺序。

4. 参考答案

(1)基础工程施工顺序:

桩基础→土方开挖、钎探验槽→垫层→基础底板卷材防水施工→地下室底板→地下室墙、柱→地下室顶板→墙体防水卷材、保护墙→回填土。

(2)屋面工程施工顺序:

基层清理→干铺加气混凝土砌块→加气混凝土碎渣找坡→水泥砂浆找平层→刷基层处理剂→铺贴SBS高聚物改性沥青防水卷材→铺设架空钢筋混凝土隔热板(水泥砂浆填缝)。

(3)框架柱施工顺序:

柱子钢筋绑扎→柱子模板安装(包括模板支护)→柱子混凝土浇筑→混凝土养护。

(4)梁板的施工顺序:

满堂脚手架的搭设→铺设梁底模板→梁钢筋绑扎→合梁侧模板→铺设顶板模板→铺设并绑扎顶板钢筋→浇筑梁板混凝土→混凝土养护。

四、选择施工方法

正确地拟定施工方法是选择施工方案的核心内容,它直接影响工程施工的工期、施工质量和安全,以及工程的施工成本。一个工程的施工方法可采用多种形式。施工组织设计就是要在若干个可行方案中选取适合客观实际的较先进合理又最经济的施工方法。

(一)基本要求

(1)确定施工方法的重点:施工方法的选择,对常规做法和工人熟悉的项目,则不必详细拟定,可只提具体要求。但对影响整个单位工程的分部分项工程,例如,工程量大、施工技术复杂或采用新技术、新工艺及对工程质量起关键作用的分部分项工程应着重考虑。

(2)主要分部工程施工方法要求:在施工组织设计中明确施工方法主要指经过决策选择采纳的施工方法,例如,降水采用轻型井点降水还是井点降水,护坡采用护坡桩还是桩锚组合护坡或喷锚护坡,墙柱模板采用木模板还是钢模板,是整体式大模板还是组拼式模板,模板的支撑体系如何选用,电梯井筒、雨篷阳台、门窗洞口、预留洞模板采用何种形式,钢筋连接形式如何,钢筋加工方式、钢筋保护层厚度要求及控制措施,混凝土浇筑方式,商品混凝土的试配,拆模强度控制要求、养护方法、试块的制作管理方法等。这些施工方法应该与工程实际紧密结合,能够指导施工。

(二)选择施工方法

1. 土方工程

(1)地形比较复杂的场地平整,需要进行土方平衡计算,并绘制土石方平衡调配方案。

(2)根据土石方量,确定土石方开挖或爆破方法,并选择土石方施工机械。

(3)土方放坡开挖的放坡坡度系数。不放坡开挖采用的支护类型和施工方法。

(4)土方运输方式,运输机械、类型、型号和数量,城市环保规定的土方运输允许时间。

(5)验槽和地基处理方法。

(6)土方回填方法、填土压实要求和压实机具的选择。

(7)地下、地表水的排水方式,排水沟、集水井、井点的布置,所需设备的型号和数量。

2. 基础工程

(1)浅基础根据垫层、基础的施工要点,选择所需机械的型号和数量。

(2)桩基础应根据桩型及工期选择所需桩机的型号和数量。

(3)地下室应根据防水要求,留置、处理施工缝,事先应做好防渗试验,确定用料要求及有关技术措施等。

(4)如果有深浅基础标高不同时,应明确基础的先后施工顺序。

(5)混凝土基础如留施工缝时,应明确留置位置和技术要求。

(6)基础工程一般应分段组织流水施工,当垫层工程量较小时,划分施工过程时可并入其他工程项目。

3. 砌筑工程

(1)明确砌体的组砌方法及质量要求,弹线、立皮数杆、标高控制及轴线引测的质量要求。

(2)砌块工程应事先编制排块图。

(3)选择砌筑工程中的所需机具型号和数量。

(4)砌筑脚手架的形式、用料和技术要求。

(5)砌筑施工中流水分段和劳动力的组合形式。

4. 混凝土和钢筋混凝土工程

(1)确定混凝土工程施工方案:滑模法、升板法或其他方法。

(2)确定模板类型及支模方法,对于复杂工程还需要进行模板设计和绘制模板放样图。

(3)选择钢筋的加工、绑扎和焊接方法。

(4)选择混凝土的制备方案,例如,采用商品混凝土,还是现场拌制混凝土。确定搅拌、运输、浇筑顺序和方法,以及泵送混凝土和普通垂直运输混凝土的机械选择。

(5)确定混凝土的浇筑顺序、施工缝的留置位置、分层浇筑的高度、工作班次、浇捣方法以及有关养护等制度。

(6)如果施工有防水等要求的特殊混凝土工程,应事先做好防渗等试验工作,明确用料和施工操作等要求。

(7)对浇筑厚大体积的混凝土或钢筋混凝土工程,应制定防止产生温度裂缝的措施,落实测温孔的设置和测温工作。

(8)当在严寒天气或酷暑季节浇筑混凝土工程时,应制定相应的防冻和降温措施,明确使用外加剂的品种、掺用比例及控制方法等。

(9)当地下室或楼层有设备从楼面吊运时,在浇筑的楼层上应留置吊运孔道。

5. 结构安装工程

(1)确定构件的预制、运输及堆放方法,选择所需机具数量和型号。

(2)确定构件的吊装方法,选择所需机具的型号和数量。

(3)确定构件制作、安装的工艺流程。

6. 屋面工程

(1)根据屋面构造确定屋面防水层的做法、施工方法、选择所需机具型号和数量。

(2)确定屋面工程施工所用材料及运输储存方式。

7. 装修工程

(1)明确装修装饰工程进入现场的时间、施工顺序和产品保护等具体要求。

(2)确定各种装修材料的做法及施工要点,必要时要做样板间。

(3)确定材料的运输方式、堆放位置、储存要求。

(4)选择装修所用施工机具的型号和数量。

(5)确定工艺流程和施工组织,尽可能做到与结构穿插施工、合理交叉施工,以利于缩短工期。

综合案例分析

1. 背景

某大学公共教学楼工程,建筑用地面积 61 672 m²,总建筑面积 45 026 m²,其中地上部分建筑面积为 42 589 m²,人防地下室建筑面积为 2 437 m²,建筑层数地上五层,地下一层,建筑总高度 23.4 m,现浇钢筋混凝土框架结构。基坑深度 10 m、长 100 m、宽 80 m;基坑东、北两面距离建筑围墙 3 m,西、南两面距离图书馆 9 m。建筑外墙为 370 红砖,内墙为 A3.5 加气混凝土砌块。

施工技术方案评议时,项目经理认为该项目的主要施工技术方案应采用:

(1)土方工程:土方开挖采用机械一次挖至槽底标高,再进行基坑支护,基坑支护采用土钉墙支护,最后进行降水。

(2)脚手架工程:外脚手架方案采用单排钢管脚手架搭设从地到顶。

(3)钢筋工程:直径 12 mm 以上受力钢筋,采用剥肋滚压直螺纹连接。

2. 问题

(1)该工程土方开挖方案是否合理?为什么?

(2)该工程钢筋方案是否合理?为什么?

(3)该工程脚手架方案是否合理?为什么?

(4)单排脚手架搭设时,横向水平杆不应设置在建筑物的哪些部位?

3. 分析

本案例考核土方工程的施工方法、脚手架工程的施工方法、钢筋工程的施工方法。要求理解并掌握各分部分项工程的施工方法。

4. 参考答案

(1)不合理。该方案采用一次挖到底后再支护的方法,违背了强制性规范规定"土方开挖应遵循开槽支撑,先撑后挖,分层开挖,严禁超挖"的原则。现场没有足够的放坡距离,一次挖到底后再支护,会影响到坑壁、边坡的稳定和周围建筑物的安全。

(2)不合理。因为:直径 16 mm 以下采用剥肋滚压直螺纹连接,剥肋套丝后钢筋直径不能满足工艺要求,不具有可操作性。剥肋滚压直螺纹连接适用于直径 16 mm 以上 40 mm 以下的热轧Ⅱ、Ⅲ级同级钢筋的钢筋连接。

(3)不合理。因为根据《建筑施工扣件式钢管脚手架安全技术规范》规定,单排脚手架高度限值为 20 m,而该项目建筑总高度为 23.4 m。

(4)单排脚手架的横向水平杆不应设置在下列部位:设计上不允许留脚手眼的部位;过梁上与过梁两端成 60°角的三角形范围内及过梁净跨度 1/2 的高度范围内;宽度小于 1 m 的窗间墙;梁或梁垫下及其两侧各 500 mm 的范围内;砖砌体的门窗洞口两侧 200 mm 和转角处 450 mm 的范围内;其他砌体的门窗洞口两侧 300 mm 和转角处 600 mm 的范围内;独守或附墙砖柱。

五、选择施工机械

机械化施工是改变建筑工业生产落后面貌、实现建筑工业化的基础。因此,施工机械的选择是施工方法选择的中心环节。选择施工机械时应着重考虑以下内容:

(1)选择施工机械时,应首先根据工程特点,选择适宜主导工程的施工机械。例如,在选择装配式单层工业厂房结构安装用的起重机类型时,当工程量较大且集中时,可以采用生产效率较高的塔式起重机;但当工程量较小或工程量虽大却相当分散时,则采用无轨自行式起重机较为经济。在选择起重机型号时,应使起重机在起重臂外伸长度一定的条件下,能适应起重量及安装高度的要求。

(2)各种辅助机械或运输工具应与主导机械的生产能力协调配套,以充分发挥主导机械的效率。例如,土方工程施工中采用汽车运土时,汽车的载重量应为挖土机斗容量的整数倍,汽车的数量应保证挖土机的连续工作。

(3)在同一工地上,应力求建筑机械的种类和型号尽可能少一些,以利于机械管理。因此,工程量大且分散时,宜采用多用途机械施工,例如,挖土机既可用于挖土,又能用于装卸、起重和打桩。

(4)施工机械的选择还应考虑充分发挥施工单位现有机械的能力。当本单位的机械能力不能满足工程需要时,则应购置或租赁所需的新型机械或多用途机械。

忆一忆

确定土方工程施工方法时需要考虑哪些问题?

任务知识4　编制施工组织总设计的施工方案

编制施工组织总设计的施工方案要对一些主要工程项目和特殊的分项工程项目的施工方案予以拟定。施工方案编制的依据主要是:施工图纸;施工现场勘察调查的资料和信息;施工验收规范;质量检查验收标准;安全与技术操作规程;施工机械性能手册;新技术、新设备、新工艺等的资料。施工方案编制的主要内容包括:确定施工起点流向、确定施工顺序、确定施工方法、选择施工机械、确定安全施工措施等方面。

一、确定施工起点流向

施工起点流向指单项工程在平面上和竖向上施工开始部位和进展方向,它主要解决施工项目在空间上施工顺序合理的问题,其决定因素包括以下内容:

(1)单项(位)工程生产工艺要求。

(2)建设单位对单项(位)工程投产或交付使用的工期要求。

(3)当单项(位)工程各部分复杂程度不同时,应从复杂部位开始。

(4)当单项(位)工程有高、低层并列时,应从并列处开始。

(5)当单项(位)工程基础深度不同时,应从深基础部分开始,并且考虑施工现场周边环境状况。

二、确定施工顺序

施工顺序是互相制约的工序,在施工组织上必须加以明确且不可调整的安排。建筑施工活动由于建筑产品的固定性,必须在同一场地上进行,如果没有前一阶段的工作,后一阶段就不能进行。在施工过程中,即使他们之间交错搭接地进行,也必须遵守一定的顺序。在施工组织总设计中,虽然不必像单位工程施工组织设计那样写得比较详细,但也要将某些较特殊项目的施工顺序作为重点安排对象列出,以引起足够重视。

忆一忆
单位工程和项目工程的施工顺序有什么区别?
_____
_____
_____

三、确定施工方法

对施工方法的确定,要兼顾技术工艺的先进性和经济的合理性。

四、选择施工机械

(1)在选择主导施工机械时,要充分考虑工程特点、机械供应条件和施工现场空间状况,合理地确定主导施工机械类型、型号和台数。

(2)在选择辅助施工机械时,必须充分发挥主导施工机械的生产效率,要使两者的台班生产能力协调一致,并确定出辅助施工机械的类型、型号和台数。

(3)对施工机械的选择,应使主导施工机械的性能满足工程的需要,辅助配套机械的性能应与主导施工机械相适应,并能充分发挥主导施工机械的工作效率。

(4)为便于施工机械管理,同一施工现场的机械型号尽可能少,当工程量大而且集中时,应选用专业化施工机械;当工程量小而且分散时,要选择多用途施工机械。

五、确定安全施工措施

(一)预防自然灾害措施
预防自然灾害措施包括:防台风、防雷击、防洪水、防山洪暴发和防地震灾害等措施。

(二)防火防爆措施
防火防爆措施包括:大风天气严禁施工现场明火作业、明火作业要有安全保护、氧气瓶防振防晒和乙炔罐严防回火等措施。

(三)劳动保护措施
劳动保护措施包括:安全用电、高空作业、交叉施工、施工人员上下、防暑降温、防冻防寒和防滑防坠落,以及防有害气体毒害等措施。

(四)特殊工程安全措施
例如,采用新结构、新材料或新工艺的单项工程,要编制详细的安全施工措施。

(五)环境保护措施
环境保护措施包括:有害气体排放、现场雨水排放、现场生产污水和生活污水排放,以及现场树木和绿地保护等措施。

六、注意事项

(一)机械化施工方案注意的问题

机械化是实现现场施工文明、高效率的重要前提,因此,在拟定主要建筑物施工方案时,应注意按以下几点考虑机械化施工方案的问题:

(1)所选择的主要施工机械的类型和数量,应能满足各个主要建筑物的施工要求,并能在各工程上进行流水作业。

(2)所选择的施工机械的类型和数量,尽量在当地或本企业内解决。

(3)所选择的机械化施工总方案,不仅在技术上先进、适用,而且在经济上是合理的。

(二)其他注意的问题

另外,对于某些施工技术要求高或比较复杂、技术上比较先进或施工单位尚未完全掌握的分部分项工程,也应提出原则性的技术措施方案。例如,软弱地基大面积钢管桩工程、复杂的设备基础工程、大跨度结构、高炉及高耸结构的结构安装工程等。

综合案例分析

1. 背景

某高校由于扩招,需要对该校进行扩建。某施工单位中标承接该扩建工程,工程内容包括一栋5层教学楼和一栋6层办公楼。教学楼建筑面积14 000 m²,办公楼建筑面积8 000 m²,其中教学楼采用整体预应力装配式板柱结构体系,建筑构造也比较复杂;办公楼为普通钢筋混凝土框架结构。施工单位在施工组织设计的施工部署中确定了项目管理组织结构和管理人员相应的职责,明确了施工项目管理目标等。由于建设单位资金需要分阶段供应,两栋楼只能先后施工,合同规定的扩建工程竣工日期为2013年8月25日。

2. 问题

(1)施工单位应当如何安排两栋楼的施工顺序?理由是什么?

(2)该办公楼的施工可分为哪几个阶段?各个阶段的施工顺序是什么?如果工期要求较紧迫,可以如何安排各个阶段的搭接?

3. 分析

本案例主要考核施工程序的合理安排。

4. 参考答案

(1)扩建工程的两栋楼只能先后施工,可以先安排教学楼的施工,然后再进行办公楼的施工。其理由一是学校的主要职能是教学,教学楼建成后可以立即投入使用,因此应当优先进行教学楼的施工;二是教学楼结构、建筑构造比较复杂,因为复杂的工程在施工过程中也可能遇到各种复杂的技术、质量问题和其他难以预料的问题,所以可能耗用时间较多,进而影响工期目标。为避免影响工期,通常应该先进行技术复杂工程的施工。

(2)该办公楼的施工分为:土方开挖、基础工程、主体结构工程、二次结构围护工程、装饰装修工程。施工顺序为:土方开挖→基础工程→主体结构工程→二次结构围护工程→装饰装修工程。

如果工期紧迫,可以安排主体结构工程与二次结构围护工程、二次结构围护工程与装饰装修工程、主体结构工程与装饰装修工程的搭接。

忆一忆

如何选择施工机械?

自学自测

一、单选题(只有1个正确答案,每题10分)

1. 不属于工程施工准备的是(　　　　)。
   A. 技术资料准备　　　　　　　　B. 劳动组织准备
   C. 物资准备　　　　　　　　　　D. 项目使用准备
2. 不属于熟悉和审查施工图纸三个阶段的是(　　　　)。
   A. 图纸自审　　B. 图纸会审　　C. 签订合同　　D. 现场签证
3. 确定施工顺序的原则错误是(　　　　)。
   A. 先地上后地下　　　　　　　　B. 先主体后围护
   C. 先结构后装修　　　　　　　　D. 先土建后设备
4. 编制施工组织总设计的施工方案与(　　　　)没有关系。
   A. 主要工程项目　　　　　　　　B. 特殊分项工程
   C. 关键工程项目　　　　　　　　D. 普通分项工程
5. 正确选择施工方法是选择施工方案的核心内容,(　　　　)对其没有影响。
   A. 施工工期　　B. 施工质量　　C. 施工管理　　D. 施工成本

二、判断题(对的划"√",错的划"×",每题10分)

1. 基本建设程序是对拟建设项目从决策、设计、施工、竣工验收到投产或交付使用的全过程中,各个工作可以任意调整先后顺序。　　　　　　　　　　　　　　　　　　　　　　　　　　(　　　)
2. 我国基本建设程序的三个阶段可以划分为:决策、准备、实施。　　　　　　　(　　　)
3. 施工机械准备不属于物资准备。　　　　　　　　　　　　　　　　　　　　　(　　　)
4. "三通一平"是指水通、电通、道路通及场地平整。　　　　　　　　　　　　(　　　)
5. 施工部署是对单位工程做出统筹规划和全面安排。　　　　　　　　　　　　　(　　　)

任务指导

根据实际工程的建筑建设管理工作需求,施工单位编写单位工程施工方案的工作程序包括如下步骤。

一、确定施工程序

单位工程施工组织设计应结合具体工程的结构特征、施工条件和建设要求、合理确定该建筑物的各分部工程之间或各施工阶段施工程序,一般遵守"先地上后地下、先土建后围护、先结构后装修"的原则。在特殊情况下可以调整,如在冬季施工之前,应尽可能完成土建和维护结构,以利于施工中的防寒和室内作业的开展;又如大板建筑施工、大板承重结构部分和某些装饰部分宜在加工厂同时完成。

二、确定施工流向

每一建筑施工可以有多种施工流向,应根据工程和工期要求、结构特征、垂直运输机械和劳动力供应等具体情况进行选择。一般来说,对单层建筑物,只要按其跨间分区分段地确定平面上的施工流向;对多层建筑物,除了确定每层平面上的施工流向外,还要确定其竖向空间的施工流向。

三、确定施工顺序

科学的施工顺序按照施工客观规律和施工顺序组织施工,解决工作之间在时间与空间上最大限度的衔接问题,在保证质量与施工安全的前提下,以其做到充分利用工作面,争取时间,实现缩短工期、取得较好的经济效益的目的。组织单位工程施工时,应将其划分为若干个分部工程,每一个分部工程又划分为若干个分项工程,并对各个分部分项工程的施工顺序做出合理安排。

四、选择施工方法和施工机械

施工方法和施工机械的选择是施工方案中的关键问题,两者之间联系密切,它直接影响施工进度、质量、安全和工程成本。单位工程中任何一个施工都可以采用几种不同的施工方法,使用不同的施工机械进行施工,每一种方法都有其各自的优缺点,应根据施工对象的建筑特征、结构形式、场地条件及工期要求等,对多个施工方法进行分析比较,选择一个先进合理,最适合拟建工程的施工方法,并选择相应的施工机械。

笔记栏

工 作 单

计 划 单

学习情境1	编写施工方案	任务2	编写工程施工方案
工作方式	组内讨论、团结协作共同制订计划:小组成员进行工作讨论,确定工作步骤	计划学时	0.5学时
完成人			
计划依据:1. 单位工程施工组织设计报告;2. 分配的工作任务			

序号	计划步骤	具体工作内容描述
1	准备工作 (准备材料,谁去做?)	
2	组织分工 (成立组织,人员具体都完成什么?)	
3	制订两套方案 (各有何特点?)	
4	记录 (都记录什么内容?)	
5	整理资料 (谁负责?整理什么?)	
6	编写工程施工方案 (谁负责?要素是什么?)	
制订计划说明	(写出制订计划中人员为完成任务的主要建议或可以借鉴的建议、需要解释的某一方面)	

决 策 单

学习情境 1	编写施工方案		任务 2	编写工程施工方案
决策学时		0.5 学时		

决策目的：确定本小组认为最优的工程施工方案

方案 优劣比对	方 案 特 点		比对项目	确定最优方案 （划√）
	方案名称1：	方案名称2：		
			确定施工程序是 否准确	方案1优 □
			确定施工顺序是 否合理	
			选择施工方法和 施工机械是否准确	方案2优 □
			工作效率的高低	
决策方案 描述	（本单位工程最佳方案是什么？最差方案是什么？描述清楚，未来指导现场编写施工组织设计报告的实际工作）			

作 业 单

学习情境1	编写施工方案		任务2	编写工程施工方案
参加编写人员	第　　组 签名：		开始时间： 结束时间：	
序号	工作内容记录 （编写工程施工方案的实际工作）		分　工 （负责人）	
1				
2				
3				
4				
5				
6				
7				
8				
9				
10				
11				
12				
小结	主要描述完成的成果及是否达到目标		存在的问题	

检 查 单

学习情境1	编写施工方案		任务2	编写工程施工方案			
检查学时	课内0.5学时			第　　组			
检查目的及方式	教师过程监控小组的工作情况,如检查等级为不合格,小组需要整改,并拿出整改说明						
序号	检查项目	检查标准	检查结果分级（在检查相应的分级框内划"√"）				
			优秀	良好	中等	合格	不合格
1	准备工作	资源是否已查到、材料是否准备完整					
2	分工情况	安排是否合理、全面,分工是否明确					
3	工作态度	小组工作是否积极主动、全员参与					
4	纪律出勤	是否按时完成负责的工作内容、遵守工作纪律					
5	团队合作	是否相互协作、互相帮助、成员是否听从指挥					
6	创新意识	任务完成不照搬照抄,看问题具有独到见解、创新思维					
7	完成效率	工作单是否记录完整,是否按照计划完成任务					
8	完成质量	工作单填写是否准确,记录单检查及修改是否达标					
检查评语							教师签字:

评 价 单

1. 小组工作评价单

学习情境1	编写施工方案		任务2	编写工程施工方案	
评价学时			课内0.5学时		
班级				第 组	
考核情境	考核内容及要求	分值（100）	小组自评（10%）	小组互评（20%）	教师评价（70%）	实得分（Σ）
汇报展示（20）	演讲资源利用	5				
	演讲表达和非语言技巧应用	5				
	团队成员补充配合程度	5				
	时间与完整性	5				
质量评价（40）	工作完整性	10				
	工作质量	5				
	报告完整性	25				
团队情感（25）	核心价值观	5				
	创新性	5				
	参与率	5				
	合作性	5				
	劳动态度	5				
安全文明（10）	工作过程中的安全保障情况	5				
	工具正确使用和保养、放置规范	5				
工作效率（5）	能够在要求的时间内完成，每超时5分钟扣1分	5				

2. 小组成员素质评价单

学习情境1	编写施工方案		任务2	编写工程施工方案				
班　　级			第　　组	成员姓名				
评分说明	每个小组成员评价分为自评和小组其他成员评价两部分,取平均值计算,作为该小组成员的任务评价个人分数。评价项目共设计5个,依据评分标准给予合理量化打分。小组成员自评分后,要找小组其他成员不记名方式打分							
评分项目	评 分 标 准	自评分	成员1评分	成员2评分	成员3评分	成员4评分	成员5评分
核心价值观（20分）	是否有违背社会主义核心价值观的思想及行动						
工作态度（20分）	是否按时完成负责的工作内容、遵守纪律,是否积极主动参与小组工作,是否全过程参与,是否吃苦耐劳,是否具有工匠精神						
交流沟通（20分）	是否能良好地表达自己的观点,是否能倾听他人的观点						
团队合作（20分）	是否与小组成员合作完成任务,做到相互协作、互相帮助、听从指挥						
创新意识（20分）	看问题是否能独立思考,提出独到见解,是否能够创新思维,解决遇到的问题						
最终小组成员得分							

课后反思

学习情境1	编写施工方案		任务2	编写工程施工方案
班　级		第　　　组	成员姓名	
情感反思	通过对本任务的学习和实训,你认为自己在社会主义核心价值观、职业素养、学习和工作态度等方面有哪些需要提高的部分?			
知识反思	通过对本任务的学习,你掌握了哪些知识点?请画出思维导图。			
技能反思	在完成本任务的学习和实训过程中,你主要掌握了哪些技能?			
方法反思	在完成本任务的学习和实训过程中,你主要掌握了哪些分析和解决问题的方法?			

学习情境 2
编制施工进度计划

●●●● 学习指南 ●●●●

情境导入

巴西世界杯 12 座球场须在 2013 年 12 月 31 日之前交付使用,截至 2014 年 6 月,仍有 4 座球场未能按期竣工。造成工期延误的原因有很多,但综合起来主要有三个:一是,财政问题;二是,劳工问题;三是,接二连三发生事故,致使工程停工并接受相关的调查。为了弥补拖延的工程进度,玛瑙斯和库里蒂巴的体育场馆负责人都公开表示:由于工程期限问题不得不放弃原来的一些设计方案。

通过案例可以看到,面对已发生的进度拖延问题应该主要采取积极的赶工措施,抓紧调整后期计划,修改网络计划。其具体方法可以包括:改变网络计划中工程活动的逻辑关系(如体育馆工程采用流水施工等);增加资源投入,如增加劳动力、材料、周转材料和设备的投入量等;修改实施方案提高施工速度和降低成本等多种方法。

学习目标

1. 知识目标

(1)能够叙述编制施工进度计划和绘制施工现场平面图的依据;
(2)能够总结编制施工进度计划的步骤;
(3)能够编制施工进度计划;
(4)能够绘制施工现场平面图。

2. 能力目标

(1)能够根据工程资料和编写程序,编制施工进度横道计划;
(2)能够根据工程资料和编写程序,编制施工进度网络计划;
(3)能够根据工程资料和绘制依据,绘制施工现场平面图。

3. 素质目标

(1)培养学生严谨求实的科学态度;

(2)培养学生从实际出发的工作作风;

(3)培养学生爱岗敬业、精益求精的工匠精神。

工作任务

任务1 编制施工进度横道计划	参考学时:课内13学时(课外7学时)
任务2 编制施工进度网络计划	参考学时:课内10学时(课外6学时)
任务3 绘制施工现场平面图	参考学时:课内4.5学时(课外1.5学时)

任务1 编制施工进度横道计划

任 务 单

学习情境2	编写施工进度计划		任务1		编制施工进度横道计划	
任务学时	课内13学时(课外7学时)					
布 置 任 务						
任务目标	1. 能结合工程项目情况,划分施工过程; 2. 能根据清单工程量,计算流水施工参数; 3. 能够根据施工过程和流水施工参数,编制单位工程施工进度横道计划; 4. 能够根据单位工程施工进度横道计划,编制施工总进度横道计划; 5. 能够在完成任务过程中锻炼职业素养,做到工作程序严谨认真对待,完成任务能够吃苦耐劳主动承担,能够主动帮助小组落后的其他成员,有团队意识,诚实守信、不瞒骗,培养保证质量等建设优质工程的爱国情怀					
任务描述	工程施工进度计划是在确定的施工方案的基础上,根据规定工期和技术物资供应条件,按照施工过程的合理施工顺序,用图标形式辨识的各分部分项工程在时间和空间上的安排、相互搭接关系及工程开竣工时间的一种计划安排。在编写时,项目经理部全体管理人员要结合工程实际情况和企业状况调查施工条件、划分施工过程、计算工程量,确定劳动量和机械台班数,确定施工过程的工作持续时间,编制出满足合同要求的施工进度计划					
学时安排	资讯	计划	决策	实施	检查	评价
	2学时(课外7学时)	0.5学时	0.5学时	9学时	0.5学时	0.5学时
对学生学习及成果的要求	1. 每名同学均能按照资讯思维导图自主学习,并完成知识模块中的自测训练; 2. 严格遵守课堂纪律,学习态度认真、端正,能够正确评价自己和同学在本任务中的素质表现,积极参与小组工作任务讨论,严禁抄袭; 3. 具备识图的能力,具备计算机知识和计算机操作能力; 4. 小组讨论施工进度计划编写的内容,能够结合工程实际情况编写施工进度计划; 5. 具备一定的实践动手能力、自学能力、数据计算能力、一定的沟通协调能力、语言表达能力和团队意识; 6. 严格遵守课堂纪律,不迟到、不早退;学习态度认真、端正;每位同学必须积极动手并参与小组讨论; 7. 讲解编制施工进度计划的过程,接受教师与学生的点评,同时参与小组自评与互评					

● ● ● ● 资讯思维导图 ● ● ● ●

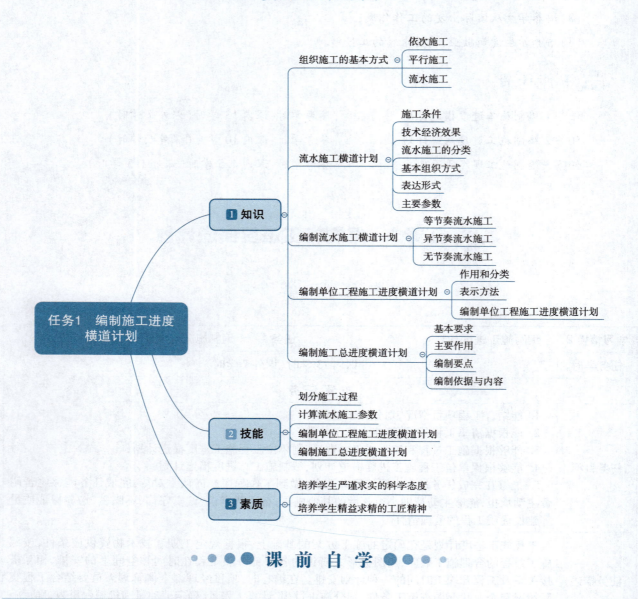

● ● ● ● 课 前 自 学 ● ● ● ●

任务知识1　组织施工的基本方式

在工程建设施工过程中,考虑到建筑工程项目的施工特点、工艺流程、资源利用、平面或空间布置等要求,通常可以采用依次施工、平行施工、流水施工三种组织方式。

【思考】某基础工程在组织施工时划分为四个施工过程,即基槽挖土、混凝土垫层、砌砖基础和基槽回填土。每个施工过程分三个施工段组织施工。若每个施工段上所需时间分别为:基槽挖土,4天;混凝土垫层,1天;砌砖基础,3天;基槽回填土,1天。可以怎样组织施工?

一、依次施工

(一)概述

依次施工组织方式指将拟建工程项目的整个建造过程分解成若干个施工过程,按照一定的施工顺序,前一个施工过程完成后,后一个施工过程才开始施工的一种施工组织方式。它是一种最基本的、最原始的施工组织方式。依次施工分为：按施工过程依次施工和按施工段依次施工两种。按施工过程依次施工，如图2.1所示。按施工段依次施工，如图2.2所示。

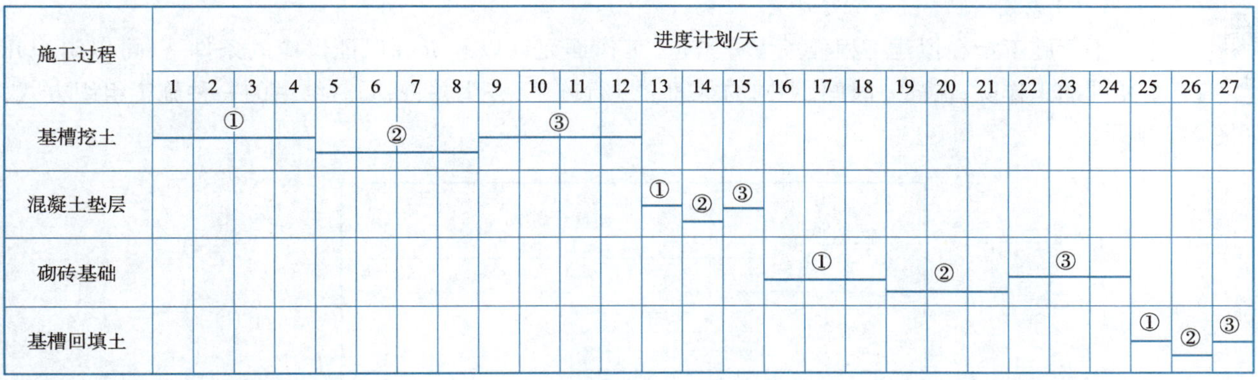

图2.1 按施工过程依次施工

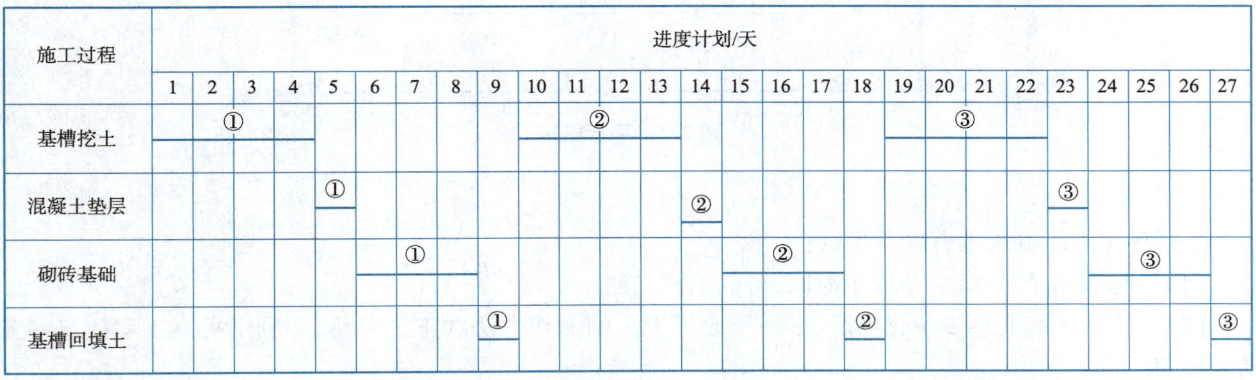

图2.2 按施工段依次施工

(二)特点

依次施工组织方式具有以下特点：

(1)由于没有充分地利用工作面去争取时间，所以工期长。

(2)工作队不能实现专业化施工，不利于改进工人的操作方法和施工机具，不利于提高工程质量和劳动生产率。

(3)工作队及工人不能连续作业。

(4)单位时间内投入的资源量比较少，有利于资源供应的组织工作。

(5)施工现场的组织、管理比较简单。

(三)适用范围

单纯的依次施工只在工程规模小或工作面有限而无法全面地展开工作时使用。

🔖 忆一忆

依次施工具有哪些特点？

_____
_____
_____

二、平行施工

(一)概述

平行施工指在拟建工程任务十分紧迫、工作面允许以及资源保证供应的条件下,可以组织几个相同的工作队,在同一时间、不同的空间上进行施工,齐头并进,同时结束的一种施工组织方式,如图2.3所示。

施工过程	进度计划/天								
	1	2	3	4	5	6	7	8	9
基槽挖土	▨	▨	▨	▨					
混凝土垫层					▨				
砌砖基础						▨	▨	▨	
基槽回填土									▨

图 2.3 平行施工

(二)特点

平行施工组织方式具有以下特点:

(1)充分利用了工作面,争取了时间,可以缩短工期。

(2)工作队不能实现专业化生产,不利于改进工人的操作方法和施工机具,不利于提高工程质量和劳动生产率。

(3)工作队及其工人不能连续作业。

(4)单位时间投入施工的资源量成倍增长,现场临时设施也相应增加。

(5)施工现场组织、管理复杂。

(三)适用范围

由于平行施工,全部施工任务在各施工段上同时开、完工的方式。这种方式可以充分利用工作面,工期短;但单位时间里需提供的劳动资源成倍增加,经济效果不好,比较适用于工期紧、规模大的建筑群。

忆一忆

平行施工适用于哪些建设范围?

_____

_____

_____

三、流水施工

(一)概述

流水施工组织方式指将拟建工程项目的整个建造过程分解成若干个施工过程,同时将拟建工程项目在平面上划分成若干个劳动量大致相等的施工段;在竖向上划分成若干个施工层,按照施工过程分别建立相应的专业工作队;各专业工作队按照一定的施工顺序投入施工,各专业工作队在各施工对象上连续、有节奏地工作,并做最大限度搭接的一种施工组织方式。各施工过程均连续施工的流水施工如图2.4所示。部分施工过程间断施工的流水施工如图2.5所示。

施工过程	进度计划/天																				
	1	2	3	4	5	6	7	8	9	10	11	12	13	14	15	16	17	18	19	20	21
基槽挖土		①				②				③											
混凝土垫层										①		②	③								
砌砖基础												①				②			③		
基槽回填土（连续施工）																			①	②	③

图 2.4 流水施工（各施工过程连续施工）

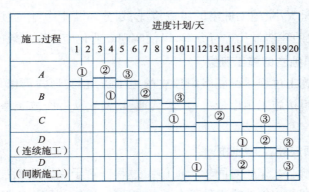

图 2.5 流水施工（部分施工过程间断施工）

（二）特点

流水施工组织方式具有以下特点：

（1）尽可能地利用工作面进行施工，工期比较短。
（2）各工作队实现了专业化施工，有利于提高技术水平和劳动生产率，也有利于提高工程质量。
（3）专业工作队能够连续施工，同时使相邻专业队的开工时间能够最大限度地搭接。
（4）单位时间内投入的劳动力、施工机具、材料等资源量较为均衡，有利于资源供应的组织。
（5）为施工现场的文明施工和科学管理创造了有利条件。

（三）适用范围

流水施工方式能够保证各施工过程能够进行连续、均衡地施工的一种科学合理组织施工的方法，因此适用于所有的工程建设项目。

思一思

流水施工与依次施工、平行施工有哪些区别？

_____
_____

忆一忆

工程建设施工包括哪三种组织方式？

_____
_____

任务知识 2　流水施工横道计划

一、施工条件

施工段可以将单件产品变成假想的多件产品。组织流水施工的条件主要包括以下内容：

（一）划分施工段

根据组织流水施工的需要，将拟建工程尽可能地划分为劳动量大致相等的若干个施工段，也可称为流水段。建筑工程组织流水施工的关键是将建筑单件产品变成多件产品，以便成批生产。由于建筑产品体形庞大，通过划分施工段就可将单件产品变成"批量"的多件产品，从而形成流水作业的前提。没有"批量"就不可能也没必要组织任何流水作业。每一个段，就是一个假定"产品"。

（二）划分施工过程

根据工程结构的特点及施工要求，将拟建工程的整个建造过程划分为若干个分部工程，每个分部工程又根据施工工艺要求、工程量大小、施工班组的组成情况，划分为若干个施工过程（即分项工程）。划分施工过程的目的是对施工对象的建造过程进行分解，以便实现专业化施工和有效的分工协作。

（三）每个施工过程组织独立的施工班组

在一个流水组中，每个施工过程尽可能组织独立的施工班组，其形式可以是专业班组，也可以是混合班组，这样可使每个施工班组按施工顺序依次地、连续地、均衡地从一个施工段转移到另一个施工段进行相同的操作。

（四）主要施工过程必须连续、均衡地施工

主要施工过程指工程量较大、作业时间较长的施工过程。对于主要施工过程必须连续、均衡地施工；对其他次要施工过程，可考虑与相邻的施工过程合并。若不能合并，为缩短工期，可安排间断施工。

（五）不同施工过程尽可能组织平行搭接施工

根据施工顺序，不同的施工过程，在有工作面的条件下，除必要的技术间歇时间和组织间歇时间外，应尽可能组织平行搭接施工，这样可以缩短工期。

二、技术经济效果

流水施工是在依次施工和平行施工的基础上产生的，它保留了两者的优点，克服了两者的缺点，具有很好的经济效果，其优点包括以下内容：

（一）有利于缩短工期

一方面，流水施工能充分地、合理地利用工作面，有利于缩短工期。另一方面，由于流水施工具有连续性和均衡性，消除了工作队（组）的间歇，可以大大地缩短工期。据国内外大量实践证明，工期一般较依次施工缩短 $1/3 \sim 1/2$ 时间。

（二）有助于保证工程质量和生产安全，有助于提高班（组）工人的技术水平

由于流水施工中各队（组）可以实行生产专业化，因此班组工人的技术水平可以得到提高，既保证了工程质量，又保证了生产安全。

（三）有助于提高劳动生产率

由于流水施工中生产的专业化，为队（组）工人提高技术熟练程度以及改进操作方法和生产工具创造了有利条件，因此能大大提高劳动生产率。

（四）有助于提高企业经济效益

由于工期缩短，劳动生产率提高，劳动力和物资资源消耗均衡，从而为降低工程成本，提高企业经济效益创造了有利条件。

三、流水施工的分类

据流水施工组织范围划分,流水施工通常可分为以下几类:

(一)分项工程流水施工

分项工程流水施工也称为细部流水施工,指一个专业施工队依次连续地在各施工段中完成同一施工过程的工作。在项目施工进度计划表上,它是一条标有施工段或工作队编号的水平进度指示线段或斜向进度指示线段。

(二)分部工程流水施工

分部工程流水施工也称为专业流水施工,指若干个在工艺上有密切联系的分项工程组织起来的流水施工,是一个分部工程内部的几个专业施工队之间的流水。在项目施工进度计划表上,它由一组标有施工段或工作队编号的水平进度指示线段或斜向进度指示线段组成。

(三)单位工程流水施工

单位工程流水施工也称为综合流水施工,指在一个单位工程内部、各分部工程之间组织起来的流水施工。在项目施工进度计划表上,它是若干组分部工程的进度指示线段,并由此构成一张单位工程施工进度计划表。

(四)群体工程流水施工

群体工程流水施工,指在若干单位工程之间组织起来的流水施工。在项目施工进度计划表上,它是一张项目施工总进度计划表。

四、基本组织方式

流水施工的节奏是由节拍所决定的,建筑工程的流水施工有一定的节奏,才能步调和谐,配合得当。由于建筑工程的多样性,各分部分项的工程量差异较大,要使所有的流水施工都组织成统一的流水节拍是很困难的。在大多数情况下,各施工过程的流水节拍不一定相等,甚至一个施工过程本身在各施工段上的流水节拍也不相等,因此形成了具有不同节奏特征的流水施工。

根据流水施工节奏特征的不同,流水施工的基本方式分为:有节奏流水施工和无节奏流水施工两大类。有节奏流水又可分为:等节奏流水和异节奏流水。异节奏流水又可以分为:等步距异节拍流水和异步距异节拍流水,如图2.6所示。流水施工常见的方式为:等节奏流水(全等节拍流水)、异步距异节拍流水、无节奏流水。流水施工用节奏性加以分类,便于掌握其基本特征,便于组织流水施工。

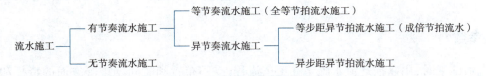

图2.6 流水施工的基本组织方式

五、表达形式

在工程施工的技术工作中,一般都用图表形式表达流水施工的进度计划,通常的表达方法有横道图、网络图和斜线图三种。

(一)横道图

横道图也称水平图表,是一种最直观的工期计划方法。它在国外又被称为甘特图,在工程中广泛应用,并受到普遍欢迎,如图2.7所示。图中用横坐标表示时间,图的左边部分纵向列出各施工过程的名称或编号,右边部分用水平线段表示工作进度,水平线段的长度表示某施工过程在某施工段上的作业时间,水平线段的位置表示某施工过程在某施工段上作业的开始到结束时间,①、②、③、④……表示不同的施工段。它实质上是图和表的结合形式。

序号	分部分项工程名称	劳动量（工日）	每天工人数	每天作班数	工作持续天数	进度计划/天													
						1	2	3	4	5	6	7	8	9	10	11	12	13	14
四	装修工程																		
1	砌内隔墙	90	10	1	9		①			②			③						
2	天棚抹灰	180	20	1	9							①			②			③	

图 2.7　横道图

（二）网络图

网络图由节点、箭线和线路组成，是用来表达各项工作先后顺序和逻辑关系的网状图形，如图 2.8 所示。

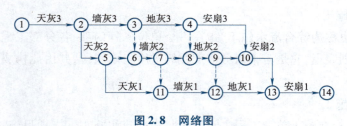

图 2.8　网络图

（三）斜线图

斜线图也称为垂直图表，是将横道图中的水平进度线改为斜线表示的一种形式，如图 2.9 所示。图的左边部分纵向（由下向上）为列车各施工段，右边部分用斜的线段在时间坐标下画出施工进度。

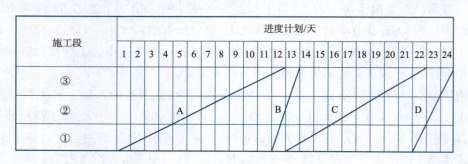

图 2.9　斜线图

六、主要参数

在组织流水施工时，用以描述流水施工在工艺流程、空间布置和时间安排等方面的特征和各种数量关系的参数，称为流水施工参数。按其性质的不同，其一般可分为工艺参数、时间参数和空间参数三类。

（一）工艺参数

在组织流水施工时，用以表达流水施工在施工工艺上开展的顺序及其特征的参数，称为工艺参数。通常，工艺参数包括施工过程数（n）和流水强度（V）两种。

1. 施工过程数（n）

施工过程数指参与一组流水的施工过程数目，一般用 n 表示。它是流水施工的主要参数之一。施工过程划分数目的多少，直接影响工程流水施工的组织。施工过程划分的数目多少、粗细程度、合并或分解，一般与下列因素有关：

1）施工进度计划的性质与作用

如果施工的工程对象规模大或结构比较复杂，或者组织由若干幢房屋所组成的群体工程施工，其施工工期一般较长,需要编制控制性进度计划以控制施工工期,其施工过程划分可粗些,综合性大些,一般划分至单位工程或分部工程;如果施工的工程对象是中小型单位工程及施工工期不长的工程,需要编制实施性进度计划,具体指导和控制各分部分项工程施工时,其施工过程划分可细些、具体些,一般划分至分项工程。

2) 施工方案和工程结构

施工过程的划分与工程的施工方案有关。例如厂房的柱基础与设备基础挖土,如果同时施工,可合并为一个施工过程;若先后施工,则可分为两个施工过程。其结构吊装施工过程划分也与结构吊装施工方案有密切联系,如果采用综合节间吊装方案,则施工过程合并为"综合节间结构吊装"一项;如果采用分件结构吊装方案,则应划分为柱、吊车梁、连系梁、基础梁、柱间支撑、屋架及屋面构件等吊装施工过程。施工过程的划分与工程结构形式也有关。不同的结构体系,划分施工过程的名称和数目不一样,例如大模板结构房屋的主体结构,可分为模板安装、混凝土浇筑、拆模清理等施工过程;砖混结构房屋的主体结构可分为砌墙、浇圈梁、楼板安装等施工过程。

3) 劳动组织与劳动量的大小

施工过程的划分与劳动班组的组织形式有关。例如,现浇钢筋混凝土结构的施工,如果是单一工种组成的施工班组,可以划分为支模板、扎钢筋、浇混凝土三个施工过程;同时为了组织流水施工的方便或需要,也可合并成一个施工过程,这时劳动班组由多工种混合班组组成。施工过程的划分还与劳动量的大小有关,劳动量小的施工过程,当组织流水施工有困难时,可与其他施工过程合并,例如,垫层劳动量较小时可与挖土合并为一个施工过程,这样可以使各个施工过程的劳动量大致相等,便于组织流水施工。

4) 施工过程的内容和工作范围

一般说来,施工过程可分为四类,包括:加工厂(或现场外)生产各种预制构件的制备类施工过程;各种材料及构件、配件、半成品的运输类施工过程;直接在工程对象上操作的各个建造类施工过程;大型施工机具安置及脚手架搭设等施工过程(不构成工程实体的施工过程)。前两类施工过程,一般不占有施工对象的工作面,不影响施工工期,只配合工程实体施工进度的需要,及时组织生产和供应到现场,所以一般不列入工程流水施工组织的施工过程数目内;第三类施工过程占有施工对象的空间,直接影响工期的长短,因此必须划入施工过程数目内;第四类施工过程要根据具体情况,如果需要占有施工工期,则可划入流水施工过程数目内。

2. 流水强度(V)

流水强度也称流水能力或生产能力,指流水施工的某一施工过程在单位时间内能够完成的工程量。流水强度一般用 V 表示,分为:机械施工过程的流水强度和人工施工过程的流水强度。

1) 机械施工过程流水强度的计算

$$V_i = \sum_{i=1}^{x} R_i S_i \tag{2.1}$$

式中 V_i——某施工过程 i 的机械操作流水强度;

R_i——投入某施工过程 i 的某种机械的台数;

S_i——投入某施工过程 i 的某种施工机械产量定额;

x——投入某施工过程 i 的施工机械种类数。

【例2-1】有 500 L 混凝土搅拌机 5 台,其产量定额为 48 m³/台班,400 L 混凝土搅拌机 3 台,其产量定额为 42 m³/台班,求这一施工过程的流水强度。

【解】由于 $R_1 = 5$ 台,$R_2 = 3$ 台,$S_1 = 48$ m³/台班,$S_2 = 42$ m³/台班,根据公式得

$$V = \sum R_1 S_1 = (48 \times 5) \text{ m}^3 + (42 \times 3) \text{ m}^3 = 366 \text{ m}^3$$

2) 人工施工过程流水强度的计算

$$V_i = R_i S_i \tag{2.2}$$

式中 V_i——某施工过程 i 的人工操作流水强度;

R_i——投入某施工过程 i 的工作队工人数;

S_i——投入某施工过程 i 的工作队平均产量定额。

忆一忆

流水施工工艺参数包括哪些内容?

视频
流水施工
空间参数

(二)空间参数

在组织流水施工时,用来表达流水施工在空间布置上所处状态的参数,称为空间参数。空间参数主要包括工作面(A)、施工段数(M 或 m)和施工层数(M' 或 m')。

1. 工作面(A)

工作面指供某专业工种的工人或某种施工机械进行施工的活动空间。工作面的大小是根据相应工种单位时间内的产量定额、工程操作规程和安全规程等的要求确定的。工作面确定的合理与否,直接影响专业工种工人的劳动生产效率,因此必须合理确定工作面。主要工种工作面参考数据,见表2.1。

表2.1 主要工种工作面参考数据

工作项目	每个技工的工作面	说　　明
砖基础	7.6 m/人	以3/2砖计,2砖乘以0.8,3砖乘以0.55
砌砖墙	8.5 m/人	以1砖计,3/2砖乘以0.71,2砖乘以0.57
毛石基墙	3 m/人	以60 cm计
毛石墙	3.3 m/人	以40 cm计
混凝土柱、墙基础	8 m³/人	机拌、机捣
混凝土设备基础	7 m³/人	机拌、机捣
现浇钢筋混凝土柱	2.45 m³/人	机拌、机捣
现浇钢筋混凝土梁	3.20 m³/人	机拌、机捣
现浇钢筋混凝土墙	5 m³/人	机拌、机捣
现浇钢筋混凝土楼板	5.3 m³/人	机拌、机捣
预制钢筋混凝土柱	3.6 m³/人	机拌、机捣
预制钢筋混凝土梁	3.6 m³/人	机拌、机捣
预制钢筋混凝土屋架	2.7 m³/人	机拌、机捣
预制钢筋混凝土平板、空心板	1.91 m³/人	机拌、机捣
预制钢筋混凝土大型屋面板	2.62 m³/人	机拌、机捣
混凝土地坪及面层	40 m²/人	机拌、机捣
外墙抹灰	16 m²/人	—
内墙抹灰	18.5 m²/人	—
卷材屋面	18.5 m²/人	—
防水水泥砂浆屋面	16 m²/人	—
门窗安装	11 m²/人	—

2. 施工段数(M 或 m)和施工层数(M' 或 m')

为了有效地组织流水施工,通常把拟建工程项目划分成若干个劳动量大致相等的施工区段,称为施工段和施工层。一般把平面上划分的施工区段称为施工段,用符号 M 或 m 表示。把建筑物垂直方向划分的施工区段称为施工层,用符号 M' 或 m' 表示。

1)划分施工段与施工层的目的

在组织流水的过程中,保证不同的施工队(组)能同时进行不同施工过程的施工,也就是相邻两道工序施工的班组在施工时间上有搭接,并使各施工班组按施工顺序,依次、连续、均衡地从一个施工段转移到另一个施工段进行连续施工,使各专业队(组)在施工时互不干扰,避免发生窝工,消除停歇现象,达到缩短工期的目的。

2)划分施工段的基本原则

(1)施工段数的数目要合理。施工段数过多势必要减少施工人数,增加总的施工持续时间,工作面不能充分利用,拖长工期;施工段数过少,则会引起劳动力、机械和材料供应的过分集中,有时还会造成"断流"的现象。

(2)各施工段的劳动量(或工程量)要大致相等(相差宜在15%以内),以保证各施工班组连续、均衡、有节奏地施工。

(3)施工段的划分应以主导施工过程的组织为依据进行。例如,砖混房屋的基础工程如果为混凝土基础,则可以浇筑基础混凝土为主导施工过程划分施工段;主体结构工程,应以砌筑为主导施工过程划分施工段。

(4)各施工段要有足够的工作面,使每一施工段能容纳的劳动力人数或机械台数能满足合理劳动组织的要求,使每个技术工人能发挥最好的劳动效率,并确保安全操作的要求。

(5)对一个分部工程内的各个施工项目来说,要求尽量采用固定的施工段划分,以便于组织一个分部工程的流水施工。但不同的分部工程可以采用不同的施工段划分。例如,基础工程的挖土方施工过程。一般不参与流水施工,而其他施工过程,可以参与流水施工;主体工程与装修工程一般采用固定的施工段的划分。

(6)尽量使各专业班组连续作业。当组织流水施工的工程对象有层间关系,既要分段(施工段),又要分层(施工层),应使各施工班组能连续施工。即施工过程的施工班组施工完第一段能立即转入第二段,施工完第一层的最后一段能立即转入第二层的第一段。这就要求每一层的施工段数必须大于或等于其施工过程数,即 $M \geq N$。

(7)当无施工层时,施工段数的确定可按划分施工段的原则进行。

【例2-2】某二层现浇钢筋混凝土工程的施工分为支模、扎筋、浇混凝土三个施工过程,若组织全等节拍流水施工,每个施工过程在各个施工段上所需时间均为2天,层间的技术组织间歇为2天,则 M 与 N 之间有何关系?

【解】(1)$m = n$,即每层分三个施工段组织施工,其进度计划安排如图2.10所示。

层数	施工过程	进度计划/天																	
		1	2	3	4	5	6	7	8	9	10	11	12	13	14	15	16	17	18
一层	支模	①		②		③													
	扎筋			①		②		③											
	浇混凝土					①		②		③									
二层	支模										①		②		③				
	扎筋												①		②		③		
	浇砼														①		②		③

图2.10 $M = N$ 的进度计划安排

从图 2.10 可以看出,一层混凝土浇筑完成后,相隔 2 天(技术组织间歇,为混凝土的养护与砌筑前的弹线时间)投入二层支模工作。对于这种情况,在某些工程的施工中经常遇到,这时,为满足技术组织中断的要求,有意让工作面空闲一段时间是必要的。利用这段时间可做砌筑前的备料等工作,待混凝土达到一定强度后,才能在其上面进行砌筑工程等的施工。在这种情况下,各施工队(组)虽不能连续施工,但不会有窝工现象出现;工作面利用较充分,有 2 天空闲(技术组织间歇)。这种组织施工方式是较理想的。

(2)$m > n$,如果每层分四个施工段组织施工,其进度计划安排如图 2.11 所示。

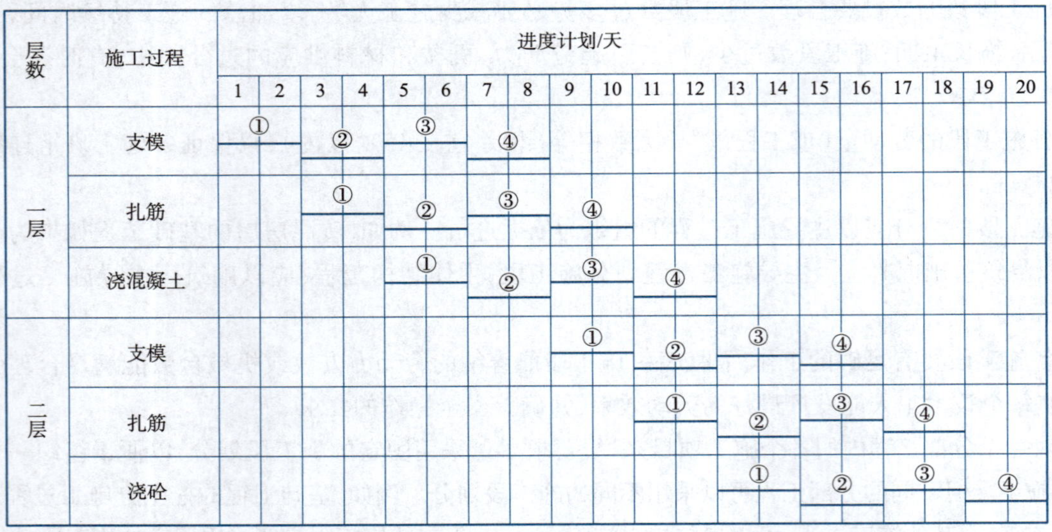

图 2.11　$M > N$ 的进度计划安排

从图 2.11 中可以看出,各施工队(组)均能连续施工,没有窝工现象出现;工作面被充分利用,没有空闲。这种组织施工方式是最理想的。

(3)$m < n$,如每层分两个施工段组织施工,其进度计划安排如图 2.12 所示。

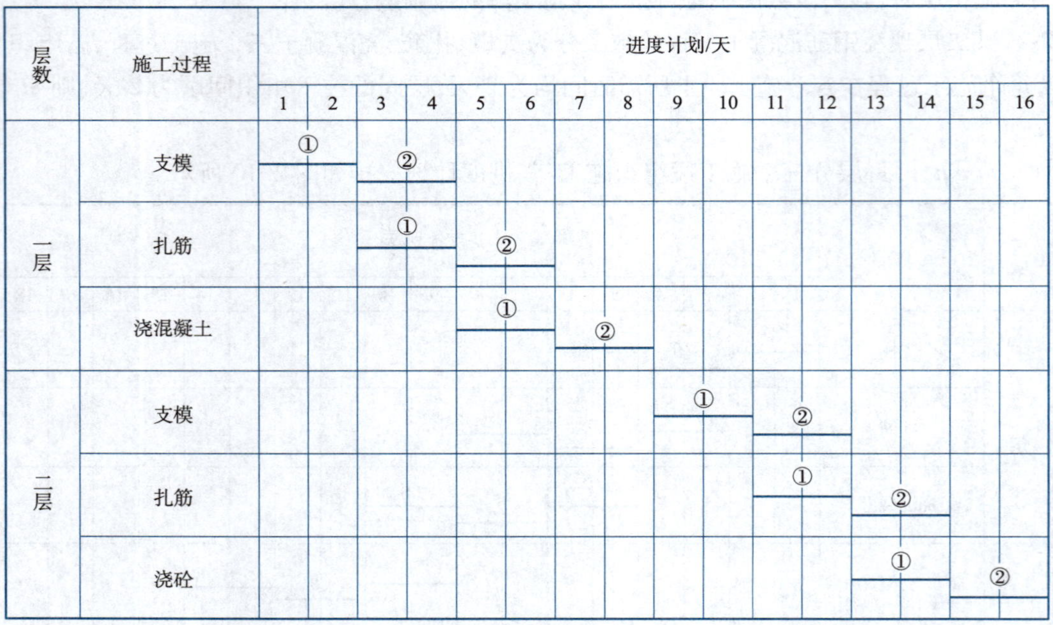

图 2.12　$M < N$ 的进度计划安排

从图 2.12 可以看出:各施工班组不能连续施工,如果组织不当,可能有窝工现象出现。

此外,如果有若干栋同类型的建筑物时,可以以一栋建筑物为一个施工段,组织栋号群体工程流水施工(大流水施工)。

忆一忆
流水施工空间参数包括哪些内容?

_____

_____

(三)时间参数

时间参数指用来表达组织流水施工的各施工过程在时间排列上所处状态的参数。它包括流水节拍(t_i)、流水步距($K_{i,i+1}$)、间歇时间($Z_{i,i+1}$)、平行搭接时间($C_{i,i+1}$)及流水施工工期(T)等。

视频
流水施工
时间参数

1. 流水节拍(t_i)

流水节拍指从事某一施工过程的施工队在一个施工段上的施工延续时间。流水节拍用符号 t_i 表示,i 表示施工过程的名称或编号,例如,$t_支$ 表示支模施工过程的流水节拍。

流水节拍的大小直接影响到资源的供应是否均衡,决定着施工的速度和节奏,也关系着工期的长短。一般来说,某施工过程的流水节拍越长,则其施工时间越长,从而会使整个工程的施工工期也越长。因此,流水节拍是组织施工中一个最重要的时间参数,合理地确定流水节拍,具有重要的意义。

1)确定流水节拍

正确、合理地确定各施工过程的流水节拍,通常有以下三种方法:

(1)经验估算法:指根据以往的施工经验进行估算的方法。一般为了提高其准确程度,对某一施工过程在某一施工段上的作业时间估计出三个数值,即最短时间、最长时间和最可能时间,然后通过给这三个时间一定的权数,再求加权平均值,这个加权平均值即为流水节拍。这种方式适用于采用新工艺、新方法和新材料等没有定额可循的工程或项目。经验估算法按以下公式计算:

$$t_i = \frac{a + 4c + b}{6} \tag{2.3}$$

式中 t_i——某施工过程在某施工段上的流水节拍;

a——某施工过程在某施工段上的最短估算时间;

b——某施工过程在某施工段上的最长估算时间;

c——某施工过程在某施工段上的最可能估算时间。

【例 2-3】 砌筑某施工段两砖墙,按照施工经验最快可砌筑 4.88 m³(约 2 500 块),最慢可砌筑 2.87 m³(约 1 470 块),最可能砌筑 3.87 m³(约 1 980 块)。利用经验估算法计算其流水节拍。

【解】 $t_i = \frac{4.88 + 4 \times 3.87 + 2.87}{6}$ m³ = 3.87 m³(约 1 982 块)。

(2)定额计算法:是根据各施工段的工程量、该施工过程的劳动定额及能够投入的资源量(劳动力、机械台数和材料量等)。定额计算法按下面公式计算:

$$t_i = \frac{Q_i}{S_i R_i N_i} = \frac{P_i}{R_i N_i} \tag{2.4}$$

或

$$t_i = \frac{Q_i H_i}{R_i N_i} = \frac{P_i}{R_i N_i} \tag{2.5}$$

式中 t_i——某专业工作队在第 i 施工段的流水节拍;

Q_i——某专业工作队在第 i 施工段要完成的工作量,单位为 m³、m²、t 等;

S_i——某专业工作队的计划产量定额,单位为 m³(或 m²、m、t 等)/工日;

H_i——某专业工作队的计划时间定额,为产量定额的倒数,单位为工日/m³(或 m²、m、t 等);

P_i——某专业施工队在第 i 施工段需要的劳动量或机械台班数量;

R_i——某专业工作队投入工作人数或机械台班数;

N_i——某专业工作队的工作班次。

【例2-4】某工程砌筑砖基础施工，工程量为287 m³，产量定额为2.87 m³/工日（或时间定额为0.35工日/m³），试计算完成砖基础工程所需的劳动量。如果该过程的施工段数为2，施工人数为20人，1班倒，试计算砖基础工程的流水节拍。

【解】据已知：$Q_{砖基}=287\ m^3$，$S_{砖基}=2.87\ m^3/工日$，$R_{砖基}=20$人，$m_{砖基}=2$，$N_{砖基}=1$班，得

$$P_{砖基}=\frac{Q_{砖基}}{S_{砖基}}=\frac{287}{2.87}工日=100\ 工日$$

$$t_{砖基}=\frac{P_{砖基}/2}{R_{砖基}\times N_{砖基}}=\frac{50}{20\times 1}天=2.5\ 天$$

如果使用时间定额计算$P_{砖基}$，则

$$P_{砖基}=Q_{砖基}\times H_{砖基}=287\times 0.35\ 天\approx 100.45\ 天$$

$t_{砖基}$计算同上。

【例2-5】某宿舍楼工程采用井架摇头把杆吊运楼板，每个施工段安装楼板255块，机械产量定额为85块/台班，试求吊运完一个施工段楼板所需的台班量。

【解】$P_{吊板}=\dfrac{Q_{吊板}}{S_{吊板}}=\dfrac{255}{85}台班=3\ 台班$

【例2-6】某工程装修工程，木门油漆面积$Q_1=720\ m^2$，产量定额$S_1=12\ m^2/工日$，钢窗油漆面积$Q=900\ m^2$，产量定额$S_2=15\ m^2/工日$，试求：木门和钢窗油漆合并后的综合产量定额。

【解】$S_{油}=\dfrac{Q_1+Q_2}{Q_1/S_1+Q_2/S_2}=\dfrac{720+900}{720/12+900/15}\ m^2/工日=13.5\ m^2/工日$

合并后的综合产量定额可取14 m²/工日。

(3) 规定工期计算法（或倒排工期法）：有时，某工程的施工任务按规定日期必须完成，施工进度计划可以采用工期计算法，即根据对施工任务规定的完成日期，采用倒排工期法。但在这种情况下，必须检查劳动力和机械等物资供应的可能性，能否与之相适应。具体步骤如下：

根据施工进度倒排工期确定该工程某施工过程的施工延续时间T_i→确定某施工过程在某施工段上的流水节拍。

若同一施工过程流水节拍不等，采用估计法确定；若同一施工过程流水节拍均相等，则按以下公式计算：

$$t_i=\frac{T_i}{m_i} \tag{2.6}$$

根据已经确定的节拍、工作量（或劳动量）及工作班制确定施工班组人数或机械台数。按以下公式计算：

$$R_i=\frac{P_i}{t_i\times N_i}=\frac{Q_i}{S_i\times t_i\times N_i} \tag{2.7}$$

【例2-7】某施工过程规定工期为10天，该施工过程劳动量为260工日，采用一班制施工，划分为两个施工段，试求施工过程每天施工的人数。

【解】据已知：$T_i=10$天，$\sum P_i=260$工日，$N_1=1$班，$m_i=2$，得$t_i=\dfrac{T_i}{m_i}=\dfrac{10}{2}$天$=5$天

$$P_i=\frac{\sum P_i}{2}=\frac{260}{2}工日=130\ 工日$$

$$R_i=\frac{P_i}{t_i\times N_i}=\frac{130}{5\times 1}人=26\ 人$$

上述施工过程施工人数为26人，工作10天，劳动量为260工日，与计划劳动量260工日相同，此种安排可行。但是，这种情况下，必须检查资源供应的可能性及施工是否有足够的工作面等。

在这样的前提下,如果计算需要的机械台数超过本单位现有的数量,则应采取措施组织调度。如果计算需要的人数相对于工作面来讲太多,工人施工时,工作面显得过于拥挤,工人不能发挥正常的施工效率。这时,应从技术上和组织上采取措施解决这个问题,例如,组织平行立体交叉施工,增加工作班制和班组等。如果计算需要的人数相对于工作面来讲太少,工人施工时,工作面没有被充分利用,工人同样不能发挥正常的施工效率。这时除了考虑最小的劳动组合外,应合理增加人数,适当缩短此过程的施工延续时间。

2)确定流水节拍应考虑的要素

(1)施工班组人数应符合该施工过程最小劳动组合人数的要求。所谓最小劳动组合指某一施工过程进行正常施工所必需的最低限度的班组人数及其合理组合。例如,现浇钢筋混凝土施工过程,包括:上料、搅拌、运输、浇捣等施工操作环节,如果班组人数太少,是无法组织施工的。

(2)考虑工作面的大小及其他限制条件。施工班组的人数也不能太多,每个工人的工作面要符合最小工作面的要求。否则,就不能发挥正常的施工效率或不利于安全生产。

(3)考虑各种机械台班的效率或机械台班产量的大小。

(4)考虑各种材料、构件等施工现场堆放量、供应能力及其他有关条件的制约。

(5)考虑施工技术条件的要求。例如,不能留设施工缝,必须连续浇捣的钢筋混凝土工程,要按三班制的条件决定流水节拍,以确保质量及工程技术要求。

(6)确定一个分部工程各施工过程节拍时,首先应考虑主要的、工程量大的施工过程的流水节拍,其次确定其他施工过程的流水节拍。

(7)流水节拍一般取整数,必要时可保留0.5天(台班)的小数值。

忆一忆

什么是流水节拍?

_____

_____

_____

2. 流水步距($K_{i,i+1}$)

流水步距指两个相邻的施工班组相继进入同一施工段开始施工的时间间隔(不包括技术与组织间歇时间),用符号$K_{i,i+1}$表示(i表示前一个施工过程,$i+1$表示后一个施工过程)。

流水步距的大小,对工期的长短有很大的影响。一般来说,在施工段不变的情况下,流水步距越大,工期越大;反之流水步距越小,工期越短。流水步距的大小,还与前后两个相邻施工过程流水节拍的大小、施工工艺技术要求、施工段数目、流水施工的组织方式有关。

1)确定流水步距的基本要求

(1)尽量保证各施工班组连续施工的要求。流水步距的最小长度,必须使主要施工过程的施工班组进场以后不发生停工、窝工现象。

(2)施工工艺的要求。保证相邻两个施工过程的先后顺序,不发生前一个施工过程尚未完成,后一个施工过程便开始施工的现象。

(3)最大限度搭接的要求。保证相邻两个施工班组在开工时间上最大限度地、合理地搭接。

(4)要满足保证工程质量,满足安全生产、成品保护的需要。

(5)流水步距一般取0.5天的整倍数。

2)确定流水步距的方法

确定流水步距的方法很多,简捷、实用的方法主要有:分析法、分析计算法(公式法)、累加数列法(潘特考夫斯基法)等。

3. 间歇时间($Z_{i,i+1}$)

间歇时间指在组织流水施工时,有些施工过程完成后,后续施工过程不能立即投入施工的时间间隔,

用符号 $Z_{i,i+1}$ 表示。间歇时间包括：技术间歇时间和组织间歇时间。

技术间歇时间是由建筑材料或现浇构件工艺性质决定的间歇时间。例如，砖混结构的每层圈梁混凝土浇捣以后，必须经过一定的养护时间，才能进行其上的预制楼板的安装工作。例如，屋面找平层完后，必须经过一定的时间使其干燥后才能铺贴油毡防水层等。

组织间歇时间是由施工组织原因造成的间歇时间。它通常为对前一施工过程进行检查验收或为后一施工过程的开始做必要的施工组织准备工作而考虑的间歇时间。例如，浇混凝土之前要检查钢筋及预埋件并做记录；基础混凝土垫层浇捣及养护后，必须进行墙身位置的弹线，才能砌筑基础墙等。

4. 平行搭接时间（$C_{i,i+1}$）

平行搭接时间指在同一施工段上，不等前一施工过程施工完，后一施工过程就投入施工，相邻两施工过程同时在同一施工段上的工作时间。平行搭接时间可使工期缩短，所以能搭接的尽量搭接，用符号 $C_{i,i+1}$ 表示。

5. 流水施工工期（T）

流水施工工期指从第一个专业工作队投入流水施工开始，到最后一个专业工作队完成流水施工为止的整个持续时间，也就是组织流水施工的总时间，用符号 T 表示。一般按以下公式计算：

$$T = \sum K_{i,i+1} + T_n + \sum Z_{i,i+1} - \sum C_{i,i+1} \tag{2.8}$$

式中　T——流水施工工期；

$\sum K_{i,i+1}$——流水施工中各流水步距之和；

T_n——流水施工中最后一个施工过程的延续时间；

$\sum Z_{i,i+1}$——技术间歇与组织间歇之和；

$\sum C_{i,i+1}$——平行搭接时间之和。

忆一忆

流水施工时间参数包括哪些内容？

综合案例分析

1. 背景

某装修公司承接一项 5 层办公楼的装饰装修施工任务，确定的施工顺序为：砌筑隔墙→室内抹灰→安装塑钢门窗→顶、墙涂料，分别由瓦工、抹灰工、木工和油工完成。工程量及产量定额见表2.2。油工最多安排12人，其余工种可按需要安排。考虑到工期要求、资源供应状况等因素，拟将每层分为3段组织等节奏流水施工，每段工程量相等，每天一班工作制。

表2.2　某装饰装修工程的主要施工过程、工程量及产量定额

施工过程	工程量	产量定额	施工过程	工程量	产量定额
砌筑隔墙	600 m³	1 m³/工日	安装塑钢门窗	3 750 m²	5 m²/工日
室内抹灰	11 250 m²	10 m²/工日	顶、墙涂料	18 000 m²	20 m²/工日

2. 问题

（1）计算各施工过程劳动量、每段劳动量。

（2）计算各施工过程每段施工天数。

（3）计算各工种施工应安排的工人人数。

3. 分析

本案例主要考核施工进度计划编制工程中的劳动量、工作持续时间的计算。其中：

$$劳动量 = 工程量/产量定额 \text{ 或 } 劳动量 = 工程量 \times 时间定额$$
$$工作持续时间 = 劳动量/(工人人数 \times 每天工作班制)$$

4. 参考答案

（1）办公楼共5层，每层分3段，各段工程量相等，计算出各施工过程的劳动量后，除以15可得各段劳动量。例如，砌筑隔墙劳动量 = 600/1 = 600 工日，每段砌筑隔墙劳动量 = 600/15 = 40 工日/段。计算结果见表2.3。

（2）各施工过程每段施工天数：因组织全等节拍流水施工，各段施工天数相同，考虑到油工人数的限制，按12人安排油工，可算出每段工作天数 = 60÷12 = 5 d，其余施工过程施工天数均为5 d。

（3）油工已经按12人安排，其余工种可根据相应施工过程每段劳动量和施工天数计算得出，例如，瓦工人数 = 40/5 人 = 8 人。计算结果见表2.3。

表2.3　各施工过程劳动量、工作天数、工人人数

施工过程	工程量	产量定额	劳动量	每段劳动量	每段工作天数	工人人数
砌筑隔墙	600 m³	1 m³/工日	600 工日	40 工日	5	8
室内抹灰	11 250 m²	10 m²/工日	1125 工日	75 工日	5	15
安装塑钢门窗	3 750 m²	5 m²/工日	750 工日	50 工日	5	10
顶、墙涂料	18 000 m²	20 m²/工日	900 工日	60 工日	5	12

忆一忆

流水施工主要参数包括哪些内容？

_____

_____

_____

任务知识3　编制流水施工横道计划

流水施工根据各施工过程时间参数的不同特点，可分为有节奏流水施工和无节奏流水施工。其中有节奏流水施工又可分为等节奏流水施工和异节奏流水施工。

视频

等节奏流水施工

一、等节奏流水施工

（一）概念

等节奏流水施工指在组织流水施工时，如果所有的施工过程在各个施工段上的流水节拍彼此相等，这种流水施工组织方式称为等节拍专业流水，也称为固定节拍流水施工或全等节拍流水施工。

（二）特征

（1）各施工过程在各施工段上的流水节拍均相等，即：$t_1 = t_2 = \cdots = t_{n-1} = t_n = t$（常数）。

（2）流水步距相等，且等于流水节拍，即：$K_{1,2} = K_{2,3} = \cdots = K_{n-1,n} = K = t$（常数）。

（3）每个专业工作队都能够连续施工，施工段没有空闲时间。

（4）专业工作队数（n_1）等于施工过程数（n），即 $n_1 = n$。

（三）工期计算

1. 无层间关系或无施工层

当无层间关系或无施工层时，工期按以下公式计算：

$$T = (m + n - 1) \times t_i + \sum Z_{i,i+1} - \sum C_{i,i+1} \tag{2.9}$$

式中　　T——流水施工工期；

m——施工段数；

n——施工过程数；

t_i——流水节拍；

$\sum Z_{i,i+1}$——技术间歇与组织间歇之和；

$\sum C_{i,i+1}$——平行搭接时间之和。

2. 有层间关系或有施工层

当有层间关系或有施工层时，工期按以下公式计算：

$$T = (m \times J + n - 1) \times t_i + \sum Z_j + \sum Z_k - \sum C_l \tag{2.10}$$

式中　　J——施工层数；

$\sum Z_j$——同一楼层中技术间歇与组织间歇之和；

$\sum Z_k$——层间技术间歇与组织间歇之和；

$\sum C_l$——同一楼层中平行搭接时间之和。

（四）组织方法

（1）划分施工过程，将劳动量小的施工过程合并到相邻的施工过程中去。

（2）确定主导施工过程，根据工作面确定其施工班组人数，并确定其流水节拍。

（3）组织等节奏流水施工，并根据已经确定的流水节拍确定其他施工过程的施工队人数及其组成。

（五）适用范围

全等节拍流水施工比较适用于分部工程流水（专业流水），不适用于单位工程，特别是大型建筑群。因为全等节拍流水施工虽然是一种比较理想的流水施工方式，它能保证专业班组的工作连续，工作面充分利用，实现均衡施工。但由于它要求划分的各分部、分项工程都采用相同的流水节拍，这对一个单位工程或建筑群来说，往往十分困难且不容易达到。因此，实际应用范围不是很广泛。

【例 2-8】某现浇混凝土工程划分为支模、扎筋、浇混凝土三个施工过程，每个施工过程划分为三个施工段，流水节拍均为 3 天，组织等节奏流水施工。

【解】

（1）进度计划图，如图 2.13 所示。

施工过程	进度计划/天														
	1	2	3	4	5	6	7	8	9	10	11	12	13	14	15
支模		①			②			③							
扎筋					①			②			③				
浇混凝土								①			②			③	

图 2.13　等节奏流水施工进度安排

（2）特征：

①流水节拍 $t_i = 3$ 天；

②流水步距 $K_{i,i+1} = 3$ 天 $= t_i$；

③三个专业工作队（支模、扎筋、浇混凝土）都能够连续施工，施工段没有空闲时间；

④专业工作队数 $n_1 = n = 3$ 支。

【例 2-9】某现浇混凝土工程划分为支模、扎筋、浇混凝土三个施工过程，分两层组织施工，每个施工过程划分为三个施工段,流水节拍均为3天,第二个和第三个施工过程之间有1天组织间歇,层间有1天技术间歇。试组织等节奏流水施工。

【解】

（1）确定流水步距：$K_{i,i+1} = t_支 = t_扎 = t_浇 = 3$ 天。

（2）绘制流水施工进度计划。水平排列流水施工进度计划,如图2.14所示。竖向排列流水施工进度计划,如图2.15所示。

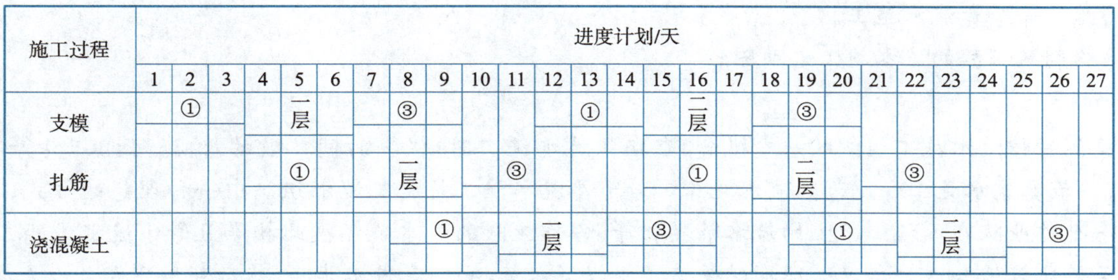

图2.14　水平排列流水施工进度计划

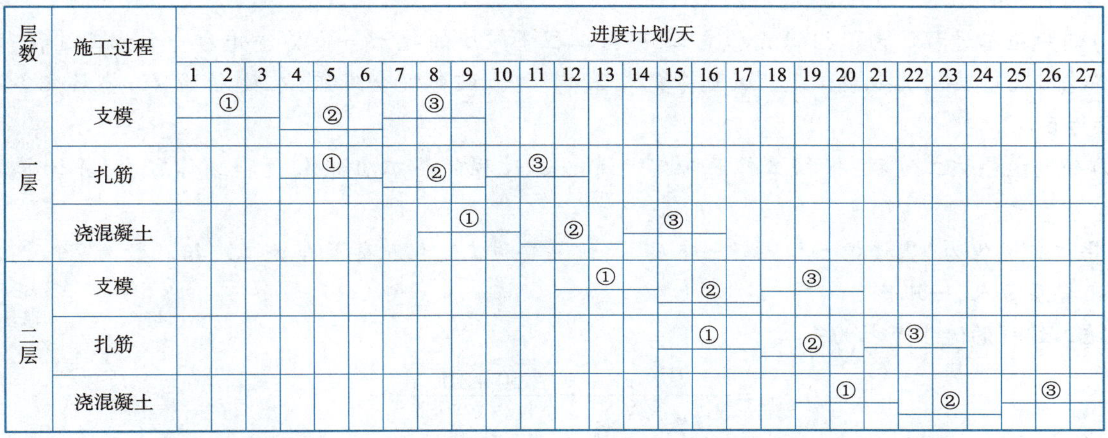

图2.15　竖向排列流水施工进度计划

忆一忆

等节奏流水施工具有哪些特点？

_____

_____

综合案例分析

1. 背景

基础工程划分为三个施工段组织施工,每个施工段的主要参数,见表2.4。已知基础混凝土浇筑完成后,应该有2天的间歇时间,之后才能进行基础墙的砌筑。拟采用等节奏流水方式组织施工。

表2.4　施工过程主要参数

施工过程	工程量	每工产量	劳动量/工日	工作班制	混合或专业工作队人数	流水节拍/天
基槽挖土	150.6 m³	2.51 m³	60	1	16	—
混凝土垫层	15.5 m³	1.55 m³	10	1	7	
绑扎钢筋	46.7 t	1.73 t	36	2	—	

续表

施工过程	工程量	每工产量	劳动量/工日	工作班制	混合或专业工作队人数	流水节拍/天
浇混凝土基础	144.3 m³	2.41 m³	60	2	—	—
砌砖基础	76.5 m³	2.55 m³	36	1	—	—
室内土方回填	457.5 m³	6.63 m³	69	1	—	—

2. 问题

(1) 组织等节奏流水施工。

(2) 绘制本工程的流水施工进度图。

3. 分析

本案例考核流水施工组织的基本概念,在组织流水施工时,根据时间参数的特点,可组织为等节奏流水施工、异节奏流水施工和无节奏流水施工。等节奏流水施工是施工流水组织中一种理想的方式,指流水组中每一个作业队在各施工段上的流水节拍相等,各作业队的流水节拍彼此相等且等于流水步距,本案例给出的条件比较适合这种情况。解题的关键是根据流水节拍,确定流水步距,然后利用公式 $T = (m \times J + n - 1) \times t_i + \sum Z_{i,i+1} - \sum C_{i,i+1}$ 得出总工期。

4. 参考答案

(1) 划分施工过程。为了组织流水施工,可将工程量较小的挖土与垫层合并为一个施工过程,该施工过程为"挖土及垫层",其他施工过程的划分见表2.4。挖土配备混合班组,人数为17人;垫层配备混合班组,人数为6人。

(2) 确定主导施工过程,根据工作面确定主导施工过程的施工班组人数和工作班次,并计算其流水节拍。

主导施工过程为"基槽挖土和混凝土垫层"。该主要施工过程配备混合施工班组人数为23人,其中挖土16人,垫层7人,一班倒。

该施工过程的流水节拍为:

$$t_{挖、垫} = \frac{P_{挖、垫}}{R_{挖、垫} \times N_{挖、垫}} = \frac{60+10}{(16+7) \times 1} 天 = 3 天$$

(3) 组织等节奏流水施工,使流水节拍均为3天,据此确定施工班组人数,其计算结果见表2.5。

表2.5 施工过程参数计算结果

施工过程	工程量	每工产量	劳动量/工日	工作班制	混合或专业工作队人数	流水节拍/天
基槽挖土	150.6 m³	2.51 m³	60	1	16	3
混凝土垫层	15.5 m³	1.55 m³	10	1	7	3
绑扎钢筋	46.7 t	1.73 t	36	2	6	3
浇混凝土基础	144.3 m³	2.41 m³	60	2	10	3
砌砖基础	76.5 m³	2.55 m³	36	1	12	3
室内土方回填	457.5 m³	6.63 m³	69	1	23	3

(4) 绘制流水施工进度,如图2.16所示。

(5) 工期:从图上可看出,为23天。

依据题意,本工程的施工段数 $M=3$;施工过程数 $N=5$;流水节拍 $t_i=3$;技术间歇 $\sum Z_{i,i+1}=2$;平行搭接时间 $\sum C_{i,i+1}=0$。

确定流水步距 $K_{i,i+1}=3$;施工层数 $J=1$

$$T = (m \times J + n - 1) \times t_i + \sum Z_{i,i+1} - \sum C_{i,i+1}$$
$$= [(3 \times 1 + 5 - 1) \times 3 + 2 - 0] 天$$
$$= 23 天$$

施工过程	进度计划/天																							
	1	2	3	4	5	6	7	8	9	10	11	12	13	14	15	16	17	18	19	20	21	22	23
基槽挖土与混凝土垫层	①				②			③															
绑扎钢筋								①			②			③									
浇混凝土基础								①				②			③								
砌砖基础														①			②			③			
室内土方回填																①				③			

图 2.16 某基础工程施工进度计划

二、异节奏流水施工

根据流水步距是否相等,异节奏流水可分为:异步距异节拍流水和等步距异节拍流水两种。

(一)异步距异节拍流水施工

1. 概念

异步距异节拍流水施工指同一施工过程在各个施工段的流水节拍相等,不同施工过程之间的流水节拍既不相等也不成倍的流水施工方式。

2. 特征

(1)同一施工过程流水节拍相同;不同施工过程之间的流水节拍不全相等。
(2)流水步距不全相等。
(3)工作队(组)在主导施工过程上连续作业,但施工段之间可能有空闲。
(4)施工班组数等于施工过程数。

3. 确定流水步距

流水步距按以下公式计算:

$$K_{i,i+1} = \begin{cases} t_i, & \text{当 } t_i \leq t_{i+1} \text{时} \\ mt_i - (m-1)t_{i+1}, & \text{当 } t_i > t_{i+1} \text{时} \end{cases} \quad (2.11)$$

4. 确定施工段数

可按照划分施工段的基本原则确定。

5. 施工工期

施工工期按以下公式计算:

$$T = \sum K_{i,i+1} + T_n + \sum Z_{i,i+1} - \sum C_{i,i+1} \quad (2.12)$$

6. 组织方法

(1)划分施工过程,并进行调整,注意主导施工过程单列,某些次要施工过程可以合并,也可以单列,以使进度计划既简明清晰、重点突出,又能起到指导施工的作用。
(2)根据从事主导施工过程施工班组人数,计算其流水节拍,或根据合同规定工期,采用工期推算法确定主导施工过程的流水节拍,再以主导施工过程的流水节拍为最大流水节拍,确定其他施工过程的流水节拍和施工班组人数。
(3)绘制施工进度横道计划图。

7. 适用范围

异步距异节拍流水施工适用于单位工程或分部工程流水施工,它允许不同施工过程采用不同的流水节拍。因此,在进度安排上比等节奏流水施工灵活,实际应用范围较广泛。

【例 2-10】某工程划分为 A、B、C、D 四个施工过程,分三个施工段组织施工。已知:各施工过程的流水节拍分别为 $t_A = 2$ 天、$t_B = 3$ 天、$t_C = 4$ 天、$t_D = 2$ 天;施工过程 B 完成后有 2 天的技术间歇时间,施工过程 C、D 之间可以有 1 天的平行搭接时间。试组织异步距异节拍流水施工,并绘制流水施工进度图。

【解】

(1)确定流水步距

$$K_{A,B} = t_A = 2 \text{ 天}$$
$$K_{B,C} = t_B = 3 \text{ 天}$$
$$K_{C,D} = mt_c - (m-1)t_d = 3 \times 4 - (3-1) \times 2 \text{ 天} = 8 \text{ 天}$$

(2)计算工期

$$T = \sum K_{i,i+1} + T_n + \sum Z_{i,i+1} - \sum C_{i,i+1}$$
$$= (2+3+8) + 2 \times 3 + 2 - 1 \text{ 天}$$
$$= 20 \text{ 天}$$

(3)绘制流水施工进度计划,如图 2.17 所示。

施工过程	进度计划/天																			
	1	2	3	4	5	6	7	8	9	10	11	12	13	14	15	16	17	18	19	20
A	①		②		③															
B					①		②		③											
C								①			②				③					
D（连续施工）													①		②		③			
D（间断施工）										①			②			③				

图 2.17 异步距异节拍流水施工进度计划

忆一忆

异步距异节拍具有哪些特点?

_____

_____

_____

(二)等步距异节拍流水施工

1. 概念

等步距异节拍流水施工指同一施工过程在各个施工段的流水节拍相等,不同施工过程之间的流水节拍不完全相等,但各施工过程的流水节拍均为其中最小流水节拍的整数倍的流水施工方式。

2. 特征

(1)同一施工过程流水节拍相等,不同施工过程流水节拍互为倍数、且存在最大公约数。

(2)流水步距彼此相等,且等于流水节拍的最大公约数。

(3)各专业施工队(组)都能够保证连续作业,施工段没有空闲。

(4)施工队组数(n_1)大于施工过程数(n)。

(5)同一施工过程的工作队(组)在各个施工段上交叉作业。

3. 确定流水步距

流水步距全相等,且等于各道工序流水节拍的最大公约数。

4. 确定施工段数

(1)无层间关系时,按划分施工段的基本要求确定施工段数目,一般取 $m = n_1$。

(2)有层间关系时,每层最少施工段数按以下公式计算:

$$M = n_1 + \frac{\sum Z_1}{K_{i,i+1}} + \frac{Z_2}{K_{i,i+1}} \tag{2.13}$$

式中 m——施工段数;

n_1——施工队组数;

$\sum Z_1$——同一楼层中技术间歇与组织间歇之和;

$K_{i,i+1}$——流水步距;

Z_2——层间技术间歇与组织间歇。

5. 施工工期

(1)无层间关系时,施工工期按以下公式计算:

$$T = (m + n_1 - 1) \times K_{i,i+1} + \sum Z_{i,i+1} - \sum C_{i,i+1} \tag{2.14}$$

(2)有层间关系时,施工工期按以下公式计算:

$$T = (m \times J + n_1 - 1) \times K_{i,i+1} + \sum Z_1 - \sum C_1 \tag{2.15}$$

6. 组织方法

(1)根据工程对象和施工要求,划分若干个施工过程。

(2)根据各施工过程的内容、要求及其工程量,计算每个施工段所需的劳动量。

(3)根据施工队人数及组成,确定劳动量最少的施工过程的流水节拍。

(4)确定其他劳动量较大的施工过程的流水节拍,用于调整施工队组人数或其他技术组织措施的方法,使他们的节拍值成整数倍关系。

7. 适用范围

等步距异节拍流水施工比较适用于一般房屋建筑工程的施工,也适用于线性工程(如道路、管道等)的施工。

忆一忆

等步距异节拍具有哪些特点?

_____

_____

【例 2-11】某分部工程划分为三个施工过程组织施工。已知:各施工过程的流水节拍分别为:$t_{扎筋} = 2$ 天,$t_{支模} = 2$ 天,$t_{浇混凝土} = 4$ 天,该分部工程分两层组织施工,层间技术间歇为 2 天。试组织等步距异节拍流水施工。

【解】

(1)确定流水步距:

$$K_{i,i+1} = \{2, 2, 4\} = 2 \text{ 天}$$

(2)确定各施工过程的施工班组数:

$$b_{扎筋} = \frac{t_{扎筋}}{K_{i,i+1}} = \frac{2}{2} 队 = 1 \text{ 队}$$

$$b_{支模} = \frac{t_{支模}}{K_{i,i+1}} = \frac{2}{2} 队 = 1 \text{ 队}$$

$$b_{浇混凝土} = \frac{t_{浇混凝土}}{K_{i,i+1}} = \frac{4}{2} 队 = 2 \text{ 队}$$

$$n_1 = \sum b_i = 1 + 1 + 2 \text{ 队} = 4 \text{ 队}$$

(3)确定施工段数：

因为有层间关系，施工段数按以下公式确定：

$$m = n_1 + \frac{\sum Z_1}{K} + \frac{Z_2}{K} = 4 + \frac{0}{2} + \frac{2}{2} \text{ 段} = 5 \text{ 段}$$

(4)确定工期：

因为有层间关系，工期按下面公式确定：

$$T = (m \times J + n_1 - 1) \times K_{i,i+1} + \sum Z_1 - \sum C_1$$
$$= (5 \times 2 + 4 - 1) \times 2 + 0 - 0 \text{ 天}$$
$$= 26 \text{ 天}$$

(5)绘制施工进度计划图，如图2.18所示。

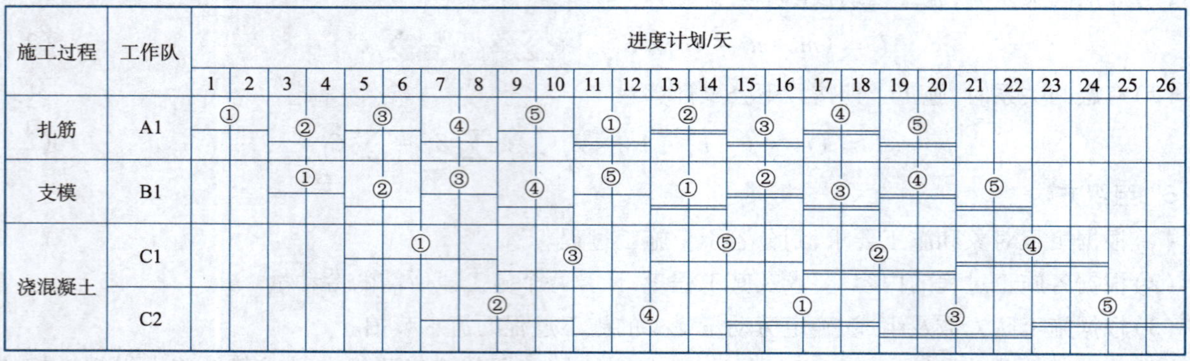

施工过程	工作队	进度计划/天
		1 2 3 4 5 6 7 8 9 10 11 12 13 14 15 16 17 18 19 20 21 22 23 24 25 26
扎筋	A1	① ② ③ ④ ⑤ ① ② ③ ④ ⑤
支模	B1	① ② ③ ④ ⑤ ① ② ③ ④ ⑤
浇混凝土	C1	① ③ ⑤ ② ④
	C2	② ④ ① ③ ⑤

注：单线为一层，双线为二层。

图2.18 等步距异节拍流水进度计划

思一思

异步距异节拍流水施工和等步距异节拍流水施工有什么区别？

视频
无节奏流水施工

三、无节奏流水施工

(一)概念

无节奏流水施工又称分别流水施工，指同一施工过程在各施工段上的流水节拍不全相等的施工，不同的施工过程之间流水节拍也不相等的一种流水施工方式。

(二)特点

(1)每个施工过程在各个施工段上的流水节拍不全相等。

(2)各个施工过程之间的流水步距不全相等。

(3)各施工队(组)能够在各施工段上连续施工，施工段上可以有空闲。

(4)施工队组数等于施工过程数。

(三)确定流水步距

无节奏流水施工通常采用"累计数列，错位相减，取其最大差"的方法确定。

(四)确定施工段数

根据划分施工段的基本原则确定。

(五)施工工期

工期按以下公式计算：

$$T = \sum K_{i,i+1} + T_n + \sum Z_{i,i+1} - \sum C_{i,i+1} \tag{2.16}$$

(六)组织方法

(1)划分分部工程,划分各分部工程的施工过程,分别组织每个分部工程的流水施工。

(2)将若干个分部工程流水,按照流水施工顺序和工艺要求搭接起来,组成一个单位工程(或一个建筑群)的流水施工。

(七)适用范围

无节奏流水施工的组织方式,在进度安排上比较自由、灵活,是实际工程组织施工最普遍、最常用的一种方法。

【例 2-12】某分部工程划分成四个施工过程,分四个施工段组织施工,已知各施工过程在各施工段上的流水节拍,见表 2.6,第一个和第二个施工过程之间有 2 天技术间歇,第二个和第三个施工过程之间有 1 天平行搭接,试组织无节奏流水施工。

表 2.6 某分部工程的流水节拍

施工过程	施工段			
	①	②	③	④
A	3	3	3	2
B	2	2	3	3
C	3	2	3	2
D	3	3	3	3

【解】

(1)计算流水步距。累计数列,错位相减,得：

```
A   3   6   9   11           B   2   4   7   10          C   3   5   8   10
B -)    2   4   7   10       C -)    3   5   8   10      D -)    3   6   9   12
    3   4   5   4 -10            2   1   2   2 -10           3   2   2   1 -12
```

最大差:5。   最大差:2。   最大差:3。

$K_{A,B} = 5$ 天 $K_{B,C} = 2$ 天 $K_{C,D} = 3$ 天

(2)计算工期

$$T = \sum K_{i,i+1} + T_n + \sum Z_{i,i+1} - \sum C_{i,i+1}$$
$$= (5 + 2 + 3) + 3 \times 4 + (2 - 1) \text{ 天}$$
$$= 23 \text{ 天}$$

(3)绘制施工进度图,如图 2.19 所示。

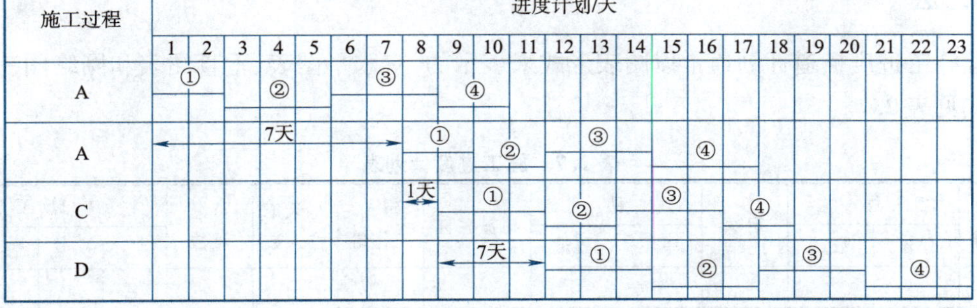

图 2.19 无节奏流水施工进度计划

忆一忆

无节奏流水施工具有哪些特点？

任务知识4　编制单位工程施工进度横道计划

一、作用和分类

（一）作用

单位工程施工进度横道计划的作用主要包括以下内容：

（1）指导现场施工安排，确保在规定的工期内完成符合质量要求的工程任务。

（2）确定各主要分部分项工程名称及施工顺序和持续时间。

（3）确定各施工过程相互衔接和合理配合关系。

（4）确定为完成任务所必需的劳动工种和总的劳动量及各种机械、各种物资的需用量。

（5）为施工单位编制季度、月度、旬生产作业计划提供依据。

（6）为编制劳动力需用量的平衡调配计划、各种材料的组织与供应计划、施工机械供应和调度计划、施工准备工作计划等提供依据。

（7）为确定施工现场的临时设施数量和动力配备等提供依据。

（二）分类

单位工程施工进度横道计划按工程项目划分的粗细程度，可分为控制性施工进度计划与指导性施工进度计划两类。

1. 控制性施工进度计划

控制性施工进度计划是按分部工程项目进行编制的，不但对整个工程施工进度及竣工验收起一定的控制调节作用，同时还为指导性施工进度计划提供编制的依据。

控制性施工进度计划主要用于工程结构复杂、规模大、工期长施工任务不明确、需要跨年度的工程施工。需要编制控制性施工进度计划的单位工程，当各分部工程的施工条件基本落实之后，在施工之前还应编制指导性施工进度计划。

2. 指导性施工进度计划

指导性施工进度计划按分项工程（或施工过程）编制而成，它不仅确定了各分项工程或施工过程的施工时间及相互搭接的配合关系，用以指导日常施工，而且也为整个工程所需的劳动力配置和数量、资源需要计划的编制提供了依据。

指导性施工进度计划用于施工任务明确，各项资源供应正常，规模较小的中小型工程的施工。

二、表示方法

单位工程施工进度横道计划通常以图表形式来表示的，有水平图表、垂直图表和网络图三种。常用的水平图表格式见表2.7。

表2.7　施工进度计划表

序号	分部分项工程名称	工程量		定额	劳动量		机械名称	每天工作班	每天工作人数	持续天数	施工进度			
		单位	数量		单位	数量								

水平图表,亦称横道图,由左、右两大部分所组成,表的左边部分列出了分部分项工程的名称、工程量、定额(劳动定额或时间定额)和劳动量、人数、持续时间等计算数据;表的右边部分是从规定的开工日起到竣工之日止的进度指示图表,用不同线条来形象地表现各个分部分项工程的施工进度和搭接关系。有时也在进度指示图表下方汇总每天的资源需求量,组成资源需求量动态曲线。施工进度表中的一格视其工期的长短可以代表1天或若干天。

三、编制单位工程施工进度横道计划

(一)编制依据

编制单位工程施工进度横道计划主要依据下列资料:

(1)建筑场地及地区的水文、地质、气象和其他技术资料。

(2)经过审批及会审的建筑总平面图、单位工程施工图、工艺设计图、设备及其基础图、采用的标准图集及技术资料。

(3)合同规定的开竣工日期。

(4)施工组织总设计对本单位工程的有关规定。

(5)施工条件;劳动力、材料、构件及机械供应条件;分包单位情况等。

(6)主要分部分项工程的施工方案。

(7)劳动定额及机械台班定额。

(8)其他有关要求和资料。

(二)编制程序

单位工程施工进度横道计划编制程序如图2.20所示。

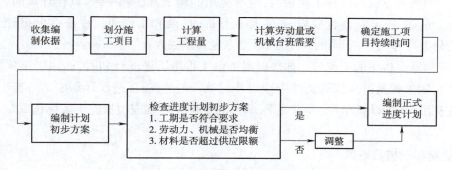

图2.20 单位工程施工进度横道计划编制程序

(三)编制内容及步骤

1. 熟悉并审查施工图纸,研究有关资料,调查施工条件

施工单位项目部技术负责人员在收到施工图及取得有关资料后,应组织工程技术人员以及有关施工人员全面地熟悉和详细审查图纸。由建设、设计、监理、施工等单位有关工程技术人员进行图纸会审,由设计单位技术人员进行技术交底,在理清设计意图的基础上,研究有关技术资料,同时进行施工现场的勘察,调查施工条件,为编制施工进度计划做好准备工作。

2. 划分施工过程

编制施工进度计划时,应该按照所选的施工方案确定施工顺序,将分部工程或分项工程(施工过程)逐项填入施工进度表的分部分项工程名称栏中,其项目包括从准备工作起至交付使用时为止的所有土建施工内容。对于次要的、零星的分项工程则不列出,可并入"其他工程",在计算劳动量时,给予适当的考虑即可。水、暖、电及设备一般另外制作一份相应专业的单位工程施工进度计划,在土建单位工程进度横道计划中只列分部工程总称,不列详细施工过程名称。在确定施工过程时,应注意以下问题:

(1)施工过程划分的粗细程度,主要根据单位工程施工进度横道计划的客观作用。

(2)施工过程的划分要结合所选择的施工方案。

(3)注意适当简化施工进度计划内容,避免工程项目划分过细、重点不突出。

(4)水暖电卫工程和设备安装工程通常由专业工作队伍负责施工。

(5)所有施工过程应大致按施工顺序先后排列,所采用的施工项目名称可参考现行定额手册上的项目名称。分部分项工程一览表见表2.8。

表2.8 分部分项工程一览表

项次	分部分项工程名称		项次	分部分项工程名称	
1	一、地下室工程	挖土	5	二、大模板主体结构工程	壁板吊装
2		混凝土垫层	6		……
3		地下室顶板			
4		回填土			

3. 计算工程量

编制单位工程施工进度横道计划时,应当根据施工图和建筑工程预算工程量的计算规则计算。若已编制的预算文件中所采用的预算定额和项目划分与施工过程项目一致时,则可以直接利用预算工程量;若项目不一致时,则应依据实际施工过程项目重新计算工程量 Q。在计算工程量时,应注意以下几个问题:

(1)注意工程量的计量单位。每个施工过程的工程量的计量单位应与采用的施工定额的计量单位相一致。例如,模板工程以 m^2 为计量单位;绑扎钢筋以 t 为单位计算;混凝土以 m^3 为计量单位等。这样,在计算劳动量、材料消耗量及机械台班量时即可直接套用施工定额,不再进行换算。

(2)注意采用的施工方法。计算工程量时,应与采用的施工方法相一致,以便计算的工程量与施工的实际情况相符合。例如,挖土时是否放坡,是否加工作面,坡度和工作面尺寸是多少;开挖方式是单独开挖、条形开挖,还是整片开挖等,不同的开挖方式,土方量相差很大。

(3)正确取用预算文件中的工程量。如果编制单位工程施工进度计划时,已编制出预算文件(施工图预算或施工预算),则工程量可从预算文件中抄出并汇总。但是,施工进度计划中某些施工过程与预算文件的内容不同或有出入(如计量单位、计算规则、采用的定额等),则应根据施工实际情况加以修改、调整或重新计算。

4. 确定劳动量和机械台班数

根据所划分的施工过程和选定的施工方法,查看施工定额,以确定劳动量及机械台班量。施工定额有两种形式,即时间定额 H 和产量定额 S。时间定额指完成单位建筑产品所需的时间;产量定额是指在单位时间内所完成建筑产品的数量,二者互为倒数。若某施工过程的工程量为 Q,则该施工过程所需劳动量或机械台班量,可按以下公式计算:

$$P = \frac{Q}{S} \tag{2.17}$$

或

$$P = QH \tag{2.18}$$

式中 Q——某施工过程工程量,m^3,m^2,m,t;

S——施工过程的产量定额 m^3/工日,m^2/工日,m/工日,t/工日;

H——施工过程的时间定额,工日/m^3,工日/m^2,工日/m,工日/t。

这里应特别注意的是,如果施工进度计划中所列项目与施工定额中的项目内容不一致时,施工定额必须进行如下处理后方可套用。

若某分项工程由几个部分组成时,可用加权平均定额(综合定额)来计算劳动量或机械台班量。加权平均劳动定额或加权平均时间定额,可按以下公式计算:

$$\overline{S} = \frac{\sum_{i=1}^{n} Q_i}{\sum_{i=1}^{n} P_i} \quad (2.19)$$

或

$$\overline{H} = \frac{\sum_{i=1}^{n} P_i}{\sum_{i=1}^{n} Q_i} \quad (2.20)$$

式中 $\overline{S}$——加权平均劳动定额；

$\overline{H}$——加权平均时间定额；

$\sum_{i=1}^{n} Q_i$——施工过程总的工作量，按以下公式计算：

$$\sum_{i=1}^{n} Q_i = Q_1 + Q_2 + Q_3 + \cdots + Q_n \quad (2.21)$$

$\sum_{i=1}^{n} P_i$——施工过程总的劳动量、工日或机械台班量，按以下公式计算：

$$\sum_{i=1}^{n} P_i = P_1 + P_2 + P_3 + \cdots + P_n \quad (2.22)$$

对于有些采用新技术、新工艺、新材料的施工项目或特殊施工方法的施工项目，若其定额未列入定额手册时，可参照类似项目或进行实测来确定。

对于"其他工程"项目所需的劳动量，可根据其内容和数量，并结合施工现场的具体情况以占总劳动量的百分比来计算。

【例 2-13】某砖混结构住宅的抹灰工程，已知内墙抹灰 4 108 m²，时间定额为 0.088 工日/m²；外墙抹灰 1 866 m²，时间定额为 0.119 工日/m²。试计算：

(1)抹灰工程所需的劳动量。

(2)加权平均时间定额。

【解】

(1)抹灰工程所需的劳动量

内墙抹灰：$P_1 = Q_1 \times H_1 = 4\ 108 \times 0.088$ 工日 $= 362$ 工日

外墙抹灰：$P_2 = Q_2 \times H_2 = 1\ 866 \times 0.119$ 工日 $= 222$ 工日

总劳动量：$\sum P = P_1 + P_2 = 362 + 222$ 工日 $= 584$ 工日

(2)加权平均时间定额

$$\overline{H} = \frac{\sum P}{\sum Q} = \frac{584}{4\ 108 + 1\ 866} = 0.098 \text{ 工日/m}^2$$

5. 确定各施工过程的工作持续时间

各施工过程的工作持续时间的计算方法包括：经验估算法、定额计算法和倒排进度法。

【例 2-14】某工程基础混凝土浇筑所需劳动量为 536 工日，每天采用三班制，每班安排 20 人施工，试求完成混凝土垫层的施工持续时间。

【解】

$$t_i = \frac{P_i}{R_i N_i} = \frac{536}{3 \times 20} \text{天} = 8.93 \text{ 天} = 9 \text{ 天}$$

【例 2-15】某工程砌墙所需劳动量为 810 个工日，要求在 20 天完成，采用一班制施工，试求每班工人数。

【解】

$$R_i = \frac{P_i}{t_i \times N_i} = \frac{810}{1 \times 20} 人 = 40.5 人$$

取每班为 41 人。

上例所需施工班组为 41 人,若配备技工 20 人,普工 21 人,其比例为 1∶1.05,是否有这些劳动人数,是否有 20 个技工,是否有足够的工作面,这些都需经分析研究才能确定。现按 41 人计算,实际采用的劳动量为 41×20×1 工日 = 820 工日,比计划劳动量 810 个工日多 10 个工日,相差不大。

忆一忆

计算工程量有哪些方法?

6. 编制施工进度计划

流水施工是组织施工、编制施工进度计划的主要方式。编制施工进度计划时,必须考虑各分部分项工程的合理施工顺序,尽可能组织流水施工,力求主要工种的施工班组连续施工,其编制方法如下:

(1)对主要施工阶段(分部工程)组织流水施工。先安排其中主导施工过程的施工进度,使其尽可能连续施工,其他穿插施工过程尽可能与主导施工过程配合、穿插、搭接。例如,砖混结构房屋中的主体结构工程,其主导施工过程为砖墙砌筑和现浇钢筋混凝土楼板;现浇钢筋混凝土框架结构房屋中的主体结构工程,其主导施工过程为钢筋混凝土框架的支模、扎筋和浇混凝土。

(2)配合主要施工阶段,安排其他施工阶段(分部工程)的施工进度。

(3)按照工艺的合理性和施工过程相互配合、穿插、搭接的原则,将各施工阶段(分部工程)的流水作业图表搭接起来,即得到了单位工程施工进度计划的初始方案。

7. 检查与调整编制的施工进度计划

检查与调整的目的在于使施工进度计划的初始方案满足规定的目标,检查与调整主要包括以下内容:

(1)各施工过程的施工工序是否正确,流水施工组织方法的应用是否正确,技术间歇是否合理。

(2)工期方面,初始方案的总工期是否满足合同工期。

(3)劳动力方面,主要工种工人是否连续施工,劳动力消耗是否均衡。劳动力消耗的均衡性是针对整个单位工程或各个工种而言,应力求每天出勤的工人人数不发生过大变动。

(4)物资方面,主要机械、设备、材料等的利用是否均衡,施工机械是否充分利用。主要机械通常指混凝土搅拌机、灰浆搅拌机、自动式起重机和挖土机等。机械的利用情况是通过机械的利用程度来反映的。

初始方案经过检查,对不符合要求的部分须进行调整。调整方法一般有:增加或缩短某些施工过程的施工持续时间;在符合工艺关系的条件下,将某些施工过程的施工时间向前或向后移动。必要时,还可以改变施工方法。

应当指出,上述编制施工进度计划的步骤不是孤立的,而是互相依赖、互相联系的,有的可以同时进行。还应看到,由于建筑施工是一个复杂的生产过程,受周围客观条件影响的因素很多,在施工过程中,由于劳动力和机械、材料等物资的供应及自然条件等因素的影响,使其经常不符合原计划的要求,因此我们不但要有周密的计划,而且必须善于使自己的主观认识随着施工过程的发展而转变,并在实际施工中不断修改和调整,以适应新的情况变化。同时在制订计划的时候要充分留有余地,以免在施工过程发生变化时,陷入被动的处境。

忆一忆

编制单位工程施工进度计划主要包括哪些内容?

任务知识5　编制施工总进度横道计划

施工总进度横道计划是施工现场各项施工活动在时间上和空间上的具体体现。编制施工总进度横道计划是根据施工部署中的施工方案和工程项目开展的程序,对整个工程的所有工程项目做出时间和空间上的安排。其作用在于确定各个建筑物及其主要工程和全工地性工程的施工期限及开、竣工的日期,从而确定建筑施工现场劳动力、材料、成品、半成品、构配件、施工机械的需要数量和调配情况,以及现场临时设施的数量、水电供应数量和能源、交通的需要数量等。因此,正确地编制施工总进度横道计划是保证各项目以及整个建设工程按期交付使用,充分发挥投资效益,降低建筑工程成本的重要条件。

一、基本要求

编制施工总进度横道计划的基本要求:保证拟建工程在规定的期限内完成,采用合理的施工方法保证施工的连续性和均衡性,发挥投资效益,节约施工费用。

要根据施工部署中拟建工程分期分批投产的顺序,将每个系统的各项工程分别划出,在控制的期限内进行各项工程的具体安排。例如,建设项目的规模不大,各系统工程项目不多时,也可不按分期分批投产顺序安排,而直接安排总进度计划。

二、主要作用

施工总进度横道计划的作用主要包括以下内容:
(1)确定各个施工项目及其主要工种工程、施工准备工作和全工地性工程的施工期限、开工和竣工的日期。
(2)确定建筑施工现场各种劳动力、材料、成品、半成品、施工机械的需要数量和调配情况。
(3)确定施工现场临时设施的数量,水、电供应数量,能源、交通的需要数量。
(4)确定附属生产企业的生产能力大小。

三、编制要点

为编制出科学合理的施工总进度计划,应掌握以下几个内容:
(1)准确计算所有项目的工程量,并填入工程量汇总表。项目划分不宜过细过多,应突出主要项目,一些附属、辅助工程、民用建筑可予以合并。
(2)根据施工经验、企业机械化程度、建设规模、建筑物类型等,参考有关资料,确定建设总工期和单位工程工期。
(3)根据使用要求和施工条件,结合物资技术供应情况,以及施工准备工作的实际,分期分批地组织施工,并明确每个施工阶段的主要施工项目和开、竣工时间。
(4)同一时间开工的项目不宜过多,以免施工干扰较大,人力、材料和机械过于分散。但对于在生产(或使用)上有重大意义的主体工程,工程规模较大、施工难度较大、施工周期较长的项目,需要先期配套可供施工使用的项目,以及对提高施工速度、减少暂设工程的项目,应尽量优先安排。
(5)尽量做到连续、均衡、有节奏地施工。
(6)在施工顺序的安排上,一般要做到先地下后地上,先深后浅,先干线后支线,先地下管线后筑路。在场地平整的挖方区,应先平整场地后挖管线土方;在场地平整的填方区,应由远及近先做管线后平整场地。
(7)按照上述各条进行综合平衡,对不适当部分进行调整,编制施工总进度计划和主要分部(项)工程流水进度计划。

四、编制依据与内容

(一)编制依据

(1)经过审批的建筑总平面图、地质地形图、工艺设计图、设备与基础图、采用的各种标准图集等,以及与扩大初步设计有关的技术资料。

（2）合同工期要求及开、竣工日期。

（3）施工条件、劳动力、材料、构件等供应条件、分包单位情况等。

（4）确定的重要单位工程的施工方案。

（5）劳动定额及其他有关的要求和资料。

（二）编制内容

施工总进度计划的编制内容一般包括：计算各主要项目的实物工程量，确定各单位工程的施工期限，确定各单位工程开竣工时间和相互搭接关系，编制施工总进度计划等。

（三）编制步骤

根据施工部署中建设分期分批投产顺序，将每一个系统的各项工程分别列出，在控制的期限内进行各项工程的具体安排。如果建设项目的规模不是很大，各系统的工程项目并不太多时，也可不先按分期分批投产的顺序安排，而直接安排施工总季度计划。关于编制施工总进度计划的方法和步骤，应视具体单位和编制人员的经验多少而有所不同。一般可按下述方法和步骤进行编制。

1. 计算拟建建筑物和全工地性工程的工程量

根据批准的总承建工程一览表，分别计算各工程项目的工程量。计算工程量的目的是：选择施工方案和主要的运输、施工、安装机械；初步规划各主要工程的流水施工，计算劳动力、材料、施工机械等的需要量。由于是编制施工总进度计划，工程量计算不必过于详细、精确。因此，可根据初步设计（或扩大初步设计）图纸及有关定额手册进行计算。常采用的定额、资料有以下几种：

（1）万元、十万元投资工程量，劳动力、材料消耗扩大指标。在这种定额中，规定了某一种结构类型的建筑，每万元或十万元投资中劳动力、主要建筑材料等消耗数量。对照设计图纸中的结构类型，即可求得拟建工程分项需要的劳动力和主要建筑材料消耗数量。

（2）概算指标或扩大结构定额。这两种定额都是在预算定额基础上的进一步扩大。概算指标是以建筑物每 100 m^3 为单位；扩大结构定额则以每 100 m^2 为单位。在查定额时，首先查阅与本建筑物结构类型、跨度、高度相类似的部分；然后查出这种建筑物按定额单位所需的劳动力和材料消耗数量。

（3）标准设计或已建成的类似建筑物、构筑物的资料。在缺乏上述几种定额的情况下，可采用标准设计或已建成的类似建筑物实际所消耗的劳动力及材料，加以类推，按比例估算。但是和拟建工程完全相同的已建工程是比较少见的，因此在采用已建成工程的资料时，可根据设计图纸与预算定额加以折算、调整。

除主要建筑物外，还必须计算主要的全工地性工程的工程量，例如，场地平整；道路、地下管线的长度等，这些可以根据建筑总平面图来量测、计算。

将按上述方法计算出的工程量填入统一的工程量汇总表中，见表 2.9。

表 2.9 工程项目工程量汇总表

工程项目分类	工程项目名称	结构类型	建筑面积	幢（跨）数	概算投资	主要实物工程量						
						场地平整	土方工程	桩基工程	…	砖石工程	钢筋混凝土工程	…	装饰工程	…
			1 000 m^2	个	万元	1 000 m^2	1 000 m^3	1 000 m^3		1 000 m^3	1 000 m^3		1 000 m^3	
工地性工程														
主体项目														
辅助项目														
永久住宅														
临时建筑														
合　计														

2. 确定各单位工程的施工期限

各单位工程的施工期限,随着各施工单位的施工机械化程度、施工方法、施工技术和管理水平等的不同,有着很大的差别。同时与建筑类型、结构特征、现场施工条件、资源供应等,也有着密切的关系。因此,在确定单位工程的施工期限时,不仅应参考有关工期定额,而且还应根据以上影响因素加以综合考虑。

3. 确定各单位工程开竣工时间和相互搭接关系

在施工部署中,已基本确定了总的施工期限、施工程序和各系统的控制期限,但对每一个单位工程的开竣工时间及相互搭接关系,尚未具体确定。在安排各单位工程开竣工时间和相互搭接关系时,应充分注意以下内容:

(1)保证重点,兼顾一般。在安排施工总进度时,要分清主次,抓住重点,对工程量大、质量要求高、施工工期长、施工难度大、影响建设项目的工程,应优先考虑安排。为保证建设项目在限定的工期内完成,对其他工程项目的安排也不可忽视。

(2)满足连续、均衡施工的要求。科学合理的施工总进度计划,应尽量使各主要工种施工人员、施工机械在施工全过程中连续施工,同时尽量使劳动力、施工机具和物资消耗在施工全过程中达到均衡,以利于劳动力的调配、材料的供应和充分利用临时设施。

(3)满足生产工艺的要求。生产工艺是串联各建筑物施工的主动脉,要根据生产工艺的要求,确定分期分批的实施方案,合理安排各个主要单位工程的施工顺序,使土建、设备安装、试生产(运转)实现"一条龙",以缩短建设工期,及早发挥投资效益。

(4)认真考虑施工总进度计划对施工总平面空间布置的影响。建设项目的建筑总平面设计,应在满足有关规范要求的前提下,使各建筑物的布置尽量紧凑,这样可以减少占地面积,缩短场内各种道路、管线的长度,降低工程造价。但是,若建筑物布置过于密集,也将导致施工现场狭窄,使场内运输、材料和构件堆放、设备组装、施工机械布置等造成很大困难。要解决这一问题,除采取一定的技术措施外,还可对相邻各单位工程的开工时间和施工顺序予以适当调整。

(5)全面考虑各种条件限制。在确定各单位工程开竣工时间和相互搭接关系时,还要考虑到各种客观条件的限制,即让施工总进度计划有一定的余地,全面考虑到施工中遇到的困难和问题。例如,施工企业的技术和管理水平、各种材料和机械设备的供应情况、设计单位提供施工图纸时间、各年度建设投资额多少、冬雨季对施工的影响等。

4. 编制施工总进度计划

施工总进度计划主要是控制性的,不必做得过细,过细反而造成施工中针对变化的调整不便,一般只列到单位工程和全工地性的工程。

施工总进度计划可以用横道图表达,也可以用网络计划技术,即网络图表达,工程实践证明,用有时间坐标的网络图表达施工总进度计划,比横道图法表达更加直观、明了,并且还可以表达出各工程项目之间的逻辑关系,同时还能应用电子计算机对总进度计划进行调整和优化。

5. 调整施工总进度计划

施工总进度计划编制后,应根据施工组织设计的原则,对其进行综合平衡和调整。具体方法是:将同一时期各项工程的工作量叠加在一起,用一定比例绘制在施工总进度计划的底部,即可得出建设项目资源需用量动态曲线。若动态曲线上出现较大峰值或低谷,可以进行必要的调整与修正,使各个时间的工作量尽量达到均衡。

调整与修正后的施工总进度计划,也不是固定不变的。在建设项目的实施过程中,也可随着施工的进展情况,对不适应的部分及时进行必要的调整;对于跨年度的建设项目,还应根据年度基本建设投资的实际情况,对施工总进度计划进行一定的调整。

施工总进度计划表见表2.10。主要分部分项工程施工进度计划表见表2.11。

表 2.10 施工总进度计划

序号	工程项目名称	工程量	建筑面积	总工日	施工进度计划		
					××年	××年	××年

表 2.11 主要分部分项工程施工进度计划表

序号	单项工程/单位工程分部工程名称	工程量		机械		劳动力		施工天数	施工进度/月
		单位	数量	机械名称	台班数量	机械台数	工程名称	工人数	年

思一思

施工进度横道计划是否需要调整？

综合案例分析

1. 背景

甲建筑公司作为工程总承包商，承接了某市冶金机械厂的施工任务，该项目由铸造车间、机加工车间、检测中心等多个工业建筑和办公楼等配套工程组成。经建设单位同意，所有工业建筑由甲公司施工，将办公楼土建装修分包给乙建筑公司，为了确保按合同工期完成施工任务，甲公司和乙公司均编制了施工进度计划。

2. 问题

(1) 甲、乙公司应当分别编制哪些施工进度计划？
(2) 乙公司编制施工进度计划时的主要依据是什么？
(3) 编制施工进度计划常用的表达形式是哪两种？

3. 分析

本案例主要考核施工进度计划的编制对象、依据、表达形式。

4. 参考答案

(1) 甲公司首先应当编制施工总进度计划，对总承包工程有一个总体进度安排。对于自己施工的工业建筑和办公楼主体还应编制单位工程施工进度计划、分部分项工程进度计划和季度(月、旬或周)进度计划。乙公司承接办公楼装饰工程，应当在甲公司编制单位工程施工进度计划基础上编制分部分项工程进度计划和季度(月、旬或周)进度计划。

(2) 主要依据有施工图纸和相关技术资料、合同确定的工期、施工方案、施工条件、施工定额、气象条件、施工总进度计划等。

(3)施工进度计划的表达形式一般采用横道图和网络图。

忆一忆

编制施工总进度横道计划主要包括哪些内容?

_____
_____
_____

自学自测

一、单选题（只有1个正确答案，每题5分）

1. 划分施工段时应使各施工段上的（　　）大致相等。
   A. 劳动量　　　B. 工人人数　　　C. 机械数　　　D. 材料量
2. 流水节拍是从事某一施工项目的工作队在（　　）上的工作延续时间。
   A. 一个工作面　B. 一个施工段　　C. 一个施工过程　D. 一个分项工程
3. 在一个（　　）内进行施工时，应采用固定的施工段划分，以便组织流水施工。
   A. 分项工程　　B. 分部工程　　　C. 单位工程　　　D. 群体工程
4. 由于施工过程中有技术间歇，会使施工（　　）。
   A. 流水节拍增大　B. 工期增加　　C. 流水步距增大　D. 工期缩短
5. 横道图的横向指标是（　　）。
   A. 施工进度　　B. 施工过程　　　C. 施工段　　　D. 劳动量
6. 工作面反映施工项目在（　　）上布置的可能性。
   A. 空间　　　　B. 时间　　　　　C. 工艺　　　　D. 施工顺序
7. 无节奏流水施工的流水节拍特征是（　　）。
   A. 无任何规律
   C. 存在最大公约数
   B. 均相等
   D. 同一施工过程相等
8. 不属于组织施工基本方式的是（　　）。
   A. 依次施工　　B. 平行施工　　　C. 流水施工　　　D. 交替施工
9. 等步距异节拍流水施工的流水节拍特征是（　　）。
   A. 无任何规律
   C. 存在最大公约数
   B. 均相等
   D. 同一施工过程相等
10. 等节奏流水施工的流水节拍特征是（　　）。
    A. 无任何规律
    C. 存在最大公约数
    B. 均相等
    D. 同一施工过程相等

二、判断题（对的划"√"，错的划"×"，每题10分）

1. 横道图又称水平图标，是一种最直观的工期计划方法。（　　）
2. 施工段的划分应以主导施工过程的组织为依据进行。（　　）
3. 确定流水节拍通常可以使用经验估算法、确定工期计算法和定额计算法。（　　）
4. 流水施工主要分为有节奏流水施工和无节奏流水施工两类。（　　）
5. 流水步距是任意两个施工班组相继进入同一施工段开始施工的时间间隔。（　　）

任务指导

根据实际工程的建筑建设管理工作需求,施工单位编制单位工程的施工进度横道计划包括如下步骤:

一、划分施工过程

根据施工图纸和施工方案,确定拟建工程可划分成哪些分部分项工程,明确其划分的范围和内容。编制控制性施工进度计划时,施工项目可以划分得粗一些,一般只明确到分部工程。编制实时性施工进度计划时,施工项目应当划分得细一些,特别是其中的主导施工过程均应详细列出分项工程或更具体的内容,以便于掌握施工进度,起到指导施工的作用。

二、计算工程量

根据施工图纸、有关计算规则及相应的施工方法进行计算,计算时应注意工程量的计量单位应与先行定额中所规定的一致,使计算所得工程量与施工实际情况相符合。套用国家或当地颁发的定额时,应注意结合本单位工人的技术等级,实际施工技术操作水平、施工机械情况和施工现场条件因素。有些采用新技术、新材料、新工艺或特殊施工方法的项目,定额中尚未编写,可参考类似项目的定额、经验资料,按实际情况确定。

三、确定劳动量和机械台班数

根据计算的工程量和实际采用的定额水平,利用对应的公式即可计算出各施工项目的劳动量和机械台班量。

四、确定各施工过程的工作持续时间

施工过程的工作持续时间计算的方法一般可以采用经验估算法、定额计算法和倒排计划工期法。经验估算法一般用于采用新工艺、新技术、新结构、新材料等无定额可循的工程。当施工项目所需劳动量或机械台班量确定后,可通过定额计算法利用公式确定其完成施工过程的工作持续时间。倒排工期法主要是根据流水施工方式及总工期要求,先确定施工时间和工作班制,再确定施工班组人数或机械台数,利用公式得到工作持续时间。

五、编制施工进度横道计划

在上述计算内容确定后,可以根据经验直接安排进度计划,或者按工艺组合组织流水施工。前一种方法主要先安排主导分部工程的施工进度,然后安排其余分部工程并尽可能配合主导分部工程,最大限度地合理搭接,使其相互联系。后一种方法是将某些在工艺上有关系的施工过程归并为一个工艺组合,组织各工艺组合内部的流水施工,然后将各工艺组合最大限度地搭接起来。

笔记栏

工 作 单

计 划 单

学习情境2	编制施工进度计划	任务1	编制施工进度横道计划
工作方式	组内讨论、团结协作共同制订计划:小组成员进行工作讨论,确定工作步骤	计划学时	0.5学时
完成人			

计划依据：1. 单位工程施工组织设计报告；2. 分配的工作任务

序号	计 划 步 骤	具体工作内容描述
1	准备工作 （准备材料,谁去做?）	
2	组织分工 （成立组织,人员具体都完成什么?）	
3	制订两套方案 （各有何特点?）	
4	记录 （都记录什么内容?）	
5	整理资料 （谁负责？整理什么?）	
6	编制施工进度计划 （谁负责？要素是什么?）	
制订计划说明	（写出制订计划中人员为完成任务的主要建议或可以借鉴的建议、需要解释的某一方面）	

决 策 单

学习情境2	编制施工进度计划		任务1	编制施工进度横道计划
决策学时	0.5学时			
决策目的:确定本小组认为最优的施工进度计划				

	方案特点		比对项目	确定最优方案（划√）
方案优劣比对	方案名称1：	方案名称2：		
			施工工程划分是否合理	方案1优 □ 方案2优 □
			工程量计算是否正确	
			劳动量和台班确定是否合理	
			施工进度计划编制是否合理	
			工作效率的高低	

决策方案描述	（本单位工程最佳方案是什么？最差方案是什么？描述清楚,未来指导现场编写施工组织设计报告的实际工作）

作 业 单

学习情境2	编制施工进度计划		任务1	编制施工进度横道计划
参加编写人员	第　　组 签名：		开始时间： 结束时间：	
序号	工作内容记录 （编制施工进度计划的实际工作）		分　　工 （负责人）	
1				
2				
3				
4				
5				
6				
7				
8				
9				
10				
11				
12				
小结	主要描述完成的成果及是否达到目标		存在的问题	

检 查 单

学习情境2	编制施工进度计划			任务1	编制施工进度横道计划	
检查学时	课内0.5学时			第　组		
检查目的及方式	教师过程监控小组的工作情况,如检查等级为不合格,小组需要整改,并拿出整改说明					

序号	检查项目	检查标准	检查结果分级（在检查相应的分级框内划"√"）				
			优秀	良好	中等	合格	不合格
1	准备工作	资源是否已查到、材料是否准备完整					
2	分工情况	安排是否合理、全面,分工是否明确					
3	工作态度	小组工作是否积极主动、全员参与					
4	纪律出勤	是否按时完成负责的工作内容、遵守工作纪律					
5	团队合作	是否相互协作、互相帮助、成员是否听从指挥					
6	创新意识	任务完成不照搬照抄,看问题具有独到见解、创新思维					
7	完成效率	工作单是否记录完整,是否按照计划完成任务					
8	完成质量	工作单填写是否准确,记录单检查及修改是否达标					
检查评语						教师签字:	

评 价 单

1. 小组工作评价单

学习情境2	编制施工进度计划		任务1	编制施工进度横道计划		
评价学时		课内0.5学时				
班　级				第　　　组		
考核情境	考核内容及要求	分值（100）	小组自评（10%）	小组互评（20%）	教师评价（70%）	实得分（∑）
汇报展示（20）	演讲资源利用	5				
	演讲表达和非语言技巧应用	5				
	团队成员补充配合程度	5				
	时间与完整性	5				
质量评价（40）	工作完整性	10				
	工作质量	5				
	报告完整性	25				
团队情感（25）	核心价值观	5				
	创新性	5				
	参与率	5				
	合作性	5				
	劳动态度	5				
安全文明（10）	工作过程中的安全保障情况	5				
	工具正确使用和保养、放置规范	5				
工作效率（5）	能够在要求的时间内完成，每超时5分钟扣1分	5				

2. 小组成员素质评价单

学习情境2	编制施工进度计划		任务1	编制施工进度横道计划
班 级		第 组	成员姓名	
评分说明	每个小组成员评价分为自评和小组其他成员评价两部分,取平均值计算,作为该小组成员的任务评价个人分数。评价项目共设计5个,依据评分标准给予合理量化打分。小组成员自评分后,要找小组其他成员不记名方式打分			

评分项目	评 分 标 准	自评分	成员1评分	成员2评分	成员3评分	成员4评分	成员5评分
核心价值观 (20分)	是否有违背社会主义核心价值观的思想及行动						
工作态度 (20分)	是否按时完成负责的工作内容、遵守纪律,是否积极主动参与小组工作,是否全过程参与,是否吃苦耐劳,是否具有工匠精神						
交流沟通 (20分)	是否能良好地表达自己的观点,是否能倾听他人的观点						
团队合作 (20分)	是否与小组成员合作完成任务,做到相互协作、互相帮助、听从指挥						
创新意识 (20分)	看问题是否能独立思考,提出独到见解,是否能够创新思维、解决遇到的问题						
最终小组成员得分							

课后反思

学习情境2	编制施工进度计划		任务1	编制施工进度横道计划
班　级		第　　组	成员姓名	
情感反思	通过对本任务的学习和实训，你认为自己在社会主义核心价值观、职业素养、学习和工作态度等方面有哪些需要提高的部分？			
知识反思	通过对本任务的学习，你掌握了哪些知识点？请画出思维导图。			
技能反思	在完成本任务的学习和实训过程中，你主要掌握了哪些技能？			
方法反思	在完成本任务的学习和实训过程中，你主要掌握了哪些分析和解决问题的方法？			

任务 2　编制施工进度网络计划

任 务 单

学习情境 2	编制施工进度计划		任务 2	编制施工进度网络计划		
任务学时	课内 10（课外 6 学时）					
布 置 任 务						
任务目标	1. 能根据任务要求，确定网络图逻辑关系； 2. 能够根据逻辑关系，编制施工进度网络计划； 3. 能够计算施工进度网络计划的时间参数； 4. 能够结合工程项目要求，优化施工进度网络计划； 5. 能够在完成任务过程中锻炼职业素养，做到严谨认真对待工作程序，完成任务能够吃苦耐劳主动承担，能够主动帮助小组落后的其他成员，有团队意识，诚实守信、不瞒骗，培养保证质量等建设优质工程的爱国情怀					
任务描述	网络计划要表达整个工程或任务的工艺流程和各工作开展的先后顺序及它们之间相互依赖、相互制约的逻辑关系。项目经理部全体人员要准确计算各施工过程的工作量，确定各项工作的持续时间，并绘制出工程项目的施工进度网络计划。在工程建设过程中做好监督、控制和调整工作，保证工程项目按计划实施，并缩短工期，增加企业经济效益					
学时安排	资讯	计划	决策	实施	检查	评价
	1 学时（课外 6 学时）	0.5 学时	0.5 学时	7 学时	0.5 学时	0.5 学时
对学生学习及成果的要求	1. 每名同学均能按照资讯思维导图自主学习，并完成知识模块中的自测训练； 2. 严格遵守课堂纪律，学习态度认真、端正，能够正确评价自己和同学在本任务中的素质表现，积极参与小组工作任务讨论，严禁抄袭； 3. 具备识图的能力，具备计算机知识和计算机操作能力； 4. 小组讨论网络计划图编写的内容，能够结合工程实际情况编写网络计划图； 5. 具备一定的实践动手能力、自学能力、数据计算能力、沟通协调能力、语言表达能力和团队意识； 6. 严格遵守课堂纪律，不迟到、不早退；学习态度认真、端正；每位同学必须积极动手并参与小组讨论； 7. 讲解编制网络计划的过程，接受教师与学生的点评，同时参与小组自评与互评					

学习情境2 编制施工进度计划

●●●● 资讯思维导图 ●●●●

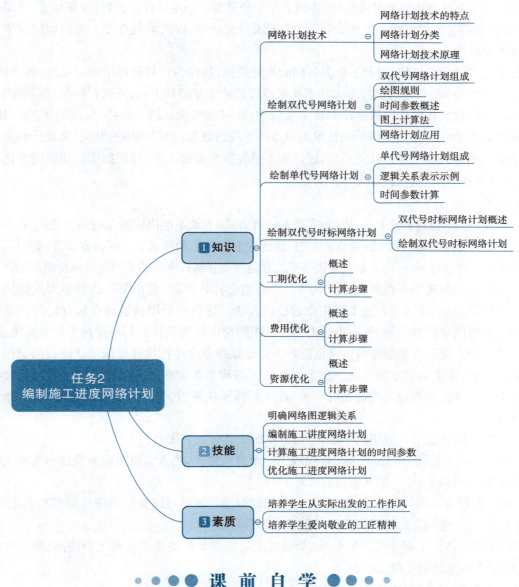

●●●● 课 前 自 学 ●●●●

任务知识1 网络计划技术

一、网络计划技术的特点

(一)产生和发展

网络计划技术,也称网络计划法,是利用网络计划进行生产组织与管理的一种方法。网络计划技术是20世纪中叶在美国创造和发展起来的一项新计划技术,其中最常用的是关键线路法(CPM)和计划评审技术(PERT)。这两种网络计划技术有一个共同的特征,那就是用网络图的形式来反映和表达计划的安排,所以,习惯统称为网络计划技术。

1955年,美国杜邦化学公司提出了一种设想,即将每一活动(工作或工序)规定起止时间,并按活动顺序绘制成网络状图形。1956年,他们又设计了电子计算机程序,将活动的顺序和作业延续时间输入计算机,从而编制出新的进度控制计划。1957年9月,把此法应用于新工厂建设工作,使该工程提前两个月完成,这就是关键线路法(CPM)。杜邦公司采用此法安排施工和维修等计划,仅一年时间就节约资金100万美元。

计划评审法(PERT)的出现较CPM稍迟,是在1958美国海军特种计划局为了发展北极星导弹计划而创造出来的。当时有3 000多个单位参加,协调工作十分复杂。采用这种办法后,效果显著,比原来进度提前了两年,并且节约了大量资金。为此,1962年美国国防部规定:以后承包有关工程的单位都应采用网络计划技术来安排计划。

网络计划技术的成功应用,引起了世界各国的高度重视,被称为计划管理中最有效的、先进的、科学的管理方法之一。1956年,我国著名数学家华罗庚教授将此技术介绍到中国,并把它称为"统筹法"。

从80年代起,建筑业在推广网络计划技术实践中,针对建筑流水施工的特点,提出了"流水网络技术方法",并在实际工程中应用。网络计划技术是以系统工程的概念,运用网络的形式,来设计和表达一项计划中的各个工作的先后顺序和相互关系,通过计算关键线路和关键工作,并根据实际情况的变化不断优化网络计划,选择最优方案并付诸实施。

(二)性质和特点

网络计划技术只不过是反映和表达计划安排的一种方法,它既不能决定施工的组织安排,亦不能解决施工技术问题;相反,它是被施工方法所决定的,它只能适应施工方法的要求。它同流水作业法不同,流水作业可以决定施工顺序和过程,而网络计划技术则是把工程进度安排通过网络的形式直观地反映出来。

网络计划技术与横道图在性质上是一致的。横道图也称甘特图,它在第一次世界大战期间由美国人亨利·甘特所创造,是一种用于表达工程生产进度的方法。这种图是用横道线在标有时间的表格上表示各项作业的起止时间和延续时间,从而表达出一项工作的全面计划安排。利用这种方法安排进度,具有简单、清晰、形象、易懂、使用方便等特点。这也正是为什么该图至今还在世界各国广泛流行的原因。但它也有一定的缺点,最重要的是它不能反映出整个工程施工进程中各工序之间相互依赖、相互制约的关系,更不能反映出某一工序的改变对工程进展的影响,使人们抓不住重点,看不到计划中的潜力,不知道怎样合理缩短工期,降低成本。

网络计划技术则克服了横道图的不足,与横道图相比具有以下优点:

(1)网络图把施工过程中的各有关工作组成了一个有机整体,能全面而明确地表达出各项工作开展的先后顺序和它们之间相互制约、相互依赖的关系。

(2)能进行各种时间参数的计算,通过对时间参数的计算,可以对网络计划进行调整和优化,更好地调配人力、物力和财力,达到降低材料消耗和工程成本的目的。

(3)可以反映出整个工程和任务的全貌,明确对全局有影响的关键工作和关键线路,便于管理者抓住主要矛盾,确保工程按计划工期完成。

(4)能够从许多可行方案中选出最优方案。

(5)在计划实施中,某一工作由于某种原因推迟或提前时,可以预见到它对整个计划的影响程度。并能根据变化的情况,迅速进行调整,保证计划始终受到控制和监督。

(6)能利用计算机进行绘制和调整网络图,并能从网络计划中获得更多的信息,这是横道图法所不能达到的。

网络计划技术可以为施工管理者提供许多信息,有利于加强施工管理,它是一种编制计划技术的方法,又是一种科学的管理方法。它有助于管理人员全面了解、重点掌握、灵活安排、合理组织、多快好省地完成计划任务,不断提高管理水平。

思一思

对比横道图,网络图有什么优点?

二、网络计划分类

(一)按绘图符号不同划分

1. 双代号网络计划

双代号网络计划,即用双代号网络图表示的网络计划,如图 2.21 所示。双代号网络图是以箭线及其两端节点的编号表示工作的网络计划。

2. 单代号网络计划

单代号网络计划,即用单代号网络图表示的网络计划,如图 2.22 所示。单代号网络图是以节点及其编号表示工作,以线表示工作之间逻辑关系的网络计划。

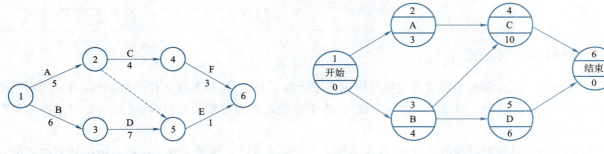

图 2.21　双代号网络计划　　　　　　图 2.22　单代号网络计划

(二)按目标多少划分

1. 单目标网络计划

单目标网络计划,即网络计划所用的网络图只有一个终点节点的网络计划。

2. 多目标网络计划

多目标网络计划,即网络计划所用的网络图有多个终点节点的网络计划。

(三)按时间表达方法不同划分

1. 无时标网络计划

无时标网络计划,即无时间坐标,箭线的长短与时间无关的网络计划。

2. 时标网络计划

时标网络计划,即以时间坐标为尺度编制的网络计划,如图 2.23 所示。其特点是箭线长度根据时间的多少绘制。

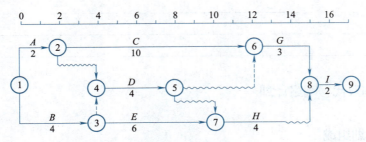

图 2.23　时标网络计划

(四)按应用对象(范围)不同划分

1. 局部网络计划

局部网络计划指以一个建筑物或建筑物中的一部分为对象编制的网络计划。例如,以某单位工程中的一个分部工程为对象(如主体工程)编制的施工网络计划。

2. 单位工程网络计划

单位工程网络计划指以一个单位工程为对象编制的网络计划。例如，一幢办公楼或住宅楼的施工网络计划。

3. 综合网络计划

综合网络计划指以一个建设项目为对象编制的网络计划。例如，一个工业企业或居民住宅楼群等大中型项目的施工网络计划。

忆一忆

网络计划按绘图符号不同如何分类？

_____
_____
_____

三、网络计划技术原理

（1）首先将一项工程的全部建造过程分解成若干个施工过程，按照各项工作开展顺序和相互制约、相互依赖的关系，将其绘制成网络图。也就是说，各施工过程之间的逻辑关系，在网络图中能按生产工艺严密地表达出来。

（2）通过网络计划时间参数的计算，找出关键工作及关键线路。所谓关键工作就是网络计划中机动时间最少的工作。而关键线路指在该工程施工中，自始至终全部由关键工作组成的线路。知道了关键工作和关键线路，也就是知道了工程施工中的重点施工过程，便于管理人员集中精力抓施工中的主要矛盾，确保工程按期竣工，避免盲目抢工。

（3）利用最优化原理，不断改进网络计划初始方案，并寻求最优方案。例如，工期最短；各种资源最均衡；在某种有限制的资源条件下，编出最优的网络计划；在各种不同工期下，选择工程成本最低的网络计划等。所有这些均称为网络计划的优化。

（4）在网络计划执行过程中，对其进行有效的监督和控制，合理地安排各项资源，以最少的资源消耗，获得最大的经济效益。也就是在工程实施中，根据工程实际情况和客观条件不断地变化，可随时调整网络计划，使得计划永远处于最切合实际的最佳状态。总之，就是要保证该工程以最小的消耗，取得最大的经济效益。

思一思

网络计划优化的目的是什么？

_____
_____
_____

任务知识2　绘制双代号网络计划

一、双代号网络计划组成

双代号网络图是以箭线及其两端节点的编号表示工作的网络图，它由箭线（或工作）、节点、线路三个基本要素组成。

（一）箭线（或工作）

1. 概念

箭线也称工作、施工过程或工序，指工程任务按需要粗细程度划分而成的子项目或子任务。每项工作所包含的内容根据计划编制要求的粗细、深浅不同而定。箭线可以是一个简单的操作步骤、一道手续。例如,模板清理;可以是一个施工过程或分项工程。例如,支模板、绑钢筋、浇筑混凝土,可以代表一个分部工程或单位工程的施工。在流水施工中习惯称为"施工过程",在网络计划中一般称为"工作"。

2. 特点

(1)一条箭线表示一项工作。

(2)箭线表示的工作可大可小。在总体网络计划中,箭线可代表一个单位工程或一个工程项目,在单位工程的控制性网络计划中,箭线可代表一个分部工程或一个施工阶段的工作;在实施性的网络计划中,一条箭线可表示一个分项工程在一个施工段上的工作。

(3)在普通网络图中,箭线的长度与工作时间无关。

3. 工作分类

工作分为实工作和虚工作(或实箭线和虚箭线)。

(1)实工作指既消耗时间又消耗资源的工作或只消耗时间、不消耗资源的工作(如技术间歇),如图 2.24 所示。

(2)虚工作指既不消耗时间又不消耗资源的工作,如图 2.25 所示。在网络计划中起逻辑连接或逻辑断路的作用。

图 2.24　实工作　　　　　　　　图 2.25　虚工作

4. 紧前工作和紧后工作

(1)紧前工作指紧排在本工作之前的工作。

(2)紧后工作指紧排在本工作之后的工作。

【例 2-16】参照图 2.26,指出各项工作的紧前工作和紧后工作。

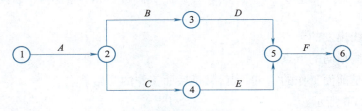

图 2.26　某工程网络图

【解】各项工作的紧前工作和紧后工作见表 2.12。

表 2.12　紧前工作与紧后工作

工作名称	A	B	C	D	E	F
紧前工作	—	A	A	B	C	D、E
紧后工作	B、C	D	E	F	F	—

5. 逻辑连接与逻辑断路

(1)逻辑连接指将有逻辑关系的工作连接上。

(2)逻辑断路指将没有逻辑关系的工作断开来。

逻辑连接与逻辑断路如图 2.27 和图 2.28 所示。

(二)节点

1. 概念

节点也称结点、事件或事项。在网络图中,用以标志前面一项或若干项工作的结束和后面一项或若干项工作的开始的时间点。

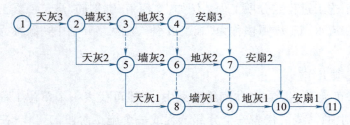

图 2.27　某装饰工程错误的流水施工网络图

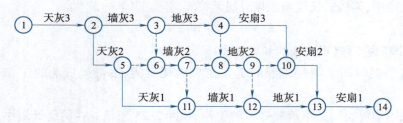

图 2.28　某装饰工程正确的流水施工网络图

2. 特点

（1）在双代号网络图中，节点不同于工作，它只标志着工作的结束和开始的瞬间，具有承上启下的作用。如图 2.29 所示，图中的节点⑤表示 d、e 两项工作的结束时刻，也表示工作 f 的开始时刻，它既不消耗时间，又不消耗资源，在时间坐标上只是一个点。

（2）一项工作可用其前后两个节点的编号表示。如图 2.29 中工作 e 可用节点编号"④→⑤"表示。

3. 分类

对于一个网络图来说，节点分为开始节点、结束节点和中间节点。对于一项工作来说，节点分为开始节点和结束节点。

（1）开始节点指箭线出发的节点。

（2）结束节点指箭线指向的节点。

（3）中间节点指既是前面工作的结束节点，又是后面工作的开始节点。

节点示意图如图 2.30 所示。

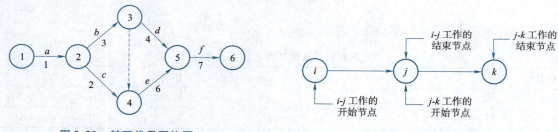

图 2.29　某双代号网络图　　　　　　　图 2.30　节点示意图

（三）线路

1. 概念

线路也称为路线。网络图中以起点节点开始，沿箭线方向连续通过一系列箭线与节点，最后到达终点节点的通路称为线路。线路上各工作持续时间之和，称为该线路的长度，也是完成这条线路上所有工作的计划工期。

2. 特点

（1）时间最长。

（2）无机动时间。

(3)不只是一条线路。

(4)在一定条件下可以进行转换(即非关键线路可以转换为关键线路)。

3. 分类

线路分为关键线路和非关键线路两种。

(1)关键线路指网络图中最长的线路。位于关键线路上的工作称为关键工作。关键工作没有机动时间,其完成的快慢直接影响整个工程项目的计划工期。关键线路常用粗箭线、双线或彩色线表示,以突出其重要性。

(2)非关键线路指小于但接近于关键线路长度的线路,关键线路之外的线路均称为非关键线路。位于非关键线路上的工作称为非关键工作,它有机动时间。

(3)关键线路和非关键线路的关系:关键线路和非关键线路不是一成不变的,在一定条件下,二者可以互相转化。当采用了一定的技术组织措施,改变了关键工作的持续时间,就可能使关键线路变为非关键线路;同时,在一定条件下,非关键线路也可转变为关键线路。

🎯 忆一忆

双代号网络计划的三个基本要素是什么?

_____

_____

_____

二、绘图规则

(一)网络图的逻辑关系

网络图的逻辑关系,指网络计划中一项工作与其他相关工作之间相互联系与制约的关系,也就是各项工作在工艺上组织上所要求的顺序关系,包括工艺逻辑关系和组织逻辑关系。

1. 工艺逻辑关系

工艺逻辑关系指由施工工艺所决定的各个施工过程之间客观存在的先后顺序关系。这种关系受客观规律支配,一般不可改变。对于一个具体的工程项目来说,当确定了施工方法以后,各个施工过程的先后顺序一般是固定的,是绝对不能颠倒的。例如,某基础工程各施工过程的施工顺序为:挖土→浇混凝土垫层→混凝土基础扎筋、支模、浇混凝土→基础墙砌筑→回填土,这种施工过程的先后顺序是不能改变的。

2. 组织逻辑关系

组织逻辑关系指在施工组织安排中,考虑劳动力、机具、材料及工期等的影响,在各施工过程之间主观上安排的施工顺序关系。这种关系不受施工工艺的限制,不是由工程性质本身决定的,而是在保证工程质量、安全和工期等的前提下,可以人为安排的顺序关系。例如,某八层建筑砌筑工程的组织安排为:基础墙砌筑→砌暖沟→一层砖→二层砖→…→八层砖→女儿墙砖→隔墙砖。如果工期比较紧张,则隔墙砖可以在三层外墙砖砌完成且楼板安装完成后进行,但在进度上应受楼板安装进度的限制。

(二)逻辑关系的表示

一个工程包括很多工作(施工过程或工序),工作之间的逻辑关系非常复杂,常见工序的逻辑关系的正确表示示例见表 2.13。

视频
双代号网络图
的逻辑关系与
表示示例

表 2.13 逻辑关系的正确表示示例

序号	工作之间的逻辑关系	网络图中表示方法	说 明
1	A、B 两项工作按照依次施工方式进行	○→A→○→B→○	B 工作依赖着 A 工作,A 工作约束着 B 工作的开始

续表

序号	工作之间的逻辑关系	网络图中表示方法	说明
2	A、B、C 三项工作同时开始工作	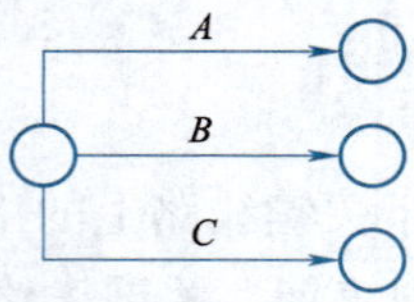	A、B、C 三项工作称为平行工作
3	A、B、C 三项工作同时结束	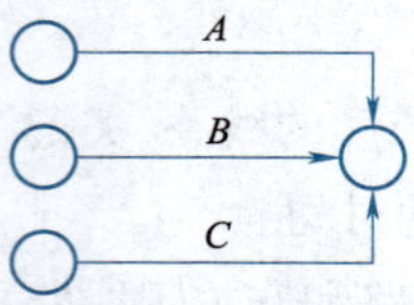	A、B、C 三项工作称为平行工作
4	A、B、C 三项工作只有在 A 完成后，B、C 才能开始	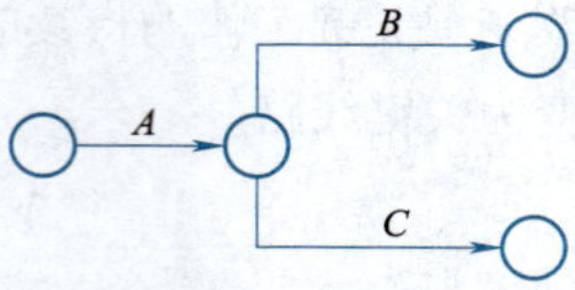	A 工作制约着 B、C 工作的开始，B、C 为平行工作
5	A、B、C 三项工作，只有在 A、B 完成后 C 才能开始	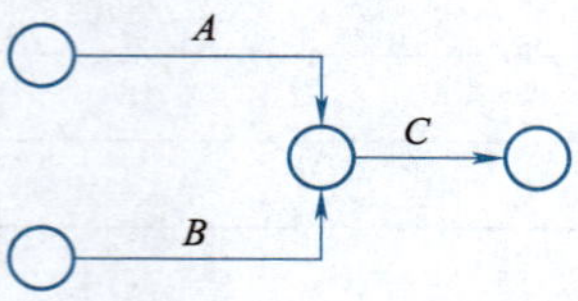	C 工作依赖着 A、B 工作。A、B 为平行工作
6	A、B、C、D 四项工作，只有当 A、B 完成后 C、D 才能开始	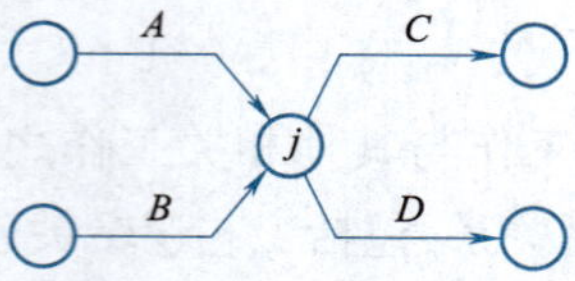	通过中间事件 j 正确地表达了 A、B、C、D 之间的关系
7	A、B、C、D 四项工作，A 完成后 C 才能开始 A、B 完成后 D 才开始	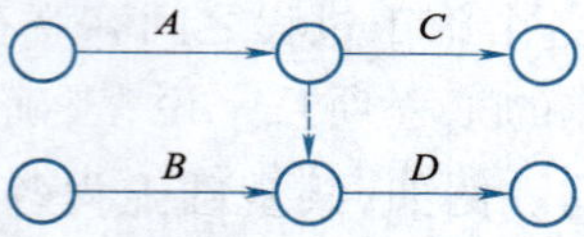	D 与 A 之间引入了逻辑连接（虚工作）只有这样才能正确表达它们之间的约束关系
8	A、B、C、D、E 五项工作，A、B 完成后 C 开始，B、D 完成后 E 开始	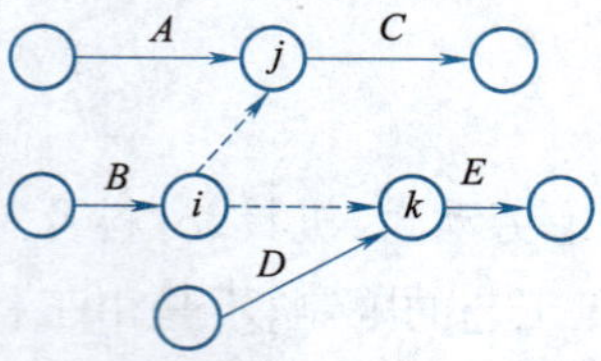	虚工作 i、j 反映出 C 工作受到 B 工作的约束；虚工作 i、k 反映出 E 工作受到 B 工作的约束
9	A、B、C、D、E 五项工作，A、B、C 完成后 D 才能开始，B、C 完成后 E 才能开始	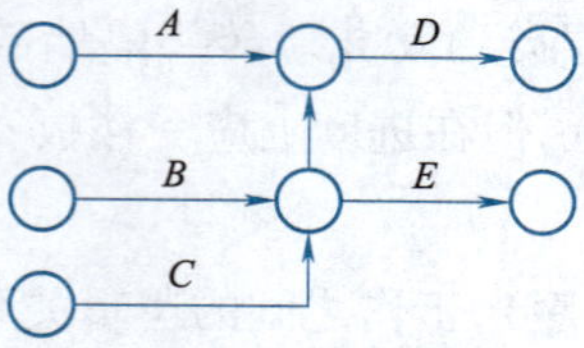	这是将前面序号 1、5 的情况通过虚工作连接起来，虚工作表示 D 工作受到 B、C 工作制约
10	A、B 两项工作分三个施工段，平行施工	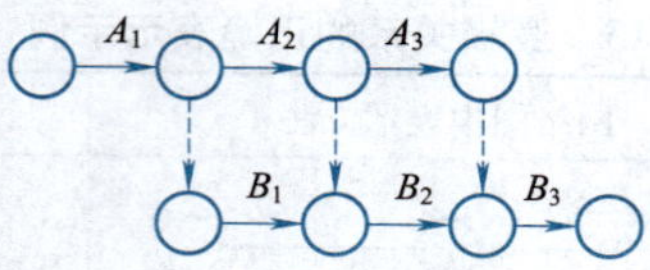	每个工种工程建立专业工作队，在每个施工段上进行流水作业，不同工种之间用逻辑搭接关系表示

思一思

工艺逻辑关系和组织逻辑关系有什么区别?

_____

_____

(三)基本规则

(1)对于一项工作来讲,其箭尾节点编号小于箭头节点编号。

(2)节点的编号方法有水平编号法与垂直编号法。水平编号法如图 2.31 所示,垂直编号法如图 2.32 所示。

视频

双代号网络图绘制的基本规则

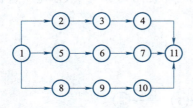

图 2.31 水平编号法

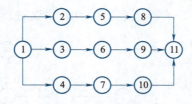

图 2.32 垂直编号法

(3)在一个单目标网络图中,只允许有一个起始节点和一个终点节点。图 2.33 中,有两个起始节点①、②,两个终点节点⑥、⑧,这是错误的。

(4)在一个网络图中,不允许出现闭合回路。图 2.34 中,出现了闭合回路②→③→⑤→②,这是错误的。

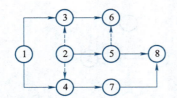

图 2.33 只允许有一个起始节点与一个终点节点

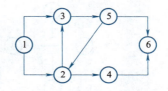

图 2.34 不允许出现闭合回路

(5)在一个网络图中,不允许出现同样编号的节点或箭线。在图 2.35(a)中,B、C 两项工作的编号相同,在图 2.36(a)中,出现了两个③节点,这是错误的。

(a)错误　　　　　　　　　　(b)正确

图 2.35 不允许出现工作编号相同的箭杆

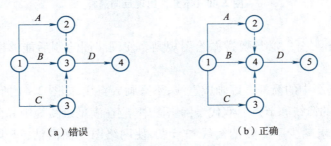

(a)错误　　　　　　　　　　(b)正确

图 2.36 不允许出现节点编号相同的节点

(6)在一个网络图中,不允许用一个节点代表一个施工过程。在图2.37(a)中,施工过程 B 与 A 的表达是错误的。

(a)错误　　　　　　　　(b)正确

图2.37　不允许出现一个节点代表一项工作

(7)在一个网络图中,不允许出现无指向箭杆或双流向箭杆。在图2.38中,表示施工过程 D 的箭杆双流向,表示施工过程 B、E 的箭杆无指向,这是错误的。

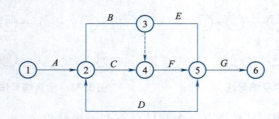

图2.38　不允许出现无指向箭杆或一支箭杆双流向

(8)在一个网络图中,应尽量减少交叉箭杆,当无法避免时,应采用"暗桥"或"断线"等办法来表示,如图2.39所示。

(a)暗桥　　　　　　　　(b)断线

图2.39　箭杆交叉画法

(9)在网络图中,应尽量避免"反向箭杆",如图2.40(a)所示。

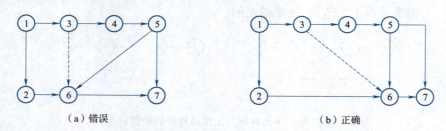

(a)错误　　　　　　　　(b)正确

图2.40　不允许出现反向箭杆

(四)绘制要求

要想绘制一个正确的网络图,必须要遵循绘图规则。使网络图绘制后能够层次分明、重点突出、画面布置合理。

(1)通常情况下,网络图中的箭杆最好画成直线,不宜画成斜线,如图2.41所示。

(2)力求减少不必要的箭线和节点。双代号网络图中,应在满足绘图规则和两个节点一根箭线代表一项工作的原则基础上,力求减少不必要的箭线和节点,使网络图图面简洁,减少时间参数的计算量。如图2.42(a)所示,该图在施工顺序、流水关系及逻辑关系上均是合理的,但它过于烦琐。如果将不必要的节点和箭线去掉,网络图则更加明快、简单,同时并不改变原有的逻辑关系,如图2.42(b)所示。

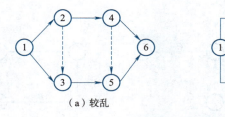

(a) 较乱　　　　　　　　　　　　(b) 较好

图 2.41　网络图绘制要求（不宜画斜线）

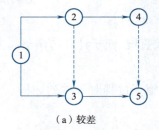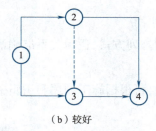

(a) 较差　　　　　　　　　　　　(b) 较好

图 2.42　网络图绘制要求（减少不必要的箭线和节点）

（3）绘制网络图时，为了计算方便，一般采用水平式网络结构，这种结构整齐、规则、清楚，如图 2.43 所示。

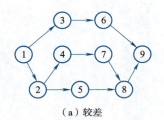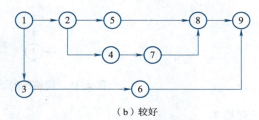

(a) 较差　　　　　　　　　　　　(b) 较好

图 2.43　网络图绘制要求（水平式网络结构）

（4）正确应用虚箭线进行网络图的断路。应用虚箭线进行网络断路，是正确表达工作之间逻辑关系的关键。双代号网络图出现多余联系可采用以下两种方法进行断路：一种是在横向用虚箭线切断无逻辑关系的工作之间联系，称为横向断路法，这种方法主要用于无时间坐标的网络。另一种是在纵向用虚箭线切断无逻辑关系的工作之间的联系，称为纵向断路法，这种方法主要用于有时间坐标的网络图中。

（5）网络图布局要条理清楚，重点突出。虽然网络图主要用于表达各工作之间的逻辑关系，但为了使用方便，布局应条理清楚，层次分明，行列有序，同时还应突出重点，尽量把关键工作和关键线路布置在中心位置。

（五）绘制步骤

先根据网络图的逻辑关系，绘制出网络图草图，再结合绘图规则进行调整布局，最后形成正式网络图。当已知每一项工作的紧前工作时，按下述步骤绘制双代号网络图：

(1) 根据已有的紧前工作找出每项工作的紧后工作。
(2) 首先绘制没有紧前工作的工作，这些工作与起点节点相连。
(3) 根据各项工作的紧后工作依次绘制其他各项工作。
(4) 合并没有紧后工作的箭线，即为终点节点。
(5) 确认无误，进行节点编号。

【例 2-17】已知各工作之间的逻辑关系，见表 2.14，试绘制其双代号网络图。

表 2.14　工作逻辑关系表

工　作	A	B	C	D
紧前工作	—	—	A、B	B

【解】绘制结果如图2.44所示。

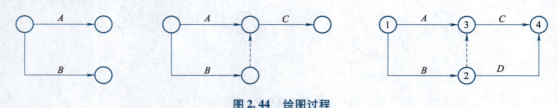

图2.44 绘图过程

(六)网络图的排列

网络图采用正确的排列方式,逻辑关系准确清晰、形象直观,便于计算与调整。主要排列方式如下:

1. 混合排列

对于简单的网络图,可根据施工顺序和逻辑关系将各施工过程对称排列。特点是:构图美观、形象、大方,如图2.45所示。

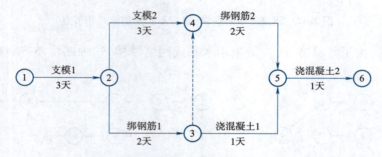

图2.45 网络图的混合排列

2. 按施工过程排列

根据施工顺序把各施工过程按垂直方向排列,施工段按水平方向排列。特点是:相同工种在同一水平线上,突出不同工种的工作情况,如图2.46所示。

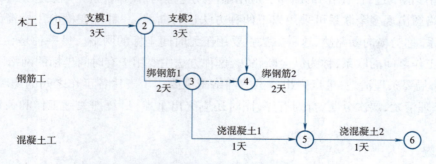

图2.46 网络图按施工过程排列

3. 按施工段排列

同一施工段上的有关施工过程按水平方向排列,施工段按垂直方向排列。特点是:同一施工段的工作在同一水平线上,反映出分段施工的特征,突出工作面的利用情况,如图2.47所示。

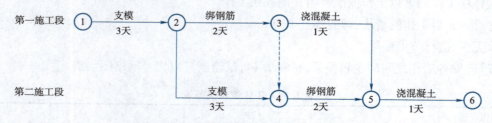

图2.47 网络图按施工段排列

4. 按楼层排列

一般内装修工程的三项工作计划是按楼层由上到下进行的施工网络计划。在分段施工中,当若干项工作沿着建筑物的楼层展开时,其网络计划一般都可以按楼层排列,如图 2.48 所示。

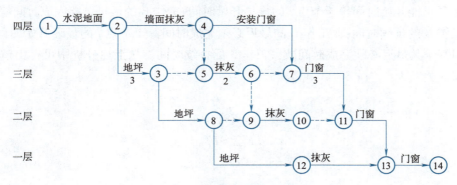

图 2.48　网络图按楼层排列

三、时间参数概述

(一)作用

(1)确定完成整个计划所需要的时间,即网络计划计算工期的确定。
(2)明确计划中各项工作起止时间的限制。
(3)分析计划中各项工作对整个计划工期的不同影响,从工期的角度区别出关键工作与非关键工作,便于施工中抓住重点,向关键线路要时间。
(4)明确非关键工作在施工中时间上有多大的机动性,便于挖掘潜力,统筹兼顾,部署资源。

(二)意义

通过分析各项工作对计划工期的不同影响程度,区分出各项工作在整个计划中所处地位的不同重要性,就能分清轻重缓急,为统筹全局、适当安排或对计划做必要和合理的调整提供科学的依据。这是网络计划方法比横道计划方法优越的又一个重要体现。因此,网络计划时间参数的分析计算与绘制网络图一样,都是应用网络计划方法最基本的技术。

(三)分类

双代号网络计划时间参数的计算方法有:图上计算法、表上计算法、矩阵法和电算法,这里介绍图上计算法。

(四)网络计划各项时间参数及其符号

1. 常用符号

设有线路 $h \rightarrow i \rightarrow j \rightarrow k$,则:

t_{i-j}——工作 $i-j$ 的延续时间;

t_{h-i}——工作 $i-j$ 的紧前工作的延续时间;

t_{j-k}——工作 $i-j$ 的紧后工作的延续时间;

ET_i——节点 i 的最早开始时间;

LT_i——节点 i 的最迟开始时间;

ES_{i-j}——工作 $i-j$ 的最早可能开始时间;

EF_{i-j}——工作 $i-j$ 的最早可能结束时间;

LS_{i-j}——工作 $i-j$ 的最迟必须开始时间;

LF_{i-j}——工作 $i-j$ 的最迟必须结束时间;

TF_{i-j}——工作 $i-j$ 总时差;

FF_{i-j}——工作 $i-j$ 自由时差。

2. 时间参数的关系

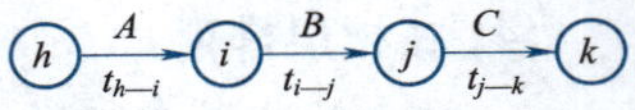

从节点时间参数的概念出发,现以图 2.49 来分析各时间参数之间的关系。

图 2.49 时间参数关系

工作 B 的最早可能开始时间等于节点 i 的最早开始时间;工作 B 的最早可能完成时间等于其最早可能开始时间加上工作 B 的延续时间;而工作 B 的最迟必须完成时间等于节点 j 的最迟开始时间;工作 B 的最迟必须开始时间等于其最迟必须完成时间减去工作 B 的持续时间。从上述分析中可得出节点时间参数与工作时间参数间的关系为:

$$ES_{i-j} = ET_i \tag{2.23}$$
$$EF_{i-j} = ES_{i-j} + t_{i-j} \tag{2.24}$$
$$LF_{i-j} = LT_j \tag{2.25}$$
$$LS_{i-j} = LF_{i-j} - t_{i-j} \tag{2.26}$$

忆一忆

工作的时间参数有哪些?

___

___

___

四、图上计算法

该方法在网络图上直接进行计算,具有简单直观、应用广泛的特点。

(一)标注图标

双代号网络计划的图上计算法,可采用图 2.50 所示的方法标注各时间参数。

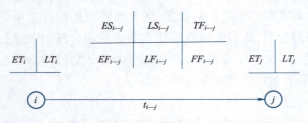

图 2.50 时间参数标注示例

各节点的最早开始时间、最迟开始时间直接标注在节点上方。在箭杆上方分别标注工作的最早可能开始时间和最早可能完成时间、工作的最迟必须开始时间和最迟必须完成时间、工作的总时差和自由时差。

(二)计算步骤

1. 计算各节点的时间参数

1)最早开始时间(ET_i)

最早开始时间是该节点前面的工作全部完成,后面的工作最早可能开始的时间。

(1)假定网络计划原始节点 i 的最早开始时间为零,即 $ET_i = 0$。

(2)则中间节点 j 的最早开始时间为:当前面节点只有一个时,则 $ET_j = ET_i + t_{i-j}$;当前面节点不止一个时,则 $ET_j = \max\{ET_i + t_{i-j}\}$。

2)最迟开始时间(LT_i)

最迟开始时间是对前面工作最迟完成时间所提出的限制。

(1)假定网络计划原始节点 n 的最早开始时间为零,即 $LT_n = ET_n$(或规定工期)。

(2)则中间节点 j 的最早开始时间为:当后面节点只有一个时,则 $LT_i = LT_j - t_{i-j}$;当后面节点不止一个时,则 $LT_i = \min\{LT_j - t_{i-j}\}$。

【例 2-18】 根据图 2.51 计算各节点的时间参数。

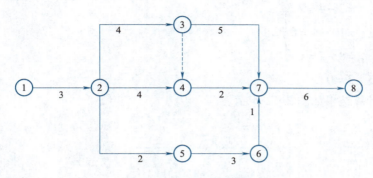

图 2.51 某双代号网络图

【解】

(1)最早开始时间。

计算各个节点的最早开始时间应从左到右,依次进行,直至终点节点。计算方法可归纳为:"顺着箭头的方向相加,逢箭头相碰的节点取大值",或简单地说:"顺向相加数箭头,逢圈取大"。如图 2.51 中,在⑦节点处有三个箭杆的箭头在此相碰,它们分别是表示工作③→⑦、④→⑦和⑥→⑦的箭杆的箭头,根据三项工作的开始节点③、④和⑥的最早开始时间可计算出⑦节点的三个最早开始时间,取大值。

各节点的最早开始时间计算过程如下:

$ET_1 = 0$

$ET_2 = ET_1 + t_{1-2} = 0 + 3 = 3$

$ET_3 = ET_2 + t_{2-3} = 3 + 4 = 7$

$ET_4 = \max\begin{Bmatrix} ET_3 + t_{3-4} = 7 + 0 = 7 \\ ET_2 + t_{2-4} = 3 + 4 = 7 \end{Bmatrix} = 7$

$ET_5 = ET_2 + t_{2-5} = 3 + 2 = 5$

$ET_6 = ET_5 + t_{5-6} = 5 + 3 = 8$

$ET_7 = \max\begin{Bmatrix} ET_3 + t_{3-7} = 7 + 5 = 12 \\ ET_4 + t_{4-7} = 7 + 2 = 9 \\ ET_6 + t_{6-7} = 8 + 1 = 9 \end{Bmatrix} = 12$

$ET_8 = ET_7 + t_{7-8} = 12 + 6 = 18$

(2)最迟开始时间。

计算各个节点的最迟开始时间应从右到左,依次进行,直至起始节点。计算方法可归纳为:"逆着箭杆相减,逢箭尾相碰的节点取最小值",或简单说:"逆向相减数箭尾,逢圈取小。"如图 2.51 中,在②节点处有三个箭杆的箭尾在此相碰,它们分别是表示工作②→③、②→④和②→⑤的箭杆箭尾,根据三项工作的结束节点③、④和⑤的最迟开始时间可计算出②节点的三个最迟开始时间,取小值。

各节点的最迟时间计算过程如下:

$LT_8 = ET_8 = 18$

$LT_7 = LT_8 - t_{7-8} = 18 - 6 = 12$

$LT_6 = LT_7 - t_{6-7} = 12 - 1 = 11$

$LT_5 = LT_6 - t_{5-6} = 11 - 3 = 8$

$LT_4 = LT_7 - t_{4-7} = 12 - 2 = 10$

$$LT_3 = \min\begin{cases} LT_7 - t_{3-7} = 12 - 5 = 7 \\ LT_4 - t_{3-4} = 10 - 0 = 10 \end{cases} = 7$$

$$LT_2 = \min\begin{cases} LT_3 - t_{2-3} = 7 - 4 = 3 \\ LT_4 - t_{2-4} = 10 - 4 = 6 \\ LT_5 - t_{2-5} = 8 - 2 = 6 \end{cases} = 3$$

$$LT_1 = LT_2 - t_{1-2} = 3 - 3 = 0$$

各节点时间参数计算结果如图 2.52 所示。

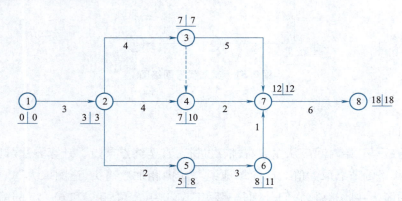

图 2.52　某双代号网络图各节点时间参数计算结果

2. 计算各项工作的时间参数

(1) 最早可能开始时间(ES_{i-j})。最早可能开始时间等于其开始节点的最早开始时间,即 $ES_{i-j} = ET_i$。

(2) 最早可能完成时间(EF_{i-j})。最早可能完成时间等于其最早可能开始时间加上工作的延续时间,$EF_{i-j} = ES_{i-j} + t_{i-j}$。

(3) 最迟必须完成时间(LF_{i-j})。最迟必须完成时间等于其结束节点的最迟开始时间,即 $LF_{i-j} = LT_j$。

(4) 最迟必须开始时间(LS_{i-j})。最迟必须开始时间等于其最迟必须完成时间减去工作延续时间,即 $LS_{i-j} = LF_{i-j} - t_{i-j}$。

(5) 总时差(TF_{i-j})。工作的总时差是在不影响计划总工期的前提下,各项工作所具有的机动时间(或富余时间)。从图 2.51 的计算结果可以看出:工作从最早可能开始时间开始或最迟必须开始时间开始,均不会影响计划总工期。因此,一项工作可以利用的时间范围是从最早可能开始时间至最迟完成时间,而实际需要的持续时间是 t_{i-j},扣除 t_{i-j} 后,余下的一段时间就是工作可以利用的机动时间,称为总时差。据此得出总时差的计算公式如下:

$$TF_{i-j} = LF_{i-j} - ES_{i-j} - t_{i-j} = LF_{i-j} - (ES_{i-j} + t_{i-j}) = LF_{i-j} - EF_{i-j} \tag{2.27}$$

或

$$TF_{i-j} = LF_{i-j} - ES_{i-j} - t_{i-j} = (LF_{i-j} - t_{i-j}) - ES_{i-j} = LS_{i-j} - ES_{i-j} \tag{2.28}$$

总时差主要用来控制计划总工期和判别关键工作。凡是总时差为零的工作就是关键工作,总时差不为零的工作,则为非关键工作。如图 2.52 中,工作①→②、②→③、③→⑦和⑦→⑧的总时差为零,这些工作在计划执行中不具备机动时间,这样的工作称为关键工作(一般用双线箭线或粗线箭线表示)。由关键工作组成的线路即为关键线路。

如果一项工作的开始节点和结束节点的时间参数存在下述关系,则此工作为关键工作,关系如下:

$$LT_i = ET_i$$
$$LT_j = ET_j$$
$$LT_j - ET_i - t_{i-j} = 0 \tag{2.29}$$

(6) 自由时差(局部时差)(FF_{i-j})。自由时差是反映各项工作在不影响其紧后工作最早可能开始时间的条件下所具有的机动时间。利用自由时差,变动其开始时间或增加其工作持续时间均不影响其紧后工作的最早可能开始时间。有自由时差的工作可占用的时间范围是从该工作最早可能开始时间至其紧后工作最早可能开始时间,而实际工作需要的持续时间是 t_{i-j},扣去 t_{i-j} 后,余下的时间就是工作可利用的机动时间,称为自由时差。如图 4.31 所示,自由时差的计算公式如下:

$$FF_{i-j} = ES_{j-k} - ES_{i-j} - t_{i-j} = ES_{j-k} - (ES_{i-j} + t_{i-j}) = ES_{j-k} - EF_{i-j} \quad (2.30)$$

如果用节点的时间参数来表达,则各工作的自由时差计算如下:

$$FF_{i-j} = ES_{j-k} - ES_{i-j} - t_{i-j} = TE_j - TE_i - t_{i-j} \quad (2.31)$$

从总时差和自由时差的范围来看,总时差包含着自由时差,即 $TF_{i-j} > FF_{i-j}$。总时差为零的工作,其自由时差一定为零;反过来,自由时差为零的工作,其总时差不一定为零。

【例 2-19】 根据图 2.51 计算各项工作的时间参数。

【解】

(1) 最早可能开始时间:

$SE_{1-2} = ET_1 = 0$

$SE_{2-3} = ET_2 = 3$

$ES_{2-4} = ET_2 = 3$

$ES_{2-5} = ET_2 = 3$

$ES_{3-4} = ET_3 = 7$

$ES_{3-7} = ET_3 = 7$

$ES_{4-7} = ET_4 = 7$

$ES_{5-6} = ET_5 = 5$

$ES_{6-7} = ET_6 = 8$

$ES_{7-8} = ET_7 = 12$

(2) 最早可能完成时间:

$FE_{1-2} = SE_{1-2} + t_{1-2} = 0 + 3 = 3$

$FE_{2-3} = SE_{2-3} + t_{2-3} = 3 + 4 = 7$

$EF_{2-4} = ES_{2-4} + t_{2-4} = 3 + 4 = 7$

$EF_{2-5} = ES_{2-5} + t_{2-5} = 3 + 2 = 5$

$EF_{3-4} = ES_{3-4} + t_{3-4} = 7 + 0 = 7$

$EF_{3-7} = ES_{3-7} + t_{3-7} = 7 + 5 = 12$

$EF_{4-7} = ES_{4-7} + t_{4-7} = 7 + 2 = 9$

$EF_{5-6} = ES_{5-6} + t_{5-6} = 5 + 3 = 8$

$EF_{6-7} = ES_{6-7} + t_{6-7} = 8 + 1 = 9$

$EF_{7-8} = ES_{7-8} + t_{7-8} = 12 + 6 = 18$

(3) 最迟必须完成时间:

$LF_{1-2} = LT_2 = 3$

$LF_{2-3} = LT_3 = 7$

$LF_{2-4} = LT_4 = 10$

$LF_{2-5} = LT_5 = 8$

$LF_{3-4} = LT_4 = 10$

$LF_{3-7} = LT_7 = 12$

$LF_{4-7} = LT_7 = 12$

$LF_{5-6} = LT_6 = 11$

$LF_{6-7} = LT_7 = 12$

$LF_{7-8} = LT_8 = 18$

(4) 最迟必须开始时间:

$LS_{1-2} = LF_{1-2} - t_{1-2} = 3 - 3 = 0$

$LS_{2-3} = LF_{2-3} - t_{2-3} = 7 - 4 = 3$

$LS_{2-4} = LF_{2-4} - t_{2-4} = 10 - 4 = 6$

$LS_{2-5} = LF_{2-5} - t_{2-5} = 8 - 2 = 6$

$LS_{3-4} = LF_{3-4} - t_{3-4} = 10 - 0 = 10$

$LS_{3-7} = LF_{3-7} - t_{3-7} = 12 - 5 = 7$

$LS_{4-7} = LF_{4-7} - t_{4-7} = 12 - 2 = 10$

$LS_{5-6} = LF_{5-6} - t_{5-6} = 11 - 3 = 8$

$LS_{6-7} = LF_{6-7} - t_{6-7} = 12 - 1 = 11$

$LS_{7-8} = LF_{7-8} - t_{7-8} = 18 - 6 = 12$

(5) 总时差：

$TF_{1-2} = LF_{1-2} - EF_{1-2} = 3 - 3 = 0$ 或 $TF_{1-2} = LS_{1-2} - ES_{1-2} = 0 - 0 = 0$

$TF_{2-3} = LF_{2-3} - EF_{2-3} = 7 - 7 = 0$ 或 $TF_{2-3} = LS_{2-3} - ES_{2-3} = 3 - 3 = 0$

$TF_{2-4} = LF_{2-4} - EF_{2-4} = 3 - 3 = 0$ 或 $TF_{2-4} = LS_{2-4} - ES_{2-4} = 6 - 3 = 3$

$TF_{2-5} = LF_{2-5} - EF_{2-5} = 8 - 5 = 3$ 或 $TF_{2-5} = LS_{2-5} - ES_{2-5} = 6 - 3 = 3$

$TF_{3-4} = LF_{3-4} - EF_{3-4} = 10 - 7 = 3$ 或 $TF_{3-4} = LS_{3-4} - ES_{3-4} = 10 - 7 = 3$

$TF_{3-7} = LF_{3-7} - EF_{3-7} = 12 - 12 = 0$ 或 $TF_{3-7} = LS_{3-7} - ES_{3-7} = 7 - 7 = 0$

$TF_{4-7} = LF_{1-2} - EF_{1-2} = 12 - 9 = 3$ 或 $TF_{1-2} = LS_{1-2} - ES_{1-2} = 10 - 7 = 3$

$TF_{5-6} = LF_{2-3} - EF_{2-3} = 11 - 8 = 3$ 或 $TF_{2-3} = LS_{2-3} - ES_{2-3} = 8 - 5 = 3$

$TF_{6-7} = LF_{2-4} - EF_{2-4} = 12 - 9 = 3$ 或 $TF_{2-4} = LS_{2-4} - ES_{2-4} = 11 - 8 = 3$

$TF_{7-8} = LF_{1-2} - EF_{1-2} = 18 - 18 = 0$ 或 $TF_{1-2} = LS_{1-2} - ES_{1-2} = 12 - 12 = 0$

(6) 自由时差：

$FF_{1-2} = ET_2 - ET_1 - t_{1-2} = 3 - 0 - 3 = 0$

$FF_{2-3} = ET_3 - ET_2 - t_{2-3} = 7 - 3 - 4 = 0$

$FF_{2-4} = ET_4 - ET_2 - t_{2-4} = 7 - 3 - 4 = 0$

$FF_{2-5} = ET_5 - ET_2 - t_{2-5} = 5 - 3 - 2 = 0$

$FF_{3-4} = ET_4 - ET_3 - t_{3-4} = 7 - 7 - 0 = 0$

$FF_{3-7} = ET_7 - ET_3 - t_{3-7} = 12 - 7 - 5 = 0$

$FF_{4-7} = ET_7 - ET_4 - t_{4-7} = 12 - 7 - 2 = 3$

$FF_{5-6} = ET_6 - ET_5 - t_{5-6} = 8 - 5 - 3 = 0$

$FF_{6-7} = ET_7 - ET_6 - t_{6-7} = 12 - 8 - 1 = 3$

$FF_{7-8} = ET_8 - ET_7 - t_{7-8} = 18 - 12 - 6 = 0$

各项工作时间参数计算结果如图 2.53 所示。

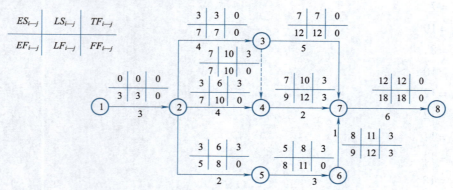

图 2.53　某双代号网络图各项工作时间参数计算结果

五、网络计划应用

(一)编制步骤

网络计划的编制步骤一般是:首先制订施工方案,确定施工顺序,然后确定工作名称及其内容,计算各项工作的工程量、劳动量或机械台班需要量,确定各项工作的持续时间,最后绘制网络计划图,并进行各项网络时间参数的计算和网络计划的优化。

(二)编制工程网络计划

在每个分部工程中,既要考虑各施工过程之间的工艺关系,又要考虑组织施工中它们之间的组织关系。只有在考虑这些逻辑关系后,才能正确地构成施工网络计划。

编制单位工程网络计划时,首先要熟悉图纸,对工程对象进行分析,摸清建设要求和现场施工条件,选择施工方案,确定合理的施工顺序和主要施工方法,根据各施工过程之间的相互关系,绘制网络图。其次,分析各施工过程在网络图中的地位,通过时间参数的计算,确定关键施工过程、关键线路和各施工过程的机动时间。最后,统筹考虑,调整计划,制订出最优的计划方案。

【例 2-20】某宿舍楼工程为五层三单元砖混结构,建筑面积为 2 810 m²。平面形状为一字形。混凝土条形基础。主体结构为砖墙,层层设置钢筋混凝土圈梁,上铺预制空心楼板。室内地面采用无砂石屑面层。外墙采用1:1:6 混合砂浆抹灰刮大白,内墙、天棚及楼梯间均为混合砂浆刮大白。

本工程的施工安排为:基础划分三个施工段施工,主体结构每层划分三个施工段,外装修自上而下一次完成,内装修按楼层划分施工段、施工自上而下进行。其工程量见表 2.15。

表 2.15 工程量一览表

序号		分部工程名称	工程量 单位	工程量 数量	产量定额	工作延续天数	每天工作天数	每班工人数
一	1	基础工程 基础挖土	m³	450	5.99	9	1	8
	2	基础垫层	m³	31.9	1.63	1.5	1	13
	3	基础现浇混凝土	m³	134.8	1.58	9	1	9
	4	砌砖基础	m³	80.5	1.96	9	1	7
	5	基础及地坪回填土	—	468	5.3	9	1	10
二	6	结构工程 立塔吊	—	—	—	—	—	—
	7	砌砖墙	m³	854	1.04	30	1	28
	8	圈梁木模板	m³	224.4	10	7.5	1	3
	9	圈梁浇捣	m³	68.4	1.28	2	1	7
	10	安装楼板、楼梯板	m³	1 025	136	7.5	1	3
	11	搭脚手架	m²	1 924	60	8	1	4
	12	拆塔吊、安井架	—	—	—	2	—	—
三	13	屋面工程 屋面细石混凝土	m³	720	19.8	1	2	18
	14	屋面嵌缝、分仓缝	m³	521	85	1	1	6
四	15	装饰工程 外墙抹灰	m²	1 386	8.4	5	1	33
	16	安装门窗	m²	892.1	25	3	1	12
	17	天棚抹灰	m²	2 295.5	8.2	10	1	28
	18	内墙抹灰	m²	6 761	11.4	10	2	29
	19	楼地面、楼梯间抹灰	m²	3 382.4	23.8	10	1	25
	20	安装门窗扇	m²	305.1	10	3	1	9
	21	水电安装	—	—	—	3	—	—
	22	拆脚手架、拆井架 工程收尾	—	—	—	2 10	—	—

【解】该工程的网络计划如图2.54所示。

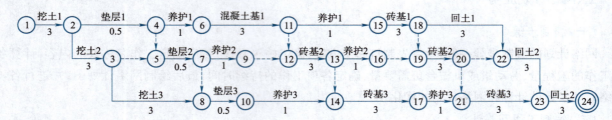

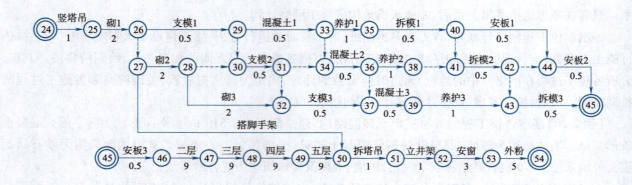

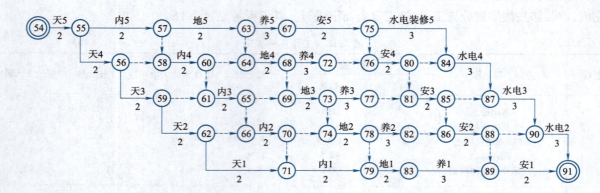

图2.54 某工程网络计划图

综合案例分析

1. 背景

某基础工程施工分为三个施工段,每段施工包括挖土方、做灰土垫层、砌基础三个施工过程,组织流水施工,项目分解结果、工作持续时间及施工顺序,见表2.16。

表2.16 某工程工序逻辑关系及工作持续时间表

工作名称	挖$_1$	挖$_2$	挖$_3$	垫$_1$	垫$_2$	垫$_3$	基$_1$	基$_2$	基$_3$
工作代号	A_1	A_2	A_3	B_1	B_2	B_3	C_1	C_2	C_3
工作持续时间/d	4	5	3	2	2	3	4	2	6
紧前工作	—	A_1	A_2	A_1	A_2、B_1	A_3、B_2	B_1	B_2、C_1	C_2、B_3

2. 问题

(1)根据项目的施工顺序,绘制本案例双代号网络计划图。

(2)计算本案例各工序的时间参数。

(3)判断本工程网络计划的关键线路,并说明原因。

3. 分析

双网络计划时间参数的计算包括:工作最早开始时间和工作最早完成时间,工作最迟完成时间和工作最迟开始时间,以及工作总时差和工作自由时差的计算。通过工作总时差计算,可以方便地找出网络图中的关键工作和关键线路。总时差为"0"时,意味着该工作没有机动时间,即为关键工作,由关键工作构成的线路,就是关键线路。关键线路至少有一条,但不一定只有一条。

4. 参考答案

(1)本案例双代号网络计划图如图 2.55 所示。

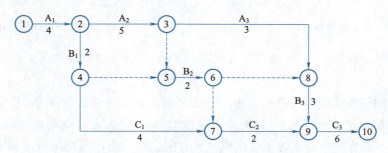

图 2.55 某工程基础工程施工双代号网络计划图

(2)本案例各工序的时间参数结果如图 2.56 所示。

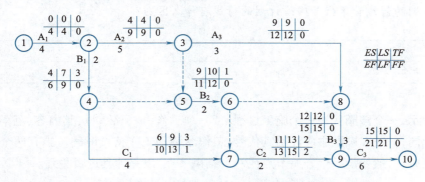

图 2.56 某工程基础工程施工双代号网络计划图计算结果

(3)本例中的关键线路为①→②→③→⑧→⑨→⑩。因为工序 A_1、A_2、A_3、B_3、C_3 的总时差均为 0,是本工程的关键工作。将关键工作依次相连,所形成的通路就是关键线路。

忆一忆

网络计划编制的一般步骤是什么?

___

___

___

任务知识3　绘制单代号网络计划

一、单代号网络计划组成

单代号网络图是用一个圆圈表示一个施工过程,用箭杆表示施工过程间的逻辑关系,各施工过程按一定的逻辑关系从左到右绘成的网状图形。用单代号网络图表示的计划称为单代号网络计划。一个施工过程的单代号表示法如图 2.57 所示。

单代号网络图如图 2.58 所示。

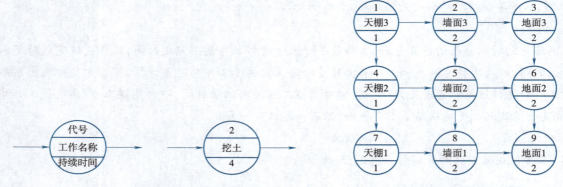

图 2.57　施工过程中的单代号表示法　　图 2.58　某装饰工程单代号网络图

单代号网络图也是由箭线、节点和线路三个要素组成的,其含义和特性如下:

(一)箭线

单代号网络图中的每条箭线均只表示各施工过程之间先后顺序的逻辑关系,箭头所指的方向表示施工过程进行的方向。在单代号网络图中,逻辑关系箭杆均为实箭杆,没有虚箭杆,箭杆的长短和方向可任意,但为使图形整齐,一般宜将其画成水平方向或垂直方向。同一箭杆的箭尾节点所表示的施工过程为其箭头节点所表示的施工过程的紧前过程。

思一思

双代号网络计划的箭线和单代号网络计划的箭线有什么区别?

_____

_____

(二)节点

节点用圆圈表示,一个圆圈代表一个施工过程(或一项工作,一项活动),其内容、范围等与双代号网络图中的箭杆基本相同,一般在圆圈中应注明其代号、工作名称和工作持续时间。当有两个以上施工过程同时开始或同时结束时,一般要设一个开始节点或一个结束节点,以完善其逻辑关系。

思一思

双代号网络计划的节点和单代号网络计划的节点有什么区别?

_____

_____

(三)线路

在单代号网络图中,从起始节点到结束节点,沿着箭杆的指向所构成的若干条"通道"即为线路。单代号网络图也有关键线路及非关键线路,关键施工过程、非关键施工过程及时差等。目前,我国在建筑施工管理中用得较多的是双代号网络图。

二、逻辑关系表示示例

单代号网络计划图的正确表示见表 2.17。

表 2.17　逻辑关系的正确表示示例

序号	工作之间的逻辑关系	网络图中表示方法	说　明
1	A、B、C 三项工作按照依次施工方式进行	Ⓐ→Ⓑ→Ⓒ	B 工作依赖着 A 工作,A 工作约束着 B 工作的开始

续表

序号	工作之间的逻辑关系	网络图中表示方法	说 明
2	A、B、C 三项工作同时开始工作		A、B、C 三项工作称为平行工作
3	A、B、C 三项工作,只有在 A 完成后,B、C 才能开始		A 工作制约着 B、C 工作的开始,B、C 为平行工作
4	B、C、D 三项工作,只有在 B、C 完成后 D 才能开始		C 工作依赖着 A、B 工作。A、B 为平行工作

三、时间参数计算

单代号网络计划与双代号网络计划只是表现形式不同,它们所表达的内容则是完全一样的。

【例 2-21】根据图 2.59 所示,计算单代号网络计划的时间参数。

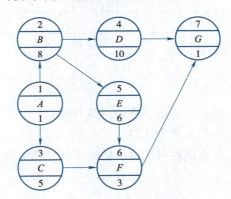

图 2.59 某工程单代号网络计划图

【解】各项工作参数计算结果,如图 2.60 所示。

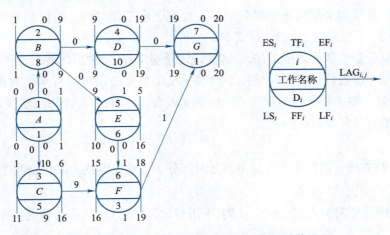

图 2.60 某工程单代号网络计划时间参数计算结果

忆一忆

单代号网络计划图基本组成包括哪些?

_____

_____

任务知识4　绘制双代号时标网络计划

一、双代号时标网络计划概述

(一)概念

双代号时标网络计划(简称时标网络计划)是综合应用横道图的时间坐标和网络计划的原理,在横道图的基础上(水平时间坐标表示工作时间)引入网络计划中各项工作之间逻辑关系的表达方法。时标网络计划既具有网络计划的优点,又具有横道计划直观易懂的优点,它将网络计划的时间参数直观地表达出来。

采用双代号时标网络计划,既解决了横道计划中各项工作不明确、时间指标无法计算的缺点,又解决了双代号网络计划时间不直观、不能明确看出各工作开始时间和完成时间等问题。

思一思

双代号网络计划和双代号时标网络计划有什么区别?

_____

_____

(二)特点

双代号时标网络计划具有以下特点:

(1)双代号时标网络计划中,箭线长度表示工作的持续时间。

(2)双代号时标网络计划中,不会产生闭合回路。

(3)双代号时标网络计划中,可以直接在时标网络图的下方绘出劳动力、材料、机具等资源动态曲线来进行控制和分析。

二、绘制双代号时标网络计划

(一)绘制要求

(1)双代号时标网络计划必须以水平时间坐标为尺度表示工作时间。时标的时间单位应根据需要在编制网络计划之前确定,可以是时、天、周、月或季。

(2)时标网络计划应以实箭线表示工作,以虚箭线表示虚工作,以波形线表示工作的自由时差。

(3)时标网络计划中所有符号在时间坐标上的水平投影位置必须与其时间参数相对应。节点中心必须对准相应的时标位置。虚工作必须以垂直方向的虚箭线表示,用自由时差加波形线表示。

(4)时标网络计划宜按最早时间编制。

(二)绘制方法

时标网络计划绘制方法一般按工作的最早开始时间分为直接绘制法和间接绘制法。

1. 直接绘制法

直接绘制法是先画出非时标双代号网络计划,不进行时间参数计算,直接在时间坐标上进行绘制的方法。具体步骤如下:

(1)将起始节点定位在时标表的起始刻度线上。

(2)按工作持续时间在时标表上绘制以网络计划起点节点为开始节点工作的箭线。

(3)其他工作的开始节点必须在该工作的全部紧前工作都绘出后,定位在这些紧前工作最晚完成的时间刻度上。某些工作的箭线长度不足以达到该节点时,用波形线补足,箭头画在波形线与节点连接处。

(4)用上述方法自左至右依次确定其他节点位置,直到网络计划终点节点定位绘完。网络计划的终点节点是在无紧后工作的工作全部绘出后,定位在最晚完成的时间刻度上。

2. 间接绘制法

间接绘制法是先计算网络计划的时间参数,再根据时间参数在时间坐标上进行绘制的方法。其绘制步骤和方法如下:

(1)先绘制双代号网络图,计算时间参数,确定关键工作及关键线路。

(2)根据需要确定时间单位并绘制时标横轴。

(3)根据工作最早开始时间或节点的最早时间确定各节点的位置。

(4)依次在各节点间绘制箭线及时差。绘制时宜先画关键工作、关键线路,再画非关键工作。如果箭线长度不足以达到工作的完成节点,用波形线补足,箭头画在波形线与节点连接处。

【例 2-22】已知某工程网络计划,如图 2.61 所示。试绘制双代号时标网络计划。

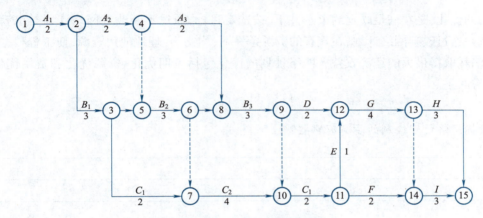

图 2.61 某工程网络计划

【解】

(1)计算各节点最早时间(即各工作的最早开始时间),如图 2.62 所示。

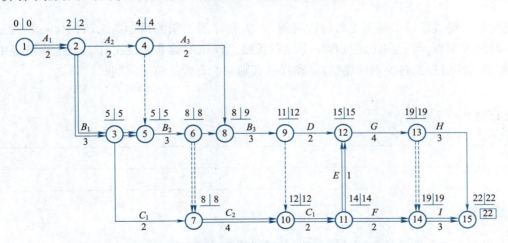

图 2.62 某工程网络计划时间参数计算结果

(2)在时标表上,按最早开始时间确定每项工作的开始节点位置(图形尽量与草图一致)。

(3)按各工作的时间长度绘制相应工作的实线部分,使其在时间坐标上的水平投影长度等于工作时间;虚工作因为不占时间,故只能以垂直虚线表示。

(4)用波形线把实线部分与其紧后工作的开始节点连接起来,以表示自由时差。

完成后的时标网络计划如图 2.63 所示。

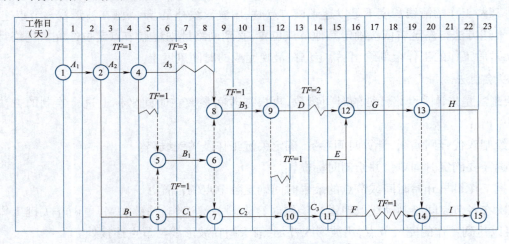

图 2.63　某工程双代号时标网络计划

网络计划的优化,是在满足既定约束条件下,按选定目标,通过不断改进网络计划寻求满意方案的过程。其目的就是通过改善网络计划,在现有的资源条件下,均衡、合理地使用资源,使工程根据要求按期完工,以较小的消耗取得最大的经济效益。网络计划的优化包括工期优化、资源优化和费用优化,三者之间既有区别,又有联系。

忆一忆

双代号时标网络计划绘制的步骤有哪些?

_____

_____

任务知识 5　工期优化

一、概述

工期优化就是通过压缩关键工作的持续时间,以满足计划工期的目标。工期优化一般通过压缩关键工作的持续时间来实现,但是在优化过程中不能将关键工作压缩成非关键工作。当优化过程中出现多条关键线路时,必须同时压缩各关键线路的持续时间,否则不能有效地缩短工期。

忆一忆

工期优化的目的是什么?

_____

_____

二、计算步骤

(1)计算并找出初始网络计划的计算工期、关键线路和关键工作。

(2)按要求计算工期应压缩的时间。

(3)确定各关键工作能缩短的程序时间。

(4)选择关键工作,压缩其持续时间,并重新计算网络计划的计算工期。选择优先压缩关键工作的持续时间,应考虑以下内容:

①缩短持续时间对质量和安全影响不大的工作。
②有充足备用资源的工作。
③缩短持续时间所需增加费用最小的工作。

（5）当计算工期仍超过要求工期时,则重复以上(1)~(4)的步骤,直到满足工期要求或工期已不能再缩短为止。

（6）当所有关键工作的持续时间都已达到其能缩短的极限而工期仍不满足要求时,则应对计划的原技术方案、组织方案进行调整或对要求工期重新审定。

综合案例分析

1. 背景
某网络计划如图2.64所示。图中括号内数据为工作最短持续时间,假定要求工期为100天。

2. 要求
对该网络计划进行工期优化。

3. 参考答案
（1）用工作正常持续时间计算节点的最早时间和最迟时间以找出网络计划的关键工作及关键线路(也可用标号法确定),如图2.65所示。其中关键线路用双箭线表示,为①→③→④→⑥,关键工作为①→③,③→④,④→⑥。

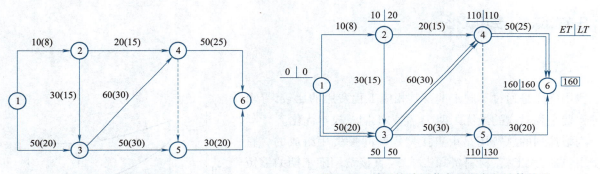

图2.64　某网络计划图　　　　图2.65　某网络计划节点时间参数计算结果

（2）计算需缩短时间。根据图2.65所计算的工期需要缩短时间60天。根据图2.64中的数据,关键工作①→③可压缩30天;关键工作③→④可压缩30天;关键工作④→⑥可压缩25天。这样,原关键线路总计可压缩的工期为85天。由于只需压缩60天,且考虑到前述原则,因缩短工作④→⑥增加劳动力较多,故仅压缩10天,另外两项工作则分别压缩20天和30天,重新计算网络计划工期,如图2.66所示,图中标出了新的关键线路,工期为120天。

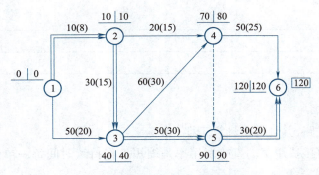

图2.66　某网络计划第一次调整结果

（3）一次压缩后不能满足工期要求,再作第二次压缩。按要求工期尚需压缩20天,仍根据前述原则,选择工作②→③,③→⑤较宜。用最短工作持续时间置换工作②→③和工作③→⑤的正常持续时间,重新计算网络计划工期,如图2.67所示。对其进行计算,可知已满足工期要求。

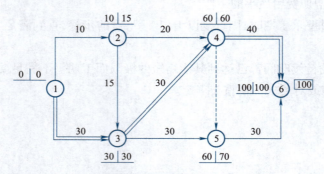

图 2.67 优化后的某网络计划

忆一忆

工期优化的基本步骤是什么?

任务知识6　费用优化

一、概述

费用优化是通过不同工期及其相应工程费用的比较,寻求与工程费用相对应的最优工期,又称为工期—成本优化。

网络计划的总费用是由直接费用和间接费用组成的。直接费用包括:人工费、材料费和机械费,直接费用随工期的缩短而增加。间接费用包括施工组织管理的全部费用,它与施工单位的管理水平、施工条件、施工组织等有关。间接费用随工期的缩短而减少。由于直接费用随工期缩短而增加,间接费用随工期缩短而减少,故必定有一个总费用最小的工期,如图2.68所示。

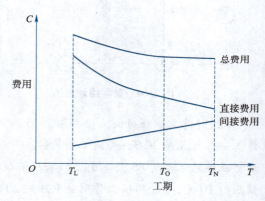

图 2.68　工期—费用曲线

忆一忆

费用优化的目的是什么?

二、计算步骤

(1)找出网络的关键线路,并计算出计算工期。

(2)计算各项工作的直接费用率。直接费用率是缩短工作持续时间每一单位时间所需增加的直接费用。直接费用率按以下公式计算:

$$\Delta C_{i\text{-}j} = \frac{CC_{i\text{-}j} - CN_{i\text{-}j}}{DN_{i\text{-}j} - DC_{i\text{-}j}} \tag{2.32}$$

式中　ΔC_{i-j}——工作 i—j 的直接费用率；

　　　CC_{i-j}——工作 i—j 的最短时间直接费用，即将工作 i—j 的持续时间缩短为最短持续时间后，完成该工作所需直接费用；

　　　CN_{i-j}——工作 i—j 的正常时间直接费用，即按正常持续时间完成工作 i—j 所需的直接费用；

　　　DN_{i-j}——工作 i—j 的正常持续时间；

　　　DC_{i-j}——工作 i—j 的最短持续时间。

(3)确定出间接费用的费用率。

(4)在网络计划中找出直接费率最低的一项关键工作或一组关键工作，作为缩短持续时间的对象。

(5)缩短所找出的关键工作的持续时间，其缩短值必须保证缩短关键工作的持续时间会使工程总费用减少。

(6)当需要缩短关键工作的持续时间时，其缩短值必须符合所在关键线路不能变成非关键线路，且缩短后的持续时间不小于最短持续时间的原则。

(7)计算关键工作持续时间缩短后相应增加的总费用。

(8)重复上述步骤(4)~(7)，直至计算工期满足要求工期或被压缩对象的直接费用率或组合直接费用率大于工程间接费用率为止。

综合案例分析

1. 背景

已知某工程计划网络如图2.69所示，图中箭线上方为工作的正常时间的直接费用和最短时间的直接费用（以万元为单位），箭线下方为工作的正常持续时间和最短持续时间（天）。其中，②—⑤工作的时间与直接费用为非连续型变化关系，其正常时间及直接费用为(8天,5.5万元)，最短时间及直接费用为(6天,66.2万元)。整个工程计划的间接费率为0.35万元/天，最短工期时的间接费用为8.5万元。

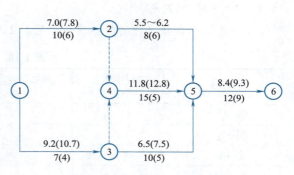

图2.69　某工程初始网络计划

2. 问题

对此计划进行费用优化，确定工期费用关系曲线，求出费用最少的相应工期。

3. 参考答案

(1)找出网络的关键线路，并计算工期。

①按各项工作的正常持续时间，用简捷方法确定计算工期、关键线路、总费用，如图2.70所示。计算工期为37天，关键线路为①→②→④→⑤→⑥。

②按各项工作的最短持续时间，用简捷方法确定计算工期，如图2.71所示。计算工期为21天。

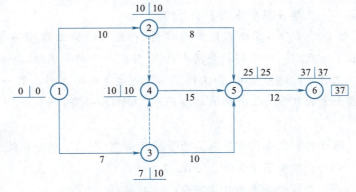

图2.70　某工程网络计划中的关键线路

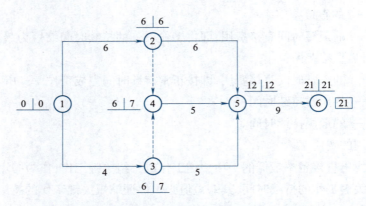

图 2.71　某工程各工作最短持续时间时的关键线路

(2)计算各项工作的直接费用率。

①正常持续时间时的总直接费用 = 各项工作的正常持续时间时的直接费用之和 = (7.0 + 9.2 + 5.5 + 11.8 + 6.5 + 8.4)万元 = 48.4 万元

②正常持续时间时的总间接费用 = 最短工期时的间接费用 + (正常工期 − 最短工期) × 间接费用率 = [8.5 + (37 − 21) × 0.35]万元 = 14.1 万元

③正常持续时间时的总费用 = 正常持续时间时总直接费用 + 正常持续时间时总间接费用 = (48.4 + 14.1)万元 = 62.5 万元

按公式计算各项工作的直接费用率见表 2.18。

表 2.18　各项工作直接费用率

工作代号	正常持续时间/天	最短持续时间/天	正常时间直接费用/万元	最短时间直接费用/万元	直接费率/(万元·天$^{-1}$)
①→②	10	6	7.0	7.8	0.2
①→③	7	4	9.2	10.7	0.5
②→⑤	8	6	5.5	6.2	—
④→⑤	15	5	11.8	12.8	0.1
③→⑤	10	5	6.5	7.5	0.2
⑤→⑥	12	9	8.4	9.3	0.3

(3)进行压缩。

不断压缩关键线路上有压缩可能且费用最少的工作,进行费用优化。

①第一次压缩。

由图 2.71 可知,该网络计划的关键线路上有三项工作,有三个压缩方案:

方案一:压缩工作①→②,直接费用率为 0.2 万元/天。

方案二:压缩工作④→⑤,直接费用率为 0.1 万元/天。

方案三:压缩工作⑤→⑥,直接费用率为 0.3 万元/天。

在上述压缩方案中,由于工作④→⑤的直接费用率最小,故应选择工作④→⑤作为压缩对象。工作④→⑤的直接费用率为 0.1 万元/天,小于间接费用率 0.35 万元/天,说明压缩工作④→⑤可以使工程总费用降低。将工作④→⑤的工作时间缩短 7 天,则工作②→⑤也成为关键工作。第一次压缩后的网络计划,如图 2.72 所示,图中箭线上方的数字为工作的直接费用率(工作②→⑤除外)。

②第二次压缩。

由图 2.72 可知,该网络计划有 2 条关键线路。为了缩短工期,有以下两个压缩方案:

方案一:压缩工作①→②,直接费用率为 0.2 万元/天。

方案二:压缩工作⑤→⑥,直接费用率为 0.3 万元/天。

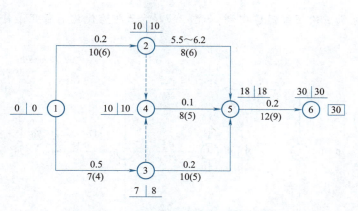

图 2.72 第一次压缩后的网络计划

而同时压缩工作②→⑤和④→⑤,只能一次压缩 2 天,且经分析会使原关键线路变为非关键线路,故不可取。

上述两个压缩方案中,工作①→②的直接费用率较小,故应选择工作①→②为压缩对象。工作①→②的直接费用率为 0.2 万元/天,小于间接费用率 0.35 万元/天,说明压缩工作①→②可使工程总费用降低,将工作①→②的工作时间缩短 1 天,则工作①→③和③→⑤也成为关键工作。第二次压缩后的网络计划,如图 2.73 所示。

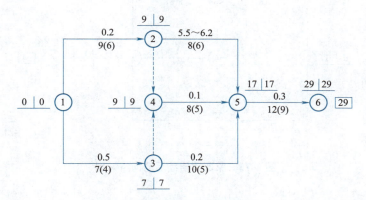

图 2.73 第二次压缩后的网络计划

③第三次压缩。

由图 2.73 可知,该网络计划有三条关键线路,为了缩短工期,有以下三个压缩方案:

方案一:压缩工作⑤→⑥,直接费用率为 0.3 万元/天。

方案二:同时压缩工作①→②和③→⑤,组合直接费用率为 0.4 万元/天。

方案三:同时压缩工作①→③和②→⑤及④→⑤,只能一次压缩 2 天,共增加直接费 1.9 万元,平均每天直接费用为 0.95 万元。

上述三个方案中,工作⑤→⑥的直接费用率较小,故应选择工作⑤→⑥作为压缩对象。工作⑤→⑥的直接费用率为 0.3 万元/天,小于间接费用率 0.35 万元/天,说明压缩工作⑤→⑥可使工程总费用降低。将工作⑤→⑥的工作时间缩短 3 天,则工作⑤→⑥的持续时间已达最短,不能再压缩。第三次压缩后的网络计划,如图 2.74 所示。

④第四次压缩。

由图 2.74 可知,该网络计划有三条关键线路,有以下两个压缩方案:

方案一:同时压缩工作①→②和③→⑤,组合直接费用率为 0.4 万元/天。

方案二:同时压缩工作①→③和②→⑤及④→⑤,只能一次压缩 2 天,共增加直接费用 1.9 万元,平均每天直接费用为 0.95 万元。

上述两个方案中,工作①→②和③→⑤的组合直接费用率较小,故应选择①→②和③→⑤同时压缩。但是由于其组合直接费用率为 0.4 万元/天,大于间接费用率 0.35 万元/天,说明此次压缩会使工程总费用增加。因此,优化方案在第三次压缩后已得到,如图 2.74 所示即为优化后费用最小的网络计划,其相应工期为 26 天。

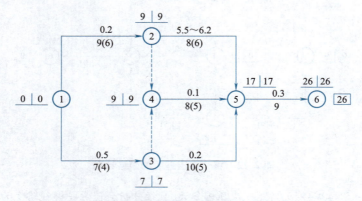

图 2.74 第三次压缩后的网络计划

将工作①→②和③→⑤的工作时间同时缩短 2 天。第四次压缩后的网络计划,如图 2.75 所示。

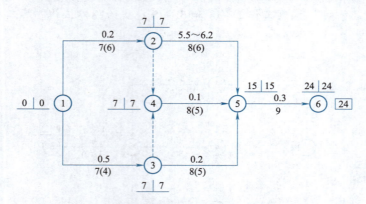

图 2.75 第四次压缩后的网络计划

⑤第五次压缩。

由图 2.75 可知,该网络计划有以下四个压缩方案:

方案一:同时压缩工作①→②和①→③,组合直接费用率为 0.7 万元/天。

方案二:同时压缩②→⑤、④→⑤和③→⑤,只能一次压缩 2 天,共增加直接费用 1.3 万元,平均每天直接费用为 0.65 万元。

方案三:同时压缩工作①→②、④→⑤、③→⑤,组合直接费用率为 0.5 万元/天。

方案四:同时压缩工作①→③和②→⑤、④→⑤,只能一次压缩 2 天,共增加直接费用 1.9 万元,平均每天直接费用为 0.95 万元。

上述四个方案中,同时压缩工作①→②、④→⑤和③→⑤的组合直接费用率较小,故应选择①→②、④→⑤和③→⑤同时压缩。但是由于其组合直接费用率为 0.5 万元/天,大于间接费用率 0.35 万元/天,说明此次压缩会使工程总费用增加。将工作①→②和④→⑤、③→⑤的工作时间同时缩短 1 天,此时①→②工作的持续时间已达极限,不能再压缩。第五次压缩后的网络计划如图 2.76 所示。

⑥第六次压缩。

由图 2.76 可知,该网络计划有以下两个压缩方案:

方案一:同时压缩工作①→③和②→⑤,只能一次压缩 2 天,且会使原关键线路变为非关键线路,故不可取。

方案二:同时压缩工作②→⑤、④→⑤和③→⑤,只能一次压缩 2 天,共增加直接费用 1.3 万元。

故选择第二个方案进行压缩,将该三项工作同时缩短 2 天,此时②→⑤、④→⑤和③→⑤工作的持续时间均已达到极限,不能再压缩。第六次压缩后的网络计划如图 2.77 所示。

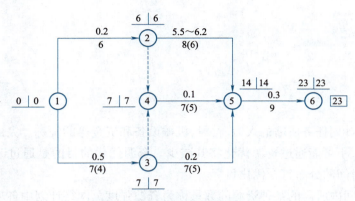

图 2.76 第五次压缩后的网络计划

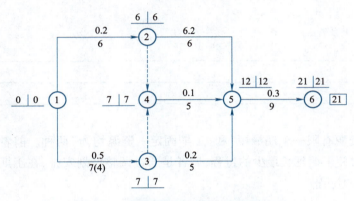

图 2.77 工期最短相对应的优化网络计划

计算至此,可以看出只有①→③工作还可以继续缩短,但即使将其缩短却只能增加费用而不能压缩工期,所以缩短工作①→③徒劳无益,本例的优化压缩过程至此结束。费用优化过程见表2.19。

表 2.19 某工程网络计划费用优化过程表

压缩次数	被压缩工作代号	缩短时间/天	被压缩工作的直接费用率或组合直接费用率/(万元·天$^{-1}$)	费率差(正或负)/(万元·天$^{-1}$)	压缩需用总费用(正或负)/万元	总费用/万元	工期/天	备注
0	—	—	—	—	—	62.5	37	—
1	④→⑤	7	0.1	-0.25	-1.75	60.75	30	—
2	①→②	1	0.2	-0.15	-0.15	60.60	29	—
3	⑤→⑥	3	0.3	-0.05	-0.15	60.45	26	优化方案
4	①→② ③→⑤	2	0.4	0.05	0.10	60.55	24	—
5	①→② ④→⑤ ③→⑤	1	0.5	0.15	0.15	60.70	23	—
6	②→⑤ ④→⑤ ⑧→⑤	2			0.60	61.30	21	—

忆一忆

费用优化的基本步骤是什么?

任务知识7　资源优化

一、概述

(一)概念

资源指为完成一项计划任务所需的人力、材料、机械设备和资金等的统称。完成一项工程任务所需的资源量基本上是不变的,不可能通过资源优化将其减少。资源优化的目的是通过改变工作的开始时间和完成时间,使资源按照时间的分布符合优化目标。

一项工作在单位时间内所需的某种资源的数量称为资源强度。网络计划中各项工作在某一单位时间内所需某种资源数量之和称为资源需用量。单位时间内可供使用的某种资源的最大数量称为资源限量。

忆一忆

资源优化的目的是什么?

_____

_____

(二)分类

资源优化主要有"资源有限—工期最短"和"工期固定—资源均衡"两种。前者是通过调整计划安排,在满足资源限制条件下,使工期延长最少的过程;后者是通过调整计划安排,在工期保持不变的条件下,使资源需用量尽可能均衡的过程。

(三)前提条件

进行资源优化时的前提条件包括以下内容:

(1)在优化过程中,不改变网络计划中各项工作之间的逻辑关系。

(2)在优化过程中,不改变网络计划中各项工作的持续时间。

(3)网络计划中各项工作的资源强度为常数,即资源均衡,而且是合理的。

(4)除规定可中断的工作外,一般不允许中断工作,应保持其连续性。

(四)资源均衡性指标

衡量施工均衡性或资源消耗均衡性的指标通常有以下三种:

1. 资源需用量不均衡系数 K

根据资源需用量动态曲线计算,即

$$K = \frac{Q_{\max}}{Q_m} \tag{2.33}$$

式中　$Q_{\max}$——每单位时间资源需用量的最大值;

　　　Q_m——每单位时间资源需用量的平均值。

资源需用量不均衡系数越小,施工均衡性就越好。

2. 资源需用量极差 ΔQ

资源需用量极差指资源需用量动态曲线上,第 t 时间计划需用量与每单位时间平均需用量之差的最大绝对值,即

$$\Delta Q = \max |Q_t - Q_m| \tag{2.34}$$

式中　Q_t——第 t 时间的计划资源需用量。

资源需用量极差越小,施工均衡性就越好。

3. 资源需用量均方差 σ^2

资源需用量均方差表示在资源需用量动态曲线上,第 t 时间的资源计划需用量与网络计划的平均每单

位时间资源需用量之差平方和的平均值,即

$$\sigma^2 = \frac{1}{T}\sum_{t=1}^{T}(Q_t - Q_m)^2 \tag{2.35}$$

式中 T——网络计划工期。

方差值越小,资源需用量越均衡。

二、计算步骤

(一)"资源有限—工期最短"的优化

优化步骤具体如下:

(1)按照各项工作的最早开始时间安排进度计划,即绘制时标网络计划,并计算网络计划每个时间单位的资源需用量。

(2)从计划开始日期起,逐个检查每个时间单位资源需用量是否超过所能供应的资源限量。如果在整个工期范围内每个时间单位的资源需用量均能满足资源限量的要求,则可行优化方案就编制完成;否则必须进行计划调整。

(3)分析超过资源限量的时段,按以下公式计算 $\Delta D_{m'-n',i'-j'}$ 值,依据它确定新的安排顺序。

$$\Delta D_{m'-n',i'-j'} = \min\{\Delta D_{m-n,i-j}\} \tag{2.36}$$

$$\Delta D_{m-n,i-j} = EF_{m-n} - LS_{i-j} \tag{2.37}$$

式中 $\Delta D_{m'-n',i'-j'}$——在各种顺序安排中,最佳顺序安排所对应的工期延长时间的最小值;

$\Delta D_{m-n,i-j}$——在资源冲突的诸工作中,工作 $i-j$ 安排在工作 $m-n$ 之后进行,工期所延长的时间。

(4)当最早完成时间 $EF_{m'-n'}$ 最小值和最迟开始时间 $LS_{i'-j'}$ 最大值同属一个工作时,应找出最早完成时间 $EF_{m'-n'}$ 为次小且最迟开始时间 $LS_{i'-j'}$ 为次大的工作,分别组成两个顺序方案,再从中选取最小者进行调整。

(5)绘制调整后网络计划,重新计算每个时间单位的资源需用量。

(6)重复上述(2)~(4),直至网络计划整个工期范围内每个时间单位的资源需用量均满足资源限量为止。

综合案例分析

1. 背景

某网络计划如图2.78所示,图中箭线上的数为工作持续时间,箭线下的数为工作资源强度,假定每天只有9个工人可供使用。

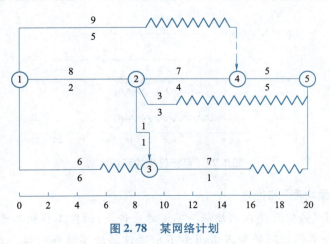

图2.78 某网络计划

2. 问题

如何安排各工作最早开始时间使工期达到最短？

3. 参考答案

(1) 计算每日资源需用量，见表 2.20，也可通过绘制劳动力动态曲线得到每日资源需用量。

表 2.20　每日资源需用量

工作日	1	2	3	4	5	6	7	8	9	10	11
资源需用量	5	5	5	9	11	8	8	4	4	8	8
工作日	12	13	14	15	16	17	18	19	20	21	11
资源需用量	8	7	7	4	4	4	4	4	5	5	5

(2) 逐日检查是否满足要求。在表 2.21 中看到第一天资源需用量就超过可供资源量（9 人）要求，必须进行工作最早开始时间调整。

表 2.21　超过资源限量的时段的工作时间参数表

工作代号 i—j	FE_{i-j}	SL_{i-j}
1—4	9	6
1—2	8	0
1—3	6	7

(3) 分析资源超限的时段。在第 1~6 天，有工作①→④、①→②、①→③，分别计算 FE_{i-j}、SL_{i-j}，确定调整工作最早开始时间方案。

根据式(2.36)和式(2.37)，确定 $\Delta D_{m'-n', i'-j'}$ 最小值，$\min\{FE_{m-n}\}$ 和 $\max\{SL_{i-j}\}$ 属于同一工作①→③，找出 FE_{m-n} 的次小值及 SL_{i-j} 的次大值是 8 和 6，组成两组方案。

$$\Delta D_{1-3, 1-4} = 6 - 6 = 0 \tag{2.38}$$

$$\Delta D_{1-2, 1-3} = 8 - 7 = 1 \tag{2.39}$$

选择工作①→④安排在工作①→③之后进行，工期不增加，每日资源需用量从 13 人减少到 8 人，满足要求。如果有多个平行作业工作，当调整一项工作的最早开始时间后仍不能满足要求，就应继续调整。

重复以上计算方法与步骤。可行优化方案，如表 2.22 及图 2.79 所示。

表 2.22　可行优化方案的每日资源需用表

工作日	1	2	3	4	5	6	7	8	9	10	11
资源需用量	8	8	8	8	8	8	7	7	6	9	9
工作日	12	13	14	15	16	17	18	19	20	21	22
资源需用量	9	9	9	9	8	4	9	6	6	6	6

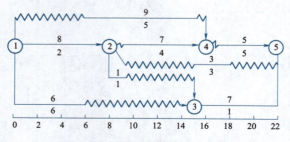

图 2.79　可行优化的网络计划

（二）"工期固定—资源均衡"的优化

"工期固定—资源均衡"的优化是在工期保持不变的条件下，调整工程施工进度计划，使资源需用量尽可能均衡，即整个工程每个单位时间的资源需用量不出现过高的高峰和低谷。这样可以大大减少施工现场各种临时设施的规模,不仅有利于工程建设的组织与管理,而且可以降低工程施工费用。

"工期固定—资源均衡"的优化方法有多种,如削高峰法、方差值最小法、极差值最小法等。这里仅介绍削高峰法,削高峰法的步骤如下:

(1)计算网络计划每天资源需用量。
(2)确定削峰目标,其值等于每天资源需用量的最大值减去一个单位量。
(3)找出高峰时段的最后时间 T_h 及有关工作的最早开始时间 ES_{i-j} 和总时差 TF_{i-j}。
(4)按以下公式计算有关工作的时间差值 ΔT_{i-j}。

$$\Delta T_{i-j} = TF_{i-j} - (T_h - ES_{i-j}) \tag{2.40}$$

优先以时间差值最大的工作 $i'—j'$ 作调整对象,$ES_{i'-j'} = T_h$。
(5)若峰值不能再减少,即求得资源均衡优化方案,否则,重复以上步骤。

综合案例分析

1. 背景

某时标网络计划如图2.80所示,图中箭线上的数为工作持续时间,箭线下的数为工作资源强度。

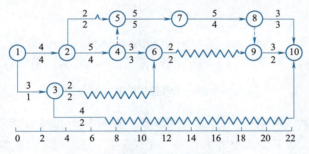

图2.80 某时标网络计划

2. 问题

对该网络计划进行资源均衡优化。

3. 参考答案

(1)计算每日资源需用量见表2.23。

表2.23 每日资源需用量

工作日	1	2	3	4	5	6	7	8	9	10	11
资源需用量	5	5	5	7	9	8	8	6	6	8	8
工作日	12	13	14	15	16	17	18	19	20	21	22
资源需用量	8	7	7	4	4	4	4	4	5	5	5

(2)确定削峰目标,其值等于表2.22中最大值减去一个单位量。削峰目标定为10。
(3)找出 T_h 及有关工作的最早开始时间 SE_{i-j} 和总时差 FT_{i-j}。

$$T_h = 5$$

在第5天有②→⑤、②→④、③→⑥、③→⑩这4个工作,相应的 TF_{i-j} 和 ES_{i-j} 分别为2、4、0、4、12、3、15、3。

(4)利用式(2.40)计算有关工作的时间差值 ΔT_{i-j}。

$$\Delta T_{2-5} = 2 - (5-4) = 1$$
$$\Delta T_{2-4} = 0 - (5-4) = -1$$
$$\Delta T_{3-6} = 12 - (5-3) = 10$$
$$\Delta T_{3-10} = 15 - (5-3) = 13$$

其中工作③→⑩的 ΔT_{3-10} 值最大,故优先将该工作向右移动2天(即第5天以后开始),然后计算每日资源需用量,看峰值是否小于或等于削峰目标(=10)。如果由于工作③→⑩最早开始时间改变,在其他时段中出现超过削峰目标的情况时,则重复(3)~(5)步骤,直至不超过削峰目标为止。本例工作③→⑩调整后,其他时间里没有再出现超过削峰目标,如表2.24及图2.81所示。

表2.24 每日资源需用量

工作日	1	2	3	4	5	6	7	8	9	10	11
资源需用量	5	5	5	7	9	8	8	6	6	8	8
工作日	12	13	14	15	16	17	18	19	20	21	22
资源需用量	8	7	7	4	4	4	4	4	5	5	5

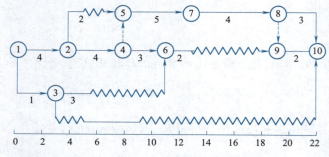

图2.81 第一次调整后的时标网络计划

(5)从表2.24得知,经第一次调整后,资源需用量最大值为9,故削峰目标定为8。逐日检查至第5天,资源需用量超过削峰目标值,在第5天中有工作②→④、③→⑥、②→⑤,计算各 ΔT_{i-j} 值。

$$\Delta T_{2-4} = 0 - (5-4) = -1$$
$$\Delta T_{3-6} = 12 - (5-3) = 10$$
$$\Delta T_{2-5} = 2 - (5-4) = 1$$

其中 ΔT_{3-6} 值为最大,故优先调整工作③→⑥,将其向右移动2天,资源需用量变化情况见表2.25。

表2.25 每日资源需用量

工作日	1	2	3	4	5	6	7	8	9	10	11
资源需用量	5	5	5	4	6	11	11	6	6	8	8
工作日	12	13	14	15	16	17	18	19	20	21	22
资源需用量	8	7	7	4	4	4	4	4	5	5	5

从表2.24可知在第6、7两天资源需用量又超过8。在这一时段中有工作②→⑤、②→④、③→⑥、③→⑩,再计算 ΔT_{i-j} 值。

$$\Delta T_{2-5} = 2 - (7-4) = -1$$
$$\Delta T_{2-4} = 0 - (7-4) = -3$$
$$\Delta T_{3-6} = 10 - (7-5) = 8$$
$$\Delta T_{3-10} = 12 - (7-5) = 10$$

按理应选择 ΔT_{i-j} 值最大的工作③→⑩,但因为它的资源强度为2,调整它仍然不能达到削峰目标,故选择工作③→⑥(它的资源强度为3),满足削峰目标,将其向右移动2天。

通过重复上述计算步骤,最后削峰目标定为7,不能再减少了,优化计算结果如表2.26及图2.82所示。

表 2.26 每日资源需用量

工作日	1	2	3	4	5	6	7	8	9	10	11
资源需用量	5	5	5	4	6	6	6	7	7	5	7
工作日	12	13	14	15	16	17	18	19	20	21	22
资源需用量	7	7	7	7	7	7	7	6	5	5	5

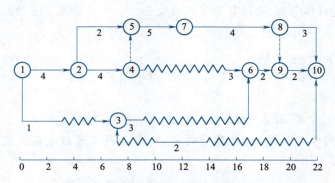

图 2.82 资源调整完成后的时标网络计划

忆一忆

资源优化的基本步骤是什么？

自学自测

一、单选题(只有1个正确答案,每题5分)

1. 对双代号网络图进行编号时,要求箭头节点的编号(　　　)箭尾节点的编号。
   A. 大于　　　　B. 等于　　　　C. 小于　　　　D. 大于等于

2. 网络图中,关键线路(　　　)。
   A. 只有一条　　B. 有多条　　　C. 至少有一条　　D. 均不对

3. 不属于节点分类的是(　　　)。
   A. 开始节点　　B. 结束节点　　C. 紧前节点　　　D. 中间节点

4. 在施工组织安排中,考虑劳动力、机具等的影响,在各施工过程之间主观上安排的施工顺序关系是(　　　)。
   A. 客观逻辑关系　　　　　　　B. 组织逻辑关系
   C. 工艺逻辑关系　　　　　　　D. 主观逻辑关系

5. 网络图中以起点节点开始,沿箭线方向连续通过一系列箭线与节点,最后到达终点节点的通路称为(　　　)。
   A. 节点　　　　B. 线路　　　　C. 工作　　　　D. 箭线

6. 由施工工艺所决定的各个施工过程之间客观存在的先后顺序关系是(　　　)。
   A. 客观逻辑关系　　B. 组织逻辑关系　　C. 工艺逻辑关系　　D. 主观逻辑关系

7. 某节点前面的工作全部完成,后面的工作最早可能开始的时间是(　　　)。
   A. 最早开始时间　　B. 最迟开始时间　　C. 最早完成时间　　D. 最迟完成时间

8. 在不影响计划总工期的前提下,各项工作所具有的机动时间是(　　　)。
   A. 自由时差　　　　　　　　　B. 总时差
   C. 最早可能开始时间　　　　　D. 最迟必须开始时间

9. 在网络计划中,关键工作是(　　　)。
   A. 总时差最小的工作　　　　　B. 自由时差最小的工作
   C. 时标网络计划中无波形线的工作　D. 持续时间最长的工作

10. 双代号网络图中的虚线表示(　　　)。
    A. 资源消耗程度　　　　　　　B. 工作的持续时间
    C. 工作之间的逻辑关系　　　　D. 非关键工作

二、判断题(对的划"√",错的划"×",每题5分)

1. 在网络图中,表达工作的编号应具有唯一性。　　　　　　　　　　　　　　　(　　)
2. 网络计划工期优化时,若被压缩的工作变成非关键工作,则应延长其持续时间,使之仍为关键工作。　　　　　　　　　　　　　　　　　　　　　　　　　　　　　(　　)
3. 网络图中以起点节点开始,沿箭线方向连续通过一系列箭线与节点,最后到达终点节点的通路是关键线路。　　　　　　　　　　　　　　　　　　　　　　　　(　　)
4. 在网络图中,既不消耗时间又不消耗资源的工作称为虚工作。　　　　　　　(　　)
5. 网络计划按绘图符号不同分为双代号网络计划和单代号网络计划。　　　　(　　)

●●●● 任 务 指 导 ●●●●

根据实际工程的建筑建设管理工作需求,编制单位工程施工进度网络计划步骤的前四个步骤(划分施工过程、计算工程量、确定劳动量和机械台班数、确定各施工过程的工作持续时间)参照施工进度横道计划进行,后续步骤如下:

一、编制施工进度网络计划

在绘制施工进度网络计划时,网络图布局应条理清楚、层次分明、行列有序,同时还要突出重点,尽量把关键工作和关键线路布置在中心位置。在绘图时正确应用虚箭线进行网络图的断路。当网络图中的工作任务较多时,可以把它分成几个小块来绘制,分界点选择在箭线和节点较少的位置,或按施工部位分块。

二、网络计划时间参数计算

网络计划时间参数计算是对拟建工程项目的网络计划的节点和工作进行时间参数的计算。节点计算时针对各节点的最早开始时间和最迟开始时间,然后根据节点时间计算各项工作的时间参数和网络计划的工期。时间参数计算可以进一步确定关键线路和关键工作,找出非关键工作的机动时间,从而为网络计划调整、优化打下基础,起到指导或控制工程施工进度的作用。

三、网络计划优化

在既定的约束条件下,按选定的工期目标、费用目标和资源目标,通过不断调整进度计划中的时间参数,改进进度计划,寻求满意方案。工期优化一般通过压缩关键工作的持续时间来实现,但是在优化过程中不能将关键工作压缩成非关键工作。费用优化是在一定的限定条件下,寻求总成本最低时的工期安排。资源优化的目标时通过调整计划中某些工作的开始时间,使资源分布满足某种要求。

📝 笔记栏

工 作 单

计 划 单

学习情境2	编制施工进度计划	任务2	编制施工进度网络计划
工作方式	组内讨论、团结协作共同制订计划：小组成员进行工作讨论，确定工作步骤	计划学时	0.5学时
完成人			

计划依据：1. 单位工程施工组织设计报告；2. 分配的工作任务

序号	计划步骤	具体工作内容描述
1	准备工作 （准备材料，谁去做？）	
2	组织分工 （成立组织，人员具体都完成什么？）	
3	制订两套方案 （各有何特点？）	
4	记录 （都记录什么内容？）	
5	整理资料 （谁负责？整理什么？）	
6	编制施工网络图 （谁负责？要素是什么？）	
制订计划说明	（写出制订计划中人员为完成任务的主要建议或可以借鉴的建议、需要解释的某一方面）	

决 策 单

学习情境2	编制施工进度计划		任务2	编制施工进度网络计划
决策学时		0.5学时		

决策目的:确定本小组认为最优的施工网络图

方案优劣比对	方案特点		比对项目	确定最优方案（划√）
	方案名称1：	方案名称2：		
			工程量计算是否合理	方案1优 □
			劳动量和台班确定是否合理	
			网络计划图绘制是否正确	方案2优 □
			工作效率的高低	
决策方案描述	（本单位工程最佳方案是什么？最差方案是什么？描述清楚,未来指导现场编写施工组织设计报告的实际工作）			

作 业 单

学习情境2	编制施工进度计划		任务2	编制施工进度网络计划
参加编写人员	第　　组 签名：		开始时间： 结束时间：	
序号	工作内容记录 （编制施工网络图的实际工作）			分　　工 （负责人）
1				
2				
3				
4				
5				
6				
7				
8				
9				
10				
11				
12				
小结	主要描述完成的成果及是否达到目标			存在的问题

检 查 单

学习情境 2	编制施工进度计划		任务 2	编制施工进度网络计划			
检查学时	课内 0.5 学时			第　　组			
检查目的及方式	教师过程监控小组的工作情况,如检查等级为不合格,小组需要整改,并拿出整改说明						
序号	检查项目	检查标准	检查结果分级 (在检查相应的分级框内划"√")				
			优秀	良好	中等	合格	不合格
1	准备工作	资源是否已查到、材料是否准备完整					
2	分工情况	安排是否合理、全面,分工是否明确					
3	工作态度	小组工作是否积极主动、全员参与					
4	纪律出勤	是否按时完成负责的工作内容、遵守工作纪律					
5	团队合作	是否相互协作、互相帮助、成员是否听从指挥					
6	创新意识	任务完成不照搬照抄,看问题具有独到见解、创新思维					
7	完成效率	工作单是否记录完整,是否按照计划完成任务					
8	完成质量	工作单填写是否准确,记录单检查及修改是否达标					
检查评语							教师签字:

评 价 单

1. 小组工作评价单

学习情境2	编制施工进度计划		任务2	编制施工进度网络计划	
评价学时	课内0.5学时				
班 级			第 组		
考核情境	考核内容及要求	分值(100)	小组自评(10%)	小组互评(20%)	教师评价(70%)	实得分(∑)
汇报展示(20)	演讲资源利用	5				
	演讲表达和非语言技巧应用	5				
	团队成员补充配合程度	5				
	时间与完整性	5				
质量评价(40)	工作完整性	10				
	工作质量	5				
	报告完整性	25				
团队情感(25)	核心价值观	5				
	创新性	5				
	参与率	5				
	合作性	5				
	劳动态度	5				
安全文明(10)	工作过程中的安全保障情况	5				
	工具正确使用和保养、放置规范	5				
工作效率(5)	能够在要求的时间内完成，每超时5分钟扣1分	5				

2. 小组成员素质评价单

学习情境 2	编制施工进度计划			任务 2	编制施工进度网络计划			
班　　级				第　　组	成员姓名			
评分说明	每个小组成员评价分为自评和小组其他成员评价两部分,取平均值计算,作为该小组成员的任务评价个人分数。评价项目共设计 5 个,依据评分标准给予合理量化打分。小组成员自评分后,要找小组其他成员不记名方式打分							
评分项目	评　分　标　准	自评分	成员1评分	成员2评分	成员3评分	成员4评分	成员5评分	
核心价值观 (20分)	是否有违背社会主义核心价值观的思想及行动							
工作态度 (20分)	是否按时完成负责的工作内容、遵守纪律,是否积极主动参与小组工作,是否全过程参与,是否吃苦耐劳,是否具有工匠精神							
交流沟通 (20分)	是否能良好地表达自己的观点,是否能倾听他人的观点							
团队合作 (20分)	是否与小组成员合作完成任务,做到相互协作、互相帮助、听从指挥							
创新意识 (20分)	看问题是否能独立思考,提出独到见解,是否能够创新思维,解决遇到的问题							
最终小组成员得分								

课后反思

学习情境2	编制施工进度计划		任务2	编制施工进度网络计划
班　　级		第　　组	成员姓名	
情感反思	通过对本任务的学习和实训,你认为自己在社会主义核心价值观、职业素养、学习和工作态度等方面有哪些需要提高的部分?			
知识反思	通过对本任务的学习,你掌握了哪些知识点?请画出思维导图。			
技能反思	在完成本任务的学习和实训过程中,你主要掌握了哪些技能?			
方法反思	在完成本任务的学习和实训过程中,你主要掌握了哪些分析和解决问题的方法?			

任务3　绘制施工现场平面图

任 务 单

学习情境2	编制施工进度计划			任务3		绘制施工现场平面图	
任务学时	课内4.5学时(课外1.5学时)						
布 置 任 务							
任务目标	1. 能根据工程项目实际情况,确定绘制施工现场平面图的步骤; 2. 能够根据单位工程要求,绘制单位工程施工现场平面图; 3. 够根据工程项目要求,绘制施工现场总平面图; 4. 能够在完成任务过程中锻炼职业素养,做到工作程序严谨认真对待,完成任务能够吃苦耐劳主动承担,能够主动帮助小组落后的其他成员,有团队意识,诚实守信、不瞒骗,培养保证质量等建设优质工程的爱国情怀						
任务描述	施工现场平面图是施工现场准备工作的重要内容,是保证工程顺利开工的重要条件,是实现有组织、有计划地文明施工及现场管理的重要保障。在布置施工平面图之前,相关技术人员应先到现场察看,认真进行调查研究,并对布置施工平面图的有关资料进行分析,使其与施工现场的实际情况一致。在确定拟建建筑的基础上优先考虑垂直运输机械的位置,搅拌站、仓库和材料、构件的堆场尽量靠近使用地点或起重机起重范围内。现场的道路应按材料和构件运输的需要沿着仓库和堆场布置。临时设施遵循使用方便、有利施工、尽量合并搭建。水、电管线要从经济和保证供应两个方面去考虑,尽量避开拟建工程和室外管沟						
学时安排	资讯	计划	决策		实施	检查	评价
	0.5学时(课外1.5学时)	0.5学时	0.5学时		2学时	0.5学时	0.5学时
对学生学习及成果的要求	1. 每名同学均能按照资讯思维导图自主学习,并完成知识模块中的自测训练; 2. 严格遵守课堂纪律,学习态度认真、端正,能够正确评价自己和同学在本任务中的素质表现,积极参与小组工作任务讨论,严禁抄袭; 3. 具备识图的能力,具备计算机知识和计算机操作能力; 4. 小组讨论施工现场平面图绘制的内容,能够结合工程实际情况绘制施工现场平面图; 5. 具备一定的实践动手能力、自学能力、数据计算能力、一定的沟通协调能力、语言表达能力和团队意识; 6. 严格遵守课堂纪律,不迟到、不早退;学习态度认真、端正;每位同学必须积极动手并参与小组讨论; 7. 讲解绘制施工现场平面图的过程,接受教师与学生的点评,同时参与小组自评与互评						

资讯思维导图

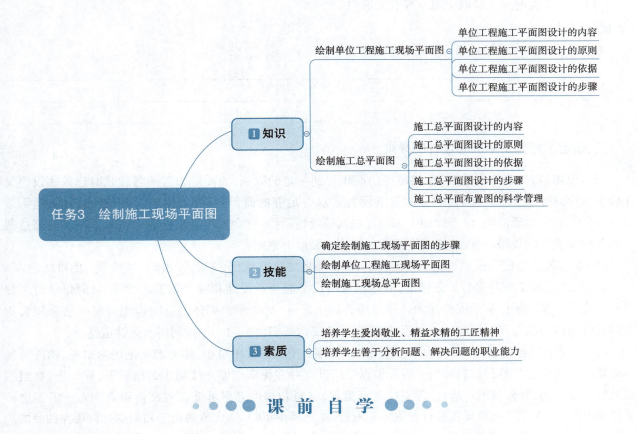

课前自学

任务知识1　绘制单位工程施工现场平面图

单位工程施工平面图是对拟建工程的施工现场所作的平面布置图,是进行施工现场布置的依据和实现施工现场有计划、有组织进行文明施工的先决条件,因此它是单位工程施工组织设计的重要组成部分。

施工平面图需要根据拟建工程的规模、施工方案、施工进度及施工生产中的需要,结合现场的具体情况和条件,对施工现场作出规划、部署和具体安排。它不但是施工过程空间组织的具体成果,而且也是根据施工过程空间组织的原则,对施工过程所需的工艺路线、施工设备、原材料堆放、动力供应、场内运输、半成品生产、仓库、料场、生活设施等进行空间和平面的科学规划与设计,并以平面图的形式加以表达。施工平面图绘制的比例一般为 1:200～1:500。

一、单位工程施工平面图设计的内容

(1)单位工程施工区域范围内,已建和拟建的地上和地下的一切建筑物、构筑物及其他设施的位置、尺寸和拟建建筑物的位置及尺寸,并标注河流、湖泊等位置和尺寸以及指北针、风向玫瑰图等。

(2)拟建工程所需的固定式垂直起重设备的位置及移动式起重设备的环行路线。

(3)各种施工设备的位置,存放各种材料(包括水暖电材料)、构件、个别成品构件等的仓库、堆场及临时作业场地的面积和位置的确定。

(4)场内施工道路布置、现场出入口位置等。

(5)生产性和非生产性临时设施的名称、面积、位置的确定。

(6)临时给排水管线、供电线路的布置;水源、电源、变压器位置确定;现场排水沟及排水方向的考虑。

视频
绘制单位工程施工现场平面图

(7)劳动保护、安全、防火和防洪设施的位置,及其他需要布置的内容。

(8)搅拌站、车库位置。

(9)土方工程的弃土及取土地点等有关说明。

忆一忆

单位工程施工现场平面图主要包括哪些内容?

_____

_____

_____

二、单位工程施工平面图设计的原则

施工现场(特别是临街建筑)可供使用的面积受到一定的限制,而需要布置的各种临时建筑和设施又比较多,这必然产生矛盾;同时,对临时建筑设置要求有足够的面积,且要求使用方便,交通畅通,运距最短,有利于生产、生活活动,便于管理。如果这些问题处理不当,就会产生不良的后果。为了正确处理这些矛盾并获得良好的效果,在设计施工平面图时应该遵循以下原则:

(1)在保证安全施工及顺利施工的前提下,平面布置要紧凑、便于管理,少占地,尽量不占用耕地。

(2)在满足施工顺利进行的条件下,应尽量少搭设临时建筑设施和减少施工用管线,以降低临时工程费用。应该尽量利用已有的或拟建的各种设施为施工服务;对必须要修建的临时设施要尽可能采用装拆方便的设施;布置时,不要影响正式工程的施工,避免二次或多次拆建。尽量利用永久性道路。

(3)在保证运输的条件下,最大限度缩短场内运距,使运输费用最小,尽可能杜绝场内材料、构件等的不必要的二次搬运。各种材料和构件等要根据施工进度并在保证能够连续施工的前提下,有计划、有组织地分期分批进场,充分利用场地;合理安排生产流程,材料和构件等尽可能布置在使用点附近。需要进行垂直运输的,应该尽可能布置在垂直运输机具附近,尽量减少运距,达到节约用工和减少材料耗损的目的。

(4)各种临时设施应便于生产和生活的需要。办公用房应靠近施工现场,福利设施应该在生活区范围之内。生产、生活设施应尽量分开,以减少生产和生活的相互干扰,保证施工生产的安全进行。

(5)在保证安全施工的条件下,平面布置应满足生产、生活、安全、消防、环保等方面的要求,并符合国家的有关规定。在山区雨季施工时,应该考虑防洪、排涝等措置,做到有备无患。

三、单位工程施工平面图设计的依据

单位工程施工平面图设计是在工程项目部施工设计人员勘查现场,取得现场周围环境第一手资料的基础上进行的。在设计施工平面图之前,必须熟悉施工现场与周围的地理环境;调查研究,收集有关技术经济资料;对拟建工程的工程概况、施工方案、施工进度及有关要求进行分析研究。只有这样,才能使施工平面图设计的内容与施工现场及工程施工的实际情况相符合。依据资料并按施工方案和施工进度计划的要求进行设计的,主要依据资料包括以下内容:

(1)建筑总平面图,现场地形图,已有建筑和待建建筑及地下设施的位置、标高、尺寸(包括地下管网资料)。建筑总平面图上表明的一切地上、地下的已建工程及拟建工程的位置,是正确确定临时设施位置、修建临时道路、解决排水等所必需的资料,以便考虑是否可以利用已有的房屋为施工服务或者是否拆除。设计平面布置图时,应考虑是否可以利用这些管道或者已有的管道(线)对施工有妨碍而必须拆除或迁移,同时要避免把临时建筑物等设施布置在拟建的管道(线)上面。

(2)施工组织总设计文件及气象等方面资料。根据施工方案确定的起重机械、搅拌机械等各种机具的数量,考虑安排它们的位置;根据现场预制构件安排要求,做出预制场地规划;根据进度计划,了解各阶段布置施工现场的要求,并整体考虑施工平面布置。自然条件调查资料,例如,气象、地形、水文及工程地质资料等,主要用于布置地面和地下水的排水沟;确定易燃、易爆、沥青灶、化灰池等有碍人体健康的设施布置位置;安排冬、雨季施工期间所需设施的地点。

(3)各种材料、构件、半成品构件需要量计划。根据各种主要材料、半成品、预制构件加工生产计划、需要量计划及施工进度要求等资料,设计材料堆专场、仓库等的面积和位置。

(4)各种生活、生产所需的临时设施和加工场地数量、形状、尺寸及建设单位可为施工提供的生活、生产用房等情况。建设单位能提供的已建房屋及其他生活设施的面积等有关情况,以便决定施工现场临时设施的搭设数量。

(5)水源、电源及建筑区域内的竖向设计资料。建筑区域的竖向设计资料和土方平衡图,这对于布置水、电管线、安排土方的挖填及确定取土、弃土地点很重要。

(6)在建项目地区的自然和技术经济条件。例如,交通运输、水源、电源、物资资源、生产和生活基地状况等资料。主要用于布置水、电、暖、煤、卫等管线的位置及走向;交通道路、施工现场出入口的走向及位置;临时设施搭设数量的确定。

四、单位工程施工平面图设计的步骤

单位工程施工平面图设计的一般步骤如图2.83所示。

(一)确定垂直起重运输机械的平面位置

在设计施工现场平面图的时候,垂直起重运输机械的位置直接影响仓库、堆场、砂浆和混凝土搅拌站的位置,以及道路和水、电线路的布置等。它是施工现场布置的核心,因此必须首先确定。

确定垂直起重运输机械的平面位置,应主要根据建筑物的平面和大小、施工段的划分、材料进场方向、运输道路、吊装工艺等而定,做到便于运输材料,便于组织分层分段流水施工,使运距最小。由于各种起重机械的性能不同,其布置方式也不相同。

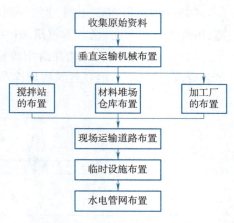

图2.83 施工平面图设计步骤

1. 固定式垂直起重运输机械

固定式垂直起重运输机械(如井架、龙门架、桅杆式起重机、固定式塔式起重机等)的布置,主要根据机械性能、建筑物的平面形状和大小、施工段的划分情况、材料进场方向、最大起升荷载和运输道路等情况来确定。其原则是充分发挥起重机械的能力,并使地面和楼面上的水平运距最小,且施工方便。同时主要考虑以下内容:

(1)当建筑物各部位的高度相同时,应布置在施工段的分界线附近。

(2)当建筑物各部位的高度不同时,布置在高低分界线较高部位一侧。

(3)采用井架、龙门架时,其位置以布置在窗口的地方为宜,避免砌墙留槎和减少井架拆除后的墙体修补工作。

(4)井架、龙门架的数量,要根据施工进度、垂直提升的构件和材料的数量、台班工作效率等因素计算确定,其服务范围一般为50~60 m。

(5)固定式垂直起重运输机械中卷扬机的位置,不应距离起重机太近,以便司机的视线能够看到起重机整个升降过程,一般应大于或等于建筑物的高度,水平距离应离外脚手架3 m以上。

(6)井架应在外脚手架之外,并应有5~6 m距离为宜。

(7)当建筑物为点式高层时,固定的塔式起重机可以布置在建筑物中间或布置在建筑物的转角处。

2. 轨道式垂直起重运输机械

轨道式垂直起重运输机械主要是集起重、垂直提升、水平运输三种功能为一身的起重机械设备。一般沿建筑物的长度方向布置,其位置布置主要取决于建筑物的平面形状、大小、构件重量、起重机的性能及周围的施工场地条件等。通常轨道的布置方式分为单侧布置、双侧或环形布置、跨内布置(包括跨内单行布置和跨内环形布置)三种。

(1)单侧布置:当建筑物宽度较小,构件重量不大,选择起重力矩在50 kN·m以下的塔式起重机时,可采用单侧布置形式,如图2.84所示。其优点是轨道长度较短,不仅可节省工程投资,而且有较宽敞的场地

堆放构件和材料。

(2)双侧布置或环形布置:当建筑物宽度较大,构件重量较重时,应采用双侧布置或环形布置,如图2.85所示。

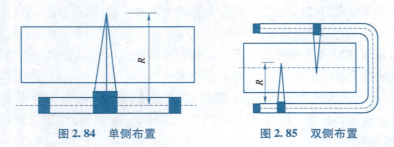

图2.84　单侧布置　　　　　　　　图2.85　双侧布置

(3)跨内单行布置:由于建筑物周围场地比较狭窄,不能在建筑物的外侧布置轨道,或者由于建筑物较宽、构件重量较大时,塔式起重机采用跨内单行布置才能满足技术要求,如图2.86所示。

(4)跨内环形布置。当建筑物较宽、构件重量较大时,塔式起重机采用跨内单行布置已不能满足构件吊装要求,且又不可能在建筑物周围布置时,可选择跨内环形布置,如图2.87所示。

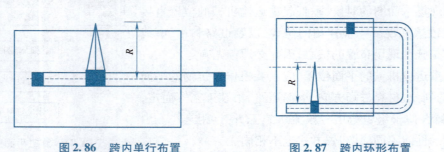

图2.86　跨内单行布置　　　　　　图2.87　跨内环形布置

轨道式垂直起重运输机械在布置时应注意以下内容:

(1)轨道式垂直起重运输机械布置完成后,应绘制出起重机的服务范围,即分别以轨道两端有效端点的轨道中心为圆心,以起重机械最大回转半径为半径画出两个半圆,并连接这两个半圆,如图2.88所示。

建筑物的平面应处于吊臂回转半径之内,以便直接将材料和构件运至任何施工地点尽量避免出现"死角",如图2.89所示。如果做不到这一点,则尽量使"死角"越小越好,或使最重、最高、最大的构件不出现在"死角"里。

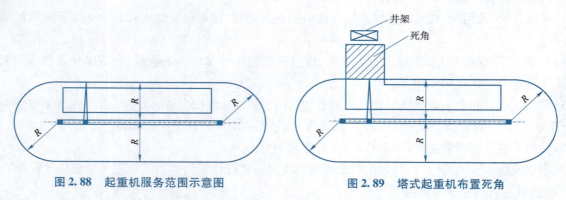

图2.88　起重机服务范围示意图　　　　图2.89　塔式起重机布置死角

(2)为了便于有轨式垂直起重运输机械运行方便,应尽量缩短吊车每吊次的时间、增加吊次,提高效率。

(3)应尽量缩短轨道长度,以降低铺轨费用。轨道布置方式通常是沿建筑物一侧或两侧布置,必要时还需增加转弯设备,同时做好轨道路基四周的排水工作。

(4)如果建筑物的一部分不在吊臂活动的服务半径之内(即出现了"死角"),在吊远构件时,当需要将构件作水平移动时,移动的最大距离不能超过1 m,并应有严格的技术安全措施。否则,应采取其他辅助措施(例如,布置井架或在楼面进行水平转运等),以使施工顺利进行。

3. 自行式无轨起重运输机械

自行式无轨起重运输机械一般分为履带式起重机、汽车式起重机和轮胎式起重机。他们一般用作构件装卸的起吊构件之用,还适用于装配式单层工业厂房主体结构吊装。其开行路线主要取决于建筑物的平面尺寸;构件重量;施工方法;场地四周的环境及构件的类型、大小和安装高度,一般不用作垂直和水平运输。开行路线有靠跨中开行和靠跨边开行两种。

(二)确定搅拌站、材料及构件堆场、仓库、加工厂位置

搅拌站、材料及构件堆场、仓库、加工厂的位置确定应尽量靠近使用地点或起重机的服务范围之内,并考虑到方便运输与装卸材料的方便;各类加工厂的布置应根据施工现场的实际确定,并考虑施工要求及安全要求。其布置要求如下:

(1)当起重机械的位置确定后,再确定材料及构件堆放及搅拌站的位置。材料及构件的堆放应在固定式起重机械的服务范围内,避免产生二次搬运。

(2)当采用固定式垂直运输机械时,首层、基础和地下室所用的砖石材料,应该沿建筑物四周布置,并距坑、槽边的距离不小于0.5 m,以免造成坑(槽)土壁的塌方事故;二层以上的材料、构件,应布置在垂直运输机械附近。

(3)当多种材料和构件同时布置时,对大宗的、重量大的和先期使用的材料,应尽可能靠近使用地点或起重机械附近布置,而少量的、重量轻的和后期使用的材料,可布置得离使用地点或起重机稍远一点。混凝土和砂浆搅拌机应尽量靠近垂直运输机械。

(4)当采用自行式有轨起重机械时,材料及构件堆场位置、搅拌站的出料口位置应布置在自行有轨式垂直起重机械的有效服务范围内。

(5)当采用自行式无轨起重机械时,材料及构件堆场位置、搅拌站的位置应沿着起重机的开行路线布置,且其所在位置应在起重臂的最大起重半径范围内。

(6)在任何情况下,搅拌机应有后台上料的场地,所有搅拌站所用的水泥、砂、石等材料,都应布置在搅拌机后台附近。当基础混凝土浇筑量较大时,混凝土搅拌站可以直接布置在基坑边缘附近,待基础混凝土浇筑完毕后,再转移搅拌站,以减少混凝土的运输距离。

(7)混凝土搅拌机每台需要的面积,冬季施工时为 50 m²/台,其他时间为 25 m²/台;砂浆搅拌机需要的面积,冬季施工时为 30 m²/台,其他时间为 50 m²/台。

(8)预制构件的堆放位置要考虑到其吊装顺序,力求做到送来即吊,避免二次搬运。

(9)单位工程施工平面图中的临时加工场地一般指钢筋加工场地、木材加工场地、预制构件加工场地、沥青加工场地、淋灰池等。平面位置布置的原则是尽量靠近起重设备,并按各自的性能及使用功能来选择合适的地点。

(10)钢筋加工场地、木材加工场地应选择在建筑物四周,且有一定的材料、成品堆放处。钢筋加工场地还应尽可能设在起重机服务范围之内,避免二次搬运,而木材加工场地应根据其加工特点,选在远离火源的地方。沥青加工场地应远离易燃物品,且设在下风向地区。

搅拌站、仓库、堆场位置的布置应尽量选择在靠近使用地点并在起重设备的服务范围以内。根据起重机类型的不同,有下列几种布置方案:

(1)采用固定式垂直运输设备时,搅拌站尽可能靠近起重机布置,以减少运距或二次搬运。

(2)当采用塔式起重机时,搅拌机应布置在塔吊的服务范围内。

(3)当采用无轨自行式垂直起重机械进行水平或垂直运输时,应沿起重机开行路线一侧或两侧进行布置,位置应在起重机的最大外伸长度范围内。

(三)现场运输道路布置

现场运输道路的布置主要解决运输和消防两个问题。现场主要道路应尽量利用永久性道路的路面或路基,以节约费用。要保持道路的通畅,使运输工具具有回转的可能性。因此,运输线路最好绕建筑物布

置成环形。运输道路布置应符合以下原则：

(1)尽量使道路布置成直线，以便提高运输车辆的形成速度，并应使道路形成环形，以提高车辆的通过能力。

(2)考虑下一期开工的建筑物位置和地下管线的布置。道路的布置要与后期施工结合起来考虑，以避免临时改道或道路被切断影响运输。

(3)满足材料、构件等运输要求，使道路通到各个堆场和仓库所在位置，且距装卸区越近越好。

(4)满足消防的要求，使道路靠近建筑物、木料场等易燃地方，以便消防车辆直接开到消防栓处。道路宽度不小于3.5 m。

(5)道路布置应满足施工机械的要求。

施工现场道路最小宽度见表2.27。施工现场道路最小转弯半径见表2.28。

表2.27 施工现场道路最小宽度

序号	车辆类别和要求	道路宽度/m	序号	车辆类别和要求	道路宽度/m
1	汽车单行道	不小于3.5	3	平板车单行道	不小于4.0
2	汽车双行道	不小于6.0	4	平板车双行道	不小于8.0

表2.28 施工现场道路最小转弯半径

车辆类型	路面内侧的最小转弯半径/m		
	无拖车	有一辆拖车	有两辆拖车
小客车、三轮车	6	—	—
一般二轴载重汽车	单车道9 双车道7	12	15
三轴载重汽车 重型载重汽车	12	15	18
超重型载重汽车	15	18	21

(四)临时设施布置

1. 临时设施分类

为服务于建筑工程的施工，施工现场的临时设施可分为：生产性和非生产性两大类。

1)生产性临时设施内容

生产性临时设施内容包括：现场加工制作的作业棚，如木工棚、钢筋加工棚、薄钢板加工棚；各种材料库、棚，如水泥库、油料库、卷材库、沥青棚、石灰棚；各种机械操作棚，如搅拌机棚、卷扬机棚；各种生产性用房，如锅炉房、机修房、水泵房等；其他设施，如变压器等。

2)非生产性临时设施内容

非生产性临时设施内容包括：办公室、工人宿舍、会议室、食堂、浴室、活动场所、医务室、厕所等。

2. 临时设施布置

布置临时设施应遵循使用方便、有利施工、方便生活、尽量合并搭建、符合防火安全的原则。同时结合地形和条件、施工道路的规划等因素分析考虑布置。各种临时设施均不能布置在拟建工程、拟建地下管沟、取土、弃土等地点。

(五)水电管网布置

1. 施工水网布置

(1)供水管道一般从建设单位的干管或自行布置的干管接到用水地点，同时应保证管网总长度最短。管径的大小和出水龙头的数目及设置，应视工程规模的大小，通过计算确定。管道可埋于地下，也可以铺在地面上，根据当地的气候条件和使用期限的长短而定。

(2)临时施工用水管网布置时，除了要满足生产、生活要求外，还要满足消防用水的要求，并设法使管道铺设得越短越好。为了排除地面水和地下水,应该及时修通永久性下水道,并结合现场地形在建筑物周围设置排泄地面水和地下水的沟渠。

(3)施工现场应按防火要求布置消防水池、水桶、灭火器、消防栓等消防设施,消防栓应沿道路设置,距离道路不大于2 m,距离建筑物不应小于5 m,也不应大于25 m。工地消防栓应该设有明显的标志,且周围3 m以内不准堆放建筑材料。单位工程施工中的防火,一般用建设单位的永久性消防设备。若为新建企业则根据全工地的施工总平面图考虑。

(4)高层建筑施工,应设置专用高压泵和消防竖管。消防高压泵应该用非易燃材料建造,并设在安全位置。

(5)供水管网一般分为:环形管网、枝形管网和混合式管网三种形式。

2. 施工电网布置

(1)施工现场线路应尽量架设在道路一侧,且尽量保持线路水平,以免电杆受力不均匀。

(2)施工现场一般采用架空配电线路,且要求现场架空线与施工建筑物水平距离不小于10 m;架空线与地面距离不小于6 m,跨越建筑物或临时设施时,垂直距离不小于2.5 m,距树木不应小于1 m。

(3)现场架空线必须采用绝缘铜线或绝缘铝线。架空线必须设在专用电杆上,并布置在道路一侧,严禁架设在树木、脚手架上。架空线与杆间距一般为25~40 m,分支线及引入线均应从杆上横担处连接,不得由两杆之间接线。

(4)施工现场临时用电线路布置一般可以采用枝状系统和网状系统两种形式。

绘制单位工程施工现场平面图时,应该尽量将拟建的单位工程放在图的中心位置。不同的工程性质和不同的施工阶段,也各有不同的内容和要求。因此,不同的施工阶段可能有不同的现场施工平面图设计。一般中小型单位工程只绘制主体结构施工阶段平面图即可。大中型单位工程应该分阶段绘制多张施工现场平面图,例如,高层建筑工程可以绘制基础、主体、装修等不同阶段的施工现场平面图。单位工程施工现场平面布置图如图2.90所示。

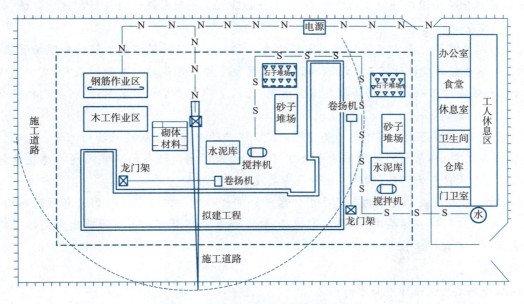

图2.90 单位工程施工现场平面布置图

综合案例分析

1. 背景

某学校拟建一食堂,设计采用框架结构,地下1层,地上9层。建筑物外形尺寸92 m×21 m,总高21.7 m。东西两侧紧临配电室和锅炉房,南侧马路对面为一球场,场地十分狭小。采用商品混凝土搅拌,运至现场后,卸入混凝土料斗,利用塔吊吊至浇筑地点。塔吊采用固定式塔吊。现场不用再设置混凝土搅拌站,只设一个小型砂浆搅拌站。在拟建建筑物的北侧有一道高压电线通过。施工现场平面布置图如图2.91所示(水电管线布置略)。

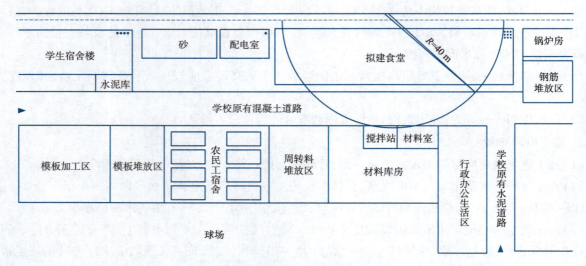

图 2.91 施工现场平面布置图

2. 问题

(1)单位工程施工组织设计平面图包括哪些内容?

(2)根据平面图布置原则和要求找出布置不合理之处,并说明原因。

(3)简述塔吊的布置原则。塔吊最大起吊高度如何确定?

3. 分析

(1)考核对单位平面图设计内容的理解,并要求全面掌握。平面图设计应包括拟建建筑物、临建、临时水电线路、塔吊布置等。

(2)考核对施工现场平面布置图的规划布置能力。需要有较强的现场施工经验和现场管理能力。水泥、砂石堆料场尽量靠近搅拌站布置;模板和钢筋加工区要布置在塔吊的起吊范围之内,减少运输距离;生活行政办公区要远离塔吊服务区;塔吊布置不要出现"死角",同时要尽量覆盖料场;根据消防安全要求,乙炔和油料库房要远离锅炉房。

(3)考核塔吊的布置原则和塔吊起吊高度的确定。塔吊的布置需要从建筑物的形状、建筑物四周施工场地的条件、吊装工艺、塔吊与其他物体的安全距离等方面来考虑。塔吊的安装高度由建筑物总高度、建筑物顶层人员安全生产所需高度、构件高度和吊索高度四部分组成。

(4)考核对施工现场施工道路的布置要求的理解和掌握程度。需要考虑的因素有材料和构件的运输要求、消防要求、保证道路畅通要求(建设环形道路、倒车场等)、尽量利用已有道路或永久性道路、尽量避开拟建建筑物和地下有拟建管道的地方。

4. 参考答案

1)单位工程施工组织设计平面图的内容

(1)已建及拟建的永久性房屋、构筑物及地下管道。

(2)材料仓库、堆场、预制构件堆场、现场预制构件制作场地布置、钢筋加工棚、木工房、混凝土搅拌站、砂浆搅拌站、化灰池、沥青锅、生活及行政办公用房等。

(3)临时道路,可利用的永久性或原有道路。

(4)临时水电管网、变压站、加压泵房、消防设施、临时排水沟管、围墙、传达室。

(5)起重机开行路线及轨道铺设,固定垂直运输工具或井架位置,起重机回转半径。

(6)测量轴线及定位线标志,永久性水准点位置,土方取弃场地。

2) 布置不合理之处

(1) 水泥、砂石堆料场距离搅拌站太远，布置不合理。

(2) 模板加工区距离塔吊较远，增加了运输距离，布置不合理。

(3) 行政办公生活区、农民工生活区距离塔吊太近，容易发生危险事故，布置不合理。

(4) 塔吊没有覆盖整个拟建工程，造成较大"死角"，应采用 $R=50$ m 塔吊比较合理。

(5) 塔吊应该布置在拟建建筑物的南侧，可以加大吊装服务范围；同时，可以在一定程度上避开北侧高压线影响。

(6) 未按要求布置临时消火栓。

3) 塔吊位置确定原则及塔吊起吊高度

(1) 塔吊位置确定原则。

①塔吊的平面位置主要取决于建筑物的平面形状和四周场地条件，一般应在场地较宽阔的一面沿建筑物的长度方向布置，以充分发挥其效率。布置方式有沿建筑物单侧布置、双侧布置和跨内布置（包括跨内单行布置和跨内环形布置）三种。

②布置塔吊的位置要根据现场建筑物四周的施工场地的条件及吊装工艺来确定，使塔吊在起重臂操作范围内能够将材料和构件运至任何施工地点，避免出现"死角"。

③布置塔吊时还要考虑塔吊与拟建建筑物间的安全距离，以便搭设拟建建筑物外墙防护安全网，同时又不影响塔吊的运输。高空有高压线通过时，高压线必须高出塔吊，并留有安全距离；如果不符合上述条件，则高压线应搬迁或重新选择塔吊布置位置。在搬迁高压线确有困难而又无新位置可选时，则要采取安全措施，例如，搭设隔离防护竹、木排架。

(2) 塔吊起吊高度。

$$塔吊起吊高度 H = H_1 + H_2 + H_3 + H_4。$$

式中　H——塔吊所需最大的起吊高度；

　　　H_1——建筑物总高度；

　　　H_2——建筑物顶层人员安全生产所需高度；

　　　H_3——构件高度；

　　　H_4——吊索高度。

忆一忆

单位工程施工现场平面图设计的步骤是什么？

_____

_____

_____

任务知识2　绘制施工总平面图

施工总平面布置图是在拟建项目的施工现场范围内，按照施工布置和施工总进度计划的要求，将拟建项目和各种临时设施进行合理部署的总体布置图，是施工组织设计的重要内容，也是实现现场文明施工、节约施工用地，减少各种临时设施数量，降低工程费用的先决条件。

施工总平面布置图按照规定的图例进行绘制，一般比例为 1:1 000～1:2 000。

视频
绘制施工现场总平面图

一、施工总平面图设计的内容

施工总平面布置图通常包括以下内容：

(1) 项目施工用地范围内的地形状况。

(2)全部拟建的建(构)筑物和其他基础设施的位置。

(3)项目施工用地范围内的建设设施、运输设施、存储设施、供电设施、供水供热设施、排水排污设施、临时施工道路和办公及生活用房等。

(4)施工现场必备的安全、消防、保卫和环境保护等设施。

(5)相邻的地上、地下既有建(构)筑物及相关环境。

忆一忆

施工总平面图主要包括哪些内容？

_____
_____
_____

二、施工总平面图设计的原则

施工总平面图设计的原则包括以下内容：

(1)平面布置科学合理,施工场地占用面积少。

(2)合理组织运输,减少二次搬运。

(3)施工区域的划分和场地的临时占用应符合总体施工部署和施工流程的要求,减少相互干扰。

(4)充分利用既有建(构)筑物和既有设施为项目施工服务,降低临时设施的建造费用。

(5)临时设施应方便生产和生活,办公区、生活区和生产区宜分离设置。

(6)符合节能、环保、安全和消防等要求。

(7)遵守当地主管部门和建设单位关于施工现场安全文明施工的相关规定。

三、施工总平面图设计的依据

施工总平面图设计的依据主要包括以下内容：

(1)建设项目地形图、区域规划图、建筑总平面图、竖向布置图和地下设施布置图。

(2)建设项目的概况、施工部署和主要建筑物施工方案。

(3)建设项目施工总进度计划、总质量计划和总成本计划。

(4)建设项目施工总资源计划和施工设施计划。

(5)建设项目施工用地范围、水源、电源位置,及项目安全施工和防火标准等。

四、施工总平面图设计的步骤

(一)场外交通的引入

设计施工总平面图时,首要问题是必须解决大宗材料、成品、半成品、设备等进入工地的运输道路。当大批材料由铁路运来时,首先要解决铁路的引入问题,要考虑其转弯半径和坡度的限制,并制定专用线的起点和进场位置;当大批材料是由水路运来时,应首先考虑原有码头的运输能力和是否增设专用码头的问题,卸货码头不应少于两个,当江河距离工期较近时,可在码头附近布置加工厂和仓库;当大批材料是由公路运入工地时,由于汽车线路可以灵活布置,因此,一般首先布置场内仓库和加工厂,并与场外道路连接。

(二)布置材料、预制构件仓库

仓库一般应设置在运输方便、位置适中、运距较短及安全防火的地方,一般应接近使用的地点,其纵向和线路平行,并应根据不同材料、设备和运输方式来设置,如果装卸时间长的仓库不宜靠近路边。

(1)当采用铁路运输时,仓库应沿铁路线布置,并且要有足够的装卸作业面,宜沿铁路布置中心仓库。如果没有足够的装卸作业面,必须在附近设置转运仓库。布置铁路沿线仓库时,应将仓库设置在靠近工地一侧,避免运输跨越铁路。同时仓库不宜设置在弯道或坡道上。

(2)当采用水路运输时,一般应在码头附近设置转运仓库,缩短船只在码头上的停留时间。

(3)当采用公路运输时,仓库的布置较灵活:一般中心仓库布置在工地中央或靠近使用的地方,也可以布置在靠近与外部交通连接处。

(4)水泥、木材等材料的仓库,砂、石等材料的堆场宜布置在搅拌站、预制场和加工厂附近;钢筋、木材应布置在加工厂附近;砖、块石和预制构件等应该直接布置在施工项目附近或垂直运输设备附近,避免二次搬运。

(5)工业项目建筑工地应考虑主要设备的仓库或堆场,一般较重设备应尽量放在车间附近,其他设备可布置在外围空地上。

(6)工具仓库应布置在加工区和施工区之间的交通便利处,零星小件、配件、专用工具等仓库可以分别设置在各施工区内。

(7)油料、电石、氧气等仓库应布置在边远、人少的安全地点,易燃材料仓库要建在拟建工程的下风向。

(三)布置加工厂和搅拌站的位置

各种加工厂布置,应以方便使用、安全防火、运输费用少、不影响建筑安装工程施工的正常进行为原则。一般应将加工厂与相应的仓库或材料堆场布置在同一地区,且多处于工地边缘。

(1)预制加工厂宜尽量利用建设地区永久性加工厂,只有在运输困难时,才考虑现场设置预制加工厂,一般设置在建设场地空闲地带上。

(2)钢筋加工厂一般采用分散或集中布置,宜设置在混凝土构件预制加工厂及主要施工对象的附近,但不能紧邻木材加工厂。对于需要进行冷加工、对焊、点焊的钢筋或大片钢筋网,宜集中布置在中心加工厂;对于小型加工件,利用简单机具成型的钢筋加工,宜分散在钢筋加工棚中进行。

(3)木材加工厂应视木材加工的工作量、加工性质和种类决定是集中设置还是分散设置。加工厂的原木、锯材堆场应靠近运输线路;锯木、板材粗细加工车间和成品堆场,要按工艺流程布置,一般设置在施工现场区域边缘的下风向位置。

(4)金属结构、锻工、电焊和机修等车间,由于它们在生产上联系密切,应尽可能布置在一起。

(5)产生有害气体和污染空气的临时加工厂,应设置在下风向位置,例如,石面加工厂、沥青熬制加工厂等。

(6)当具备必要的混凝土输送设备时,混凝土搅拌站宜集中布置;否则,应分开布置在使用地点附近。

(7)混凝土供应站,根据城市管理条例的规定,并结合工程所在地点的情况,选择两种情况:有条件的地区,应尽可能采用商品混凝土直供方式;若不具备商品混凝土供应的地区,且现浇混凝土量大时,宜在工地设置搅拌站;当运输条件好时,宜采用集中搅拌为好;当运输条件较差时,宜采用分散搅拌。

(8)砂浆搅拌站,宜采用分散就近布置。

各类加工厂和作业棚等所需面积,见表 2.29 和表 2.30。

表 2.29 现场作业棚所需面积参考资料

序号	名 称	单 位	面积/m²	备 注
1	木工作业棚	m²/人	2	占地为建筑面积的 2~3 倍
2	电锯房	m² m²	80 40	863~914 mm 圆锯 1 台 小圆锯 1 台
3	钢筋作业棚	m²/人	3	占地为建筑面积的 3~4 倍
4	搅拌棚	m²/台	10~18	—
5	卷扬机棚	m²/台	6~12	—
6	烘炉房	m²	30~40	—
7	焊工房	m²	20~40	—

续表

序号	名称	单位	面积/m²	备注
8	电工房	m²	15	—
9	白铁工房	m²	20	—
10	油漆工房	m²	20	—
11	机、钳工修理房	m²	20	—
12	立式锅炉房	m²/台	5~10	—
13	发电机房	m²/kW	0.2~0.3	—
14	水泵房	m²/台	3~8	—
15	空压机房(移动式) 空压机房(固定式)	m²/台 m²/台	18~30 9~15	

表2.30 临时加工厂所需面积参考资料

(a)

序号	加工厂名称	年产量单位	年产量数量	单位产量所需建筑面积/m²	占地总面积/m²	备注
1	混凝土搅拌站	m² m² m²	3 200 4 800 6 400	0.022 0.021 0.020	按砂石堆场考虑	400 L 搅拌机 2 台 400 L 搅拌机 3 台 400 L 搅拌机 4 台
2	临时性混凝土预制厂	m² m² m² m²	1 000 2 000 3 000 5 000	0.25 0.20 0.15 0.125	2 000 3 000 4 000 小于 6 000	生产屋面板和中小型梁柱板等,配有蒸养设施
3	半永久性混凝土预制厂	m² m² m²	3 000 5 000 10 000	0.6 0.4 0.3	9 000~12 000 12 000~15 000 15 000~20 000	—
4	木材加工厂	m² m² m²	16 000 24 000 30 000	0.024 4 0.019 9 0.018 1	1 800~3 600 2 200~4 800 3 000~5 500	进行原木、大方加工
4	综合木工加工厂	m² m² m² m²	200 600 1 000 2 000	0.30 0.25 0.20 0.15	100 200 300 420	加工门窗、模板、地板、屋架等
4	粗木加工厂	m² m² m² m²	5 000 10 000 15 000 20 000	0.12 0.10 0.09 0.08	1 350 2 500 3 750 4 800	加工屋架、模板
4	细木加工厂	万 m² 万 m² 万 m²	5 10 15	0.014 0 0.011 4 0.010 6	7 000 10 000 14 300	加工门窗、地板
5	钢筋加工厂	t t t t	200 500 1 000 2 000	0.35 0.25 0.20 0.15	280~560 380~750 400~800 450~900	加工、成型、焊接

(b)

序号	加工厂名称		单位	所需场地大小/m²	备注
6	现场钢筋拉直或冷拉	拉直场	m²(长×宽)	(70~80)×(3~4)	3~5 t电动卷扬机一台
		卷扬机棚		15~20	
		冷拉场		(40~60)×(3~4)	包括材料及成品堆放
		时效场		(30~40)×(6~8)	包括材料及成品堆放
	钢筋对焊	对焊场地	m²(长×宽)	(30~40)×(4~5)	寒冷地区应适当增加
		对焊棚		15~24	
	钢筋冷加工	冷拔、冷拔机	m²/台	40~50	—
		剪断机		30~50	
		弯曲机12~40台		50~60	
		弯曲机大于40台		60~70	
7	金属结构加工(包括一般铁件)		m²/t	10(年产500 t) 8(年产1 000 t) 6(年产2 000 t) 5(年产3 000 t)	按一批加工数量计算
8	石灰消化	贮灰池	m²	5×3=15	每两个贮灰池配一套淋灰池和淋灰槽、每600 kg石灰可消化1 m²石灰膏
		淋灰池		4×3=12	
		淋灰槽		3×2=6	
9	沥青锅场地		m²	20~24	台班产量1~1.5 t/台

(四)布置场内临时运输道路

根据各加工厂、仓库及各施工对象的相对位置,考虑货物运转,区分主要道路和次要道路,进行道路的规划。

(1)合理规划临时道路与地下管网的施工程序。尽量利用永久性道路,在建设项目开工之前,提前修建好永久性道路的路基和简单路面,作为施工所需的临时道路,以达到节约投资的目的。

(2)保证运输畅通。应采用环形布置,主要道路宜采用双车道,路面宽度不小于6 m,次要道路宜采用单车道,路面宽度不小于3.5 m。临时道路路面种类和厚度参考见表2.31。

表2.31 临时道路路面种类和厚度参考

路面种类	特点及使用条件	路基土	路面厚度/cm	材料配合比
级配砾石路面	雨天照常通车,可通行较多车辆,但材料级配要求严格	砂土值	10~15	1. 体积比 V黏土:V砂:V石子=1:0.7:3.5 2. 重量比 面层:黏土13%~15%,砂石料85%~87% 底层:黏土10%,砂石混合料90%
		黏土质或黄土	14~18	
碎(砾)石路面	雨天照常通车,碎(砾)石本身含土较多,不加砂	砂质土	10~18	碎(砾)石>65%,当地土壤含量≤35%
		砂质土或黄土	15~20	
碎砖路面	可维持雨天通车,通行车辆较少	砂质土	13~15	垫层:砂或炉渣4~5 cm 底层:7~10 cm碎砖 面层:2~5 cm碎砖
		砂质土或黄土	15~18	
炉渣或矿渣路面	可维持雨天通车,通行车辆较少,当地有此种材料时	一般土	10~15	炉渣或矿渣75%,当地土25%
		较松软土	15~30	
砂土路面	雨天停车,通行车辆较少,附近不产石料,只有砂时	砂质土	15~20	粗砂50%、细砂、粉砂和黏质土50%
		黏质土	15~30	
风化石屑路面	雨天不通车,通行车辆较少,附近有石屑可利用	一般土	10~15	石屑90%,黏土10%
石灰土路面	雨天停车,通行车辆少,附近产石灰时	一般土	10~13	石灰10%,当地土90%

(3)选择合理的路面结构。根据运输情况和运输工具的不同类型而定,必须要修建的临时道路,尽量把仓库、加工厂和施工点贯穿起来,并且场外与省、市公路相连的干线,宜建成混凝土路面;场区内的干线,宜采用碎石级配路面;场内支线一般为砂石路面。

(4)临时道路要尽量利用自然地形进行排水,避免道路积水,妨碍交通和增加养护工作及其费用。

(5)临时道路应避免与铁路交叉,必须交叉时宜采用直角相交,交角应大于30°。

临时道路的技术数据要求见表2.32。

表2.32 简易道路的技术要求

指标名称	技术标准
设计车速/(km·h^{-1})	≤20
路基宽度/m	双车道6~6.5;单车道4.5~5;困难地段3.5
路面宽度/m	双车道5~5.5;单车道3~3.5
平面曲面最小半径/m	平原、丘陵地区20;山区15;回头弯道12
最大纵坡/%	平原地区6;丘陵地区8;山区9
纵坡最短长度/m	平原地区100;山区50
桥面宽度/m	木桥4~4.5
桥涵载重等级/t	木桥涵7.8~10.4(汽-6~汽-8)

(五)布置行政管理及生活临时房屋

临时设施包括办公室、汽车库、休息室、开水房、食堂、俱乐部、厕所、浴室等。根据工地施工人数可计算临时设施的建筑面积。

(1)应尽量利用原有建筑物,不足部分另行建造。

(2)一般全工地性行政管理用房宜设在工地入口处,以便对外联系;也可设在工地中间,便于工地管理。

(3)工人用的福利设施应设置在工人较集中的地方,或工人必经之处。

(4)生活区应设在场外,距工地500~1 000 m为宜;食堂可布置在工地内部或工地与生活区之间。

(5)临时设施的设计,应以经济、适用、拆装方便为原则,并根据当地的气候条件、工期长短确定其结构形式。

临时建筑参考面积见表2.33。

表2.33 行政、生活、福利等临时建筑面积参考资料(m^2/人)

序号		临时房屋名称	指标使用方法	参考指标	序号		临时房屋名称	指标使用方法	参考指标
一		办公室	按使用人数	3~4		3	理发室	按高峰年平均人数	0.01~0.03
二	1	单层通铺	按高峰年(季)平均人数(扣除不在工地住人数)	2.5~3.0		4	俱乐部	按高峰年平均人数	0.1
	2	宿舍 双层床		2.0~2.5	五	5	其他 小卖部	按高峰年平均人数	0.03
	3	单层床		3.5~4.0		6	招待所	按高峰年平均人数	0.06
						7	托儿所	按高峰年平均人数	0.03~0.06
三		家属宿舍	—	16~25 m^2/户		8	子弟校	按高峰年平均人数	0.06~0.08
四		食堂	按高峰年平均人数	0.5~0.8		9	其他公用	按高峰年平均人数	0.05~0.10
		食堂兼礼堂	按高峰年平均人数	0.6~0.9		1	开水房	按高峰年平均人数	10~40
五	1	其他 合计	按高峰年平均人数	0.5~0.6	六	2	小型房屋 厕所	按工地平均人数	0.02~0.07
		医务所	按高峰年平均人数	0.05~0.07		3	工人休息室	按工地平均人数	0.15
	2	浴室	按高峰年平均人数	0.07~0.1					

(六)布置水电管网

工地临时供水主要包括生产用水、生活用水和消防用水三种。生产用水包括工程施工用水和施工机械用水;生活用水包括施工现场生活用水和生活区生活用水。工地临时供水设计的主要内容包括确定用水量、选择水源和确定供水系统。

1. 工地临时供水设计

1) 确定用水量

(1)施工工程用水量。施工工程用水量,按以下公式计算:

$$q_1 = K \frac{\sum Q_1 N_1}{T_1 b} \frac{K_1}{8 \times 3600} \tag{2.41}$$

式中 q_1——施工工程用水量,L/s;

k——未预见的施工用水系数(1.05~1.15);

Q_1——年(季度)工程量(以实物量单位表示);

N_1——施工用水定额,见表2.34;

T_1——年(季)度有效作业日,d;

b——每天工作班数;

K_1——用水不均衡系数(1.25~1.50)。

表2.34 施工用水定额

序号	用水对象	用水单位	耗水量/L	备注
1	灌注混凝土全部用水	m³	1 700~2 400	—
2	搅拌普通混凝土	m³	2 500	实测数据
3	搅拌轻质混凝土	m³	300~3 500	—
4	混凝土养护(自然养护)	m³	200~400	—
5	清洗搅拌机	m³	600	—
6	人工冲洗砂子	m³	1 000	—
7	砌砖全部用水	m³	150~250	实测数据
8	抹面	m³	4~6	—
9	搅拌砂浆	m³	300	—
10	石灰消化	t	3 000	—
11	浇砖	万块	2 000~2 500	—

(2)施工机械用水量。施工机械用水量,按以下公式计算:

$$q_2 = K \sum Q_2 N_2 \frac{K_2}{8 \times 3600} \tag{2.42}$$

式中 q_2——施工机械用水量,L/s;

K——未预见的施工用水系数(1.05~1.15);

Q_2——同种机械台数(台);

N_2——施工机械用水定额,见表2.35;

K_2——施工机械用水不均衡系数,一般为:动力设备1.05~1.10,施工、运输机械2.00。

表2.35 机械用水定额

序号	用水对象	用水单位	耗水量/L	备注
1	内燃挖土机	m³·台班	200~300	以斗容量m³计算
2	内燃起重机	t·台班	15~18	以超重t数计
3	内燃压路机	t·台班	12~15	以压路机数t数计
4	拖拉机	台·昼夜	200~300	—
5	汽车	台·昼夜	400~700	—
6	内燃机动力装置(循环水)	马力·台班	25~40	—
7	锅炉	m²/h	15~30	—
8	对焊机	h	300	实测数据
9	冷拔机	h	300	—

(3)施工现场生活用水量。施工现场生活用水量,按以下公式计算:

$$q_3 = \frac{P_1 N_3 K_3}{8 \times 3\,600 \times b} \tag{2.43}$$

式中　q_3——施工现场生活用水量,L/s;

　　　P_1——施工现场高峰期生活人数,人;

　　　N_3——施工现场生活用水定额,见表2.36;

　　　K_3——施工现场生活用水不均衡系数;

　　　b——每天工作班次(班)。

表2.36　生活用水定额

序号	用水对象	用水单位	耗水量/L	备注
1	全部生活用水	人·日	100~120	实测数据
2	生活用水盥洗饮用	人·日	25~30	—
3	食堂	人·日	15~20	—
4	浴室(淋浴)	人·次	50	实测数据
5	洗衣	人	30~35	—
6	小学校	人	12~15	—
7	幼儿园	人	75~90	—
8	医院	人	100~150	—

(4)生活区生活用水量。生活区生活用水量,按以下公式计算:

$$q_4 = \frac{P_2 N_4 K_4}{24 \times 3\,600} \tag{2.44}$$

式中　q_4——生活区生活用水,L/s;

　　　P_2——生活区居民人数;

　　　N_4——生活区生活用水定额,见表6.10;

　　　K_4——生活区购水不均衡系数(2.00~2.50)。

(5)消防用水量。消防用水量,由居民消防用水和施工现场消防用水两部分组成。消防用水量定额,见表2.37。

表2.37　消防用水定额

序号		用水对象	用水单位	耗水量/L	火灾同时发生次数
一	1	居住区消防用水 500人以内	s	10	一次
	2	10 000人以内	s	10~15	二次
	3	25 000人以内	s	15~20	二次
二	1	施工现场消防用水 施工现场在25公顷以内	s	10~15	二次
	2	每增加25公顷递增	—	5	—

(6)总用水量的计算。

当$(q_1+q_2+q_3+q_4) \leq q_5$时,则$Q = q_5 + \frac{1}{2}(q_1+q_2+q_3+q_4)$ （2.45）

当$(q_1+q_2+q_3+q_4) > q_5$时,则$Q = q_1+q_2+q_3+q_4$ （2.46）

当工地面积小于5 km²,而且$(q_1+q_2+q_3+q_4) < q_5$时,则$Q = q_5$ （2.47）

2)选择水源

建筑工地临时供水水源包括供水管道和天然水源两种。应尽可能利用现场附近已有的供水管道,只有在工地附近没有现成的供水管道或现成的给水管道,供水量难以满足使用要求时,才使用江河、水库、井水、泉水等天然水源。选择水源时,应注意以下内容:

(1)水量充沛、可靠,能满足整个建设项目施工的用水需要。
(2)生产用水的水质,特别是生活饮用水的水质,应当符合国家有关标准的规定。
(3)所设置的取水、输水设施,一定要安全、可靠、经济。
(4)选择的水源,施工、运转、管理和维护方便。
(5)施工用水应与农业、水利综合利用。

3)供水管网布置

供水管道一般从建设单位的干管或自行布置的干管接到用水地点,同时应保证管网总长度最短。管径的大小和出水龙头的数目及设置,应视工程规模的大小通过计算确定。

(1)布置方式。一般供水管网形式分为:环形管网、枝形管网和混合式管网三种,如图2.92所示。

①环形管网。管网为环形封闭形状,优点是能够保证可靠地供水,当管网某一处发生故障时,水仍能沿管网其他支管供水;缺点是管线长、造价高、管材耗量大。

②枝形管网。管网由干线及支线两部分组成。管线长度短、造价低,但供水可靠性差。

③混合式管网。主要用水区及干管采用环形管网,其他用水区采用枝形支线供水,这种混合式管网,兼备两种管网的优点,在大工地中采用较多。

(2)铺设方式。管道可埋于地下,也可铺于路上,根据当地的气候条件和使用期限的长短而定。管网的铺设方式分为明铺和暗铺两种。

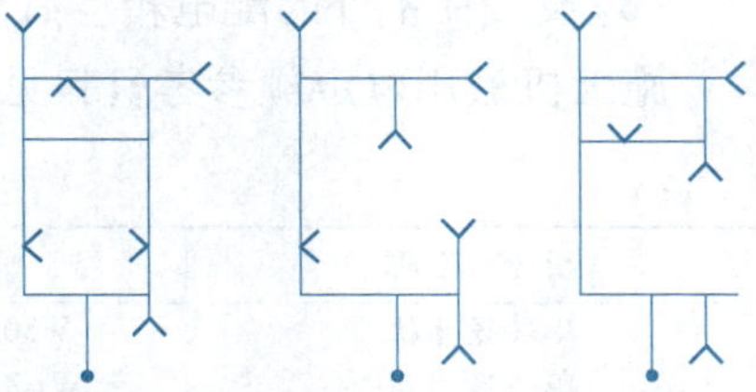

图2.92 供水管网布置方式示意图

临时水管最好埋设在地面以下,防止汽车及其他机械在上面行走时压坏。严寒地区应埋设在冰冻线以下,明管部分应该做保温处理。工地临时管线不要布置在第二期拟建建筑物或管线的位置上,以免开工时水源被切断,影响施工。

(3)布置要求。临时施工用水管网布置时,除了要满足生产、生活要求外,还要满足消防用水的要求,并设法使管道铺设越短越好。

供水管网的铺设要与土方平整规划协调一致,以防重复开挖;管网的布置要避开拟建工程和室外管沟的位置,以防二次拆迁改建。

有高层建筑的施工工地,一般需设置水塔、蓄水池或高压水泵,以便满足高空施工与消防用水的要求。临时水塔或蓄水池应设置在地势较高处。

根据实践经验,一般面积在 5 000~10 000 m² 的单位工程施工用水的总管用 ϕ100 mm 管,支管用 ϕ38 mm 或 ϕ25 mm 管,ϕ100 mm 管可用于消火栓的水量供给。

施工现场应设消防水池、水桶、灭火器等消防设施。单位工程施工中的防火一般使用建设单位的永久性消防设备。消防栓应设置在易燃建筑物附近,并有通畅的出口和车道,其宽度不小于 6 m,与拟建房屋的距离不得大于 25 m,也不得小于 5 m,消防栓间距不应大于 100 m,到路边的距离不应大于 2 m。若为新建企业则根据全工地的施工总平面图考虑。

2. 工地临时供电设计

(1)施工现场用变压器应布置在现场边缘高压线接入处,四周设置铁丝网等围栏;变压器不宜布置在交通要道口;配电室应靠近变压器,便于管理。

(2)临时配电线路的布置与供水管网相似。工地电力网,一般 3~10 kV 的高压线采用环状系统,沿主干道布置;380/220 V 低压线采用枝状系统布置。

①环状系统:即按用电地点直接架设干线与支线。优点是省线材、造价低;缺点是线路内如果发生故障断电,将影响其他用电设备的使用。因此,对需要连续供电的机械设备(如水泵等)应该避免使用环状系统线路。

②枝状系统:即用一个变压器或两个变压器,在闭合线路上供电。在大工地及起重机械多的现场,最好采用枝状系统布置,既可以保证供电,又可以减少机械用电的电压。

(3)现场架空线必须采用绝缘铜线或绝缘铝线。架空线必须设置在专用电线杆上,并布置在道路一侧,严禁架设在树木、脚手架上。

(4)现场的高压线路,可采用架空线,其电杆距离为40~60 m,也可用地下电缆。户外的低压线,也可以采用架空线,与建筑物、脚手架等距离较近时必须采用绝缘架空线,电杆距离为25~40 m。

(5)现场正式的架空线与施工建筑物的水平距离不小于10 m,与地面的垂直距离不小于6 m,跨越建筑物或临时设施时,与其顶部的垂直距离不小于2.5 m,距离树木不应小于1 m。架空线与杆间距一般为23~40 m,分支线及引入线均应从杆上横担处连接。

(6)在任何情况下,各供电线路均不得妨碍交通运输和施工机械的进场、退场、装拆和吊装等,同时要避开堆场、临时设施、开挖的沟槽和后期拟建工程的位置,避免二次拆迁。

(7)各用电点必须配备与用电设备功率相匹配的,由闸刀开关、熔断保险、漏电保护器和插座等组成的配电箱,其高度与安装位置应以操作方便、安全为准;每台用电机械或设备均应分设闸刀开关和熔断器,实行单机单闸,严禁一闸多机。

(8)设置在室外的配电箱应有防雨措施,严防漏电、短路及触电事故的发生。

施工机械用电定额参考资料见表2.38。

表2.38 施工机械用电定额参考资料

机械名称	型号	功率/kW	机械名称	型号	功率/kW
单斗挖土机	W502	55	强制式混凝土搅拌机	JQ250	13
单斗挖土机	W1002	100	混凝土搅拌站(楼)	HZ-15	38.5
单斗挖土机	WS00	55	混凝土搅拌站(楼)	HL-25	37.35
单斗挖土机	WD400	250	混凝土输送泵	HB-15	30
单斗挖土机	WD1200	560	混凝土喷射机	HPH6	7.5
单斗挖土机	WB600	560	插入式混凝土振动器	$Z \times 25$	1.1
蛙式夯土机	HW-20	3	插入式混凝土振动器	$Z \times 70$	1.5
蛙式夯土机	HW-60	3	电动直接式混凝土振动器	Z_2D-80	9.5
蛙式夯土机	HW-280	3	附差式混凝土振动器	ZW5	27
蛙式夯土机	H201D	1.5	钢筋调直切断机	GT4-14	4
蛙式夯土机	BA-215	1	钢筋调直切断机	GTG3-12	5.5
导杆式柴油打桩机	DD6	5	钢筋切断机	CJ40	10
导杆式柴油打桩机	DD18	7.5	钢筋切断机	GQL32	5.5
振动沉桩锤	CH20	55	钢筋弯曲机	GWB40	3
液压步履全螺旋钻机	BQZ	22	灰浆搅拌机	UJ325	3
液压步履全螺旋钻机	BQZ11	22	灰浆搅拌机	UJ100	2.2
螺旋钻孔机	LZ-00	12	纸筋麻刀灰拌和机	ZMB-10	3
螺旋钻孔机	GZL400	15	灰浆泵	VB_3	4
塔式起重机(整体拖运式)	QT-16	22.2	灰气联合泵	VB-76-1	5.5
塔式起重机(整体拖运式)	QT-40	20.72	粉碎淋压机	FL-16	4
塔式起重机(整体拖运式)	UTG60	58	平面磨石机	HM_4	2.2
塔式起重机(整体拖运式)	QT70	47.5	平面磨石机	HM_2-1	3
塔式起重机(整体拖运式)	TQ2-6	48	立面磨石机	MQ-1	1.1
塔式起重机(拆装运式)	QT-40	48	地面磨光机	DM-69	0.4
塔式起重机(拆装运式)	TQ60/80	55.5	地面磨光机	DM-60	0.4
塔式起重机(自升式)	QT80	56.27	套丝切管机	TQ-3	1
塔式起重机(自升式)	QT100	63.37	套丝切管机	TQ-3A	1
履带电动式起重机	W1-O6C	30	电动液压弯管机	WYQ	1.5
快速卷扬机	JJK0.5	3.5	电动弹涂机	DT-120A	8
快速卷扬机	JJKD1	7.5	电动弹涂机	DT-120B	10
快速卷扬机	JJZ-1	7.5	泥浆泵	红星75	60
快速卷扬机	JJK-1	7.5	液压滑升设备:控制台	YKT-36	7.5
快速卷扬机	JJM-2	11	液压滑升设备:控制台	YZKT-80	15
快速卷扬机	JJM-3	10	木工刨光机	MB-1043	3
载货电梯	JH5	7.5	木工刨光机	AMB504	4
载货电梯	JH10	7.5 10	木工电刨	MIB-80/1	0.7
鼓筒式混凝土搅拌机	JG150	5.5	木工电刨	MIB_2-90/1	0.7
鼓筒式混凝土搅拌机	JG250	7.5	小型砌块成型机	G-1	6.7
锥形反转出料混凝土搅拌机	JZY150	4	水文水井钻机	红星400	40

总之,场外交通、仓库、加工厂、搅拌站、场内道路、临时房屋、水电管网等布置应系统考虑,多种方案进行比较,调整修改,当确定之后应采用标准图例绘制在总平面图上,并做必要的文字说明,图幅可选用1~2号图纸。上述各设计步骤不是截然分开、各自孤立进行的,而是相互联系、相互制约的,需要综合考虑、反复修正才能确定下来。完成的施工总平面图比例要正确,图例要规范,线条粗细分明,字迹端正,图面整洁美观。当有几种方案时,应先进行方案比较。施工平面图图例见表2.39。

表 2.39 施工平面图图例

序号	名 称	图 例	序号	名 称	图 例
1	水准点	⊗ 点号/高程	18	土堆	
2	原有房屋		19	砂堆	
3	拟建正式房屋		20	砾石、碎石堆	
4	施工期间利用的拟建正式房屋		21	块石堆	
5	将来拟建正式房屋		22	砖堆	
6	临时房屋:密闭式、敞篷式		23	钢筋堆场	
7	拟建的各种材料围墙		24	型钢堆场	LIL
8	临时围墙	×——×	25	铁管堆场	
9	建筑工地界限		26	钢筋成品场	
10	烟囱		27	钢结构场	
11	水塔		28	屋面板存放场	
12	房角坐标	$x = 1\,536$ $y = 2\,156$	29	一般构件存放场	
13	室内地面水平标高	105.10 ▽	30	矿渣、灰渣堆	
14	现有永久公路		31	废料堆场	
15	施工用临时道路		32	脚手、模板堆场	
16	临时露天堆场		33	原有的上水管线	
17	施工期间利用的永久堆场		34	临时给水管线	——S——S——

续表

序号	名　称	图　例	序号	名　称	图　例
35	给水阀门（水嘴）		53	井架	
36	支管接管位置	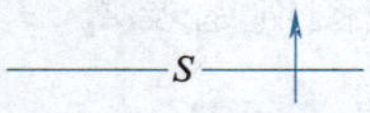	54	门架	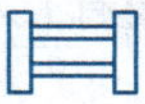
37	消防栓（原有）		55	卷扬机	
38	消防栓（临时）	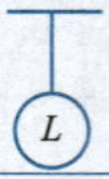	56	履带式起重机	
39	原有化粪池		57	汽车式起重机	
40	拟建化粪池		58	缆式起重机	
41	水源		59	铁路式起重机	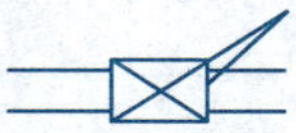
42	电源		60	多斗挖土机	
43	总降压变电站		61	推土机	
44	发电站		62	铲运机	
45	变电站		63	混凝土搅拌机	
46	变压器		64	灰浆搅拌机	
47	投光灯		65	洗石机	
48	电杆		66	打桩机	
49	现有高压 6 kV 线路	—WW6—WW6—	67	脚手架	
50	施工期间利用的永久高压 6 kV 线路	—LWW6—LWW6—	68	淋灰池	 灰
51	塔轨		69	沥青锅	
52	塔吊		70	避雷针	

施工总平面布置图如图 2.93 所示。

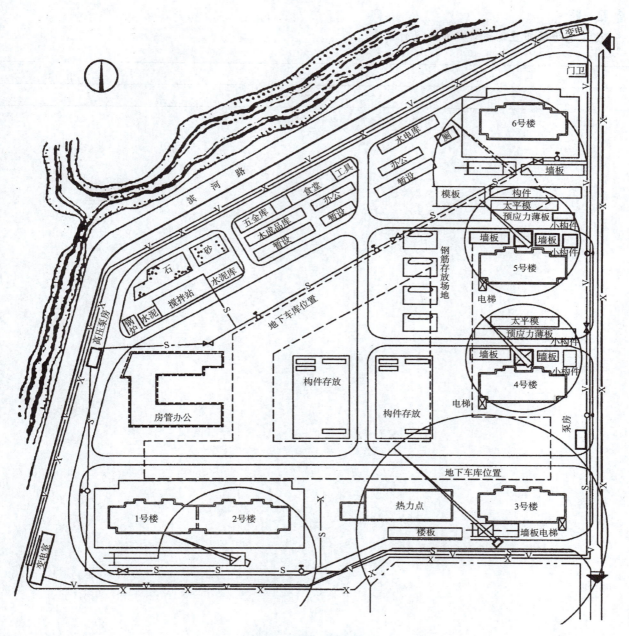

图 2.93 施工总平面布置图

五、施工总平面布置图的科学管理

施工总平面图设计完成之后,应认真贯彻其设计意图,发挥其应有作用,因此,现场对总平面图的科学管理非常重要,否则难以保证施工顺利进行。施工总平面图的管理主要包括以下几个内容:

(1)建立统一的施工总平面图管理制度。首先划分总平面图的使用管理范围,做到责任到人,严格控制材料、构件、机具等物资占用的位置、时间和面积,不准乱堆乱放。

(2)对水源、电源、交通等公共项目实行统一管理。不得随意挖路断道,不得擅自拆迁建筑物和水电线路,当工程需要断水、断电、断路时要申请,经批准后方可着手进行。

(3)对施工总平面布置实行动态管理。在布置时,由于特殊情况或事先未能预测到的情况需要变更原方案时,应根据现场实际情况,统一协调,修正其不合理的地方。

(4)做好现场的清理和维护工作,经常性检修各种临时性设施,明确负责部门和人员。

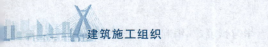

忆一忆

施工总平面布置图设计的步骤是什么?

自 学 自 测

一、单选题(只有1个正确答案,每题10分)

1. 根据文明施工标准,施工现场必须设置"五牌一图",其中的"一图"是(　　)。
   A. 施工进度网络图　　　　　　　　B. 安全管理流程图
   C. 大型施工机械布置图　　　　　　D. 施工现场平面布置图

2. 关于施工现场宿舍设置的说法,正确的是(　　)。
   A. 室内净高2.5 m　　　　　　　　B. 室内通道宽度0.8 m
   C. 每间宿舍居住18人　　　　　　　D. 使用通铺

3. 关于施工现场职业健康安全卫生要求的说法,错误的是(　　)。
   A. 生活区可以设置敞开式垃圾容器　　B. 施工现场宿舍严禁使用通铺
   C. 施工现场水冲式厕所地面必须硬化　D. 现场食堂必须设置独立制作间

4. 房屋建筑工程中,单位工程施工现场平面图设计的第一步是(　　)。
   A. 确定搅拌站的位置　　　　　　　B. 确定垂直运输机械的文职
   C. 布置主要材料堆场的位置　　　　D. 布置临时设施

5. 把施工所需的各种资源、生产、生活活动场地及各种临时设施合理地布置在施工现场,使整个现场能有组织地进行文明施工,属于施工组织设计中的(　　)的内容。
   A. 施工部署　　　　　　　　　　　B. 施工方案
   C. 安全施工专项方案　　　　　　　D. 施工平面图

二、判断题(对的划"√",错的划"×",每题10分)

1. 施工现场的运输道路必须布置成环路。　　　　　　　　　　　　　　　　　　(　　)
2. 施工现场电网线路应尽量架设在道路一侧,且尽量保持线路水平,以免电杆受力不均匀。(　　)
3. 施工现场的临时设施均为生产性设施。　　　　　　　　　　　　　　　　　　(　　)
4. 当建筑物各部位的高度不同时,垂直运输机械应布置在高低分界线较低部位一侧。　(　　)
5. 现场主要道路应尽量利用永久性道路的路面或路基,以节省费用。　　　　　　(　　)

●●● 任 务 指 导 ●●●

根据实际工程的建设管理工作需求,施工单位绘制单位工程施工现场平面图包括如下步骤。

一、确定垂直起重运输机械的平面布置

垂直起重机械要根据建筑物的平面形状和大小、施工段划分情况、材料来向、运输道路和吊装工艺等确定位置及机械性能。常用的垂直起重运输机械有塔式起重机、自行式起重机等,应根据机械的性能进行布设。

二、确定搅拌站、材料堆场、仓库、加工厂位置

确定位置的原则时使用方便、有利施工、合并搭建、安全防火,宜布设在拟建建筑物四周、基坑边坡安全距离以外的地方,及地下土方回填完成后,材料、构件的堆放场地可以向在建建筑物靠近布置,并布置在垂直运输机械的回转半径范围之内,避免并减少场内二次搬运。加工厂应考虑原材料堆放、加工后的半成品堆放及垂直运输。

三、现场运输道路布置

现场主要临时运输道路的布置应按照材料和构件运输的要求,沿着堆场和仓库进行布置并与场外社会道路衔接,保证行驶畅通,并有足够的转弯半径,临时运输线路最好围绕建筑物布置成环形道路;不能形成环形道路时,应在路端头设置车辆掉头场地。

四、临时设施布置

临时设施布置应遵循使用方便、有利施工、方便生活、尽量合并搭建、符合防火安全的原则。同时结合地形和条件、施工道路的规划等因素分析考虑布置。各种临时设施均不能布置在拟建工程、拟建地下管沟、取土、弃土等地点。

五、水电管网布置

通常施工现场临时用水应尽量利用工程的永久性供水系统,以减少临时供水费用。布置供水管线时力求管线的总长度最短,不应布置在将要修建的建筑物或室外管沟处,以免施工时切断水源而影响施工用水。施工现场的用电一般应采用架空配电线路,并应尽量架设在道路一侧,以方便线路维修。

📝 笔记栏

工 作 单

计 划 单

学习情境2	编制施工进度计划		任务3	绘制施工现场平面图
工作方式	组内讨论、团结协作共同制订计划:小组成员进行工作讨论,确定工作步骤		计划学时	0.5学时
完成人				
计划依据:1. 单位工程施工组织设计报告;2. 分配的工作任务				
序号	计划步骤		具体工作内容描述	
1	准备工作 (准备材料,谁去做?)			
2	组织分工 (成立组织,人员具体都完成什么?)			
3	制订两套方案 (各有何特点?)			
4	记录 (都记录什么内容?)			
5	整理资料 (谁负责?整理什么?)			
6	绘制施工现场平面图 (谁负责?要素是什么?)			
制订计划说明	(写出制订计划中人员为完成任务的主要建议或可以借鉴的建议、需要解释的某一方面)			

决 策 单

学习情境2	编制施工进度计划		任务3	绘制施工现场平面图
决策学时	0.5学时			

决策目的：确定本小组认为最优的施工现场平面图

	方案特点		比对项目	确定最优方案（划√）
方案优劣比对	方案名称1：	方案名称2：		
			垂直其中运输机械的位置是否合理	方案1优 □ 方案2优 □
			搅拌站、材料堆场、仓库的位置是否合理	
			现场运输道路布置是否合理	
			临时设施、水电管网布置是否合理	
			工作效率的高低	
决策方案描述	（本单位工程最佳方案是什么？最差方案是什么？描述清楚，未来指导现场编写施工组织设计报告的实际工作。）			

作 业 单

学习情境2	编制施工进度计划		任务3	绘制施工现场平面图
参加编写人员	第　　　组 签名：		开始时间： 结束时间：	
序号	工作内容记录 （绘制施工现场平面图的实际工作）		分　　工 （负责人）	
1				
2				
3				
4				
5				
6				
7				
8				
9				
10				
11				
12				
小结	主要描述完成的成果及是否达到目标		存在的问题	

检 查 单

学习情境2	编制施工进度计划		任务3	绘制施工现场平面图			
检查学时	课内0.5学时			第　　组			
检查目的及方式	教师过程监控小组的工作情况，如检查等级为不合格，小组需要整改，并拿出整改说明						
序号	检查项目	检查标准	检查结果分级（在检查相应的分级框内划"√"）				
			优秀	良好	中等	合格	不合格
1	准备工作	资源是否已查到、材料是否准备完整					
2	分工情况	安排是否合理、全面，分工是否明确					
3	工作态度	小组工作是否积极主动、全员参与					
4	纪律出勤	是否按时完成负责的工作内容，遵守工作纪律					
5	团队合作	是否相互协作、互相帮助、成员是否听从指挥					
6	创新意识	任务完成不照搬照抄，看问题具有独到见解、创新思维					
7	完成效率	工作单是否记录完整，是否按照计划完成任务					
8	完成质量	工作单填写是否准确，记录单检查及修改是否达标					
检查评语							教师签字：

评 价 单

1. 小组工作评价单

学习情境2	编制施工进度计划		任务3	绘制施工现场平面图		
评价学时			课内0.5学时			
班 级					第　　组	
考核情境	考核内容及要求	分值(100)	小组自评(10%)	小组互评(20%)	教师评价(70%)	实得分(∑)
汇报展示(20)	演讲资源利用	5				
	演讲表达和非语言技巧应用	5				
	团队成员补充配合程度	5				
	时间与完整性	5				
质量评价(40)	工作完整性	10				
	工作质量	5				
	报告完整性	25				
团队情感(25)	核心价值观	5				
	创新性	5				
	参与率	5				
	合作性	5				
	劳动态度	5				
安全文明(10)	工作过程中的安全保障情况	5				
	工具正确使用和保养、放置规范	5				
工作效率(5)	能够在要求的时间内完成，每超时5分钟扣1分	5				

2. 小组成员素质评价单

学习情境2	编制施工进度计划		任务3	绘制施工现场平面图
班　　级		第　　组	成员姓名	
评分说明	每个小组成员评价分为自评和小组其他成员评价两部分,取平均值计算,作为该小组成员的任务评价个人分数。评价项目共设计5个,依据评分标准给予合理量化打分。小组成员自评分后,要找小组其他成员不记名方式打分			

评分项目	评 分 标 准	自评分	成员1评分	成员2评分	成员3评分	成员4评分	成员5评分
核心价值观 (20分)	是否有违背社会主义核心价值观的思想及行动						
工作态度 (20分)	是否按时完成负责的工作内容,遵守纪律,是否积极主动参与小组工作,是否全过程参与,是否吃苦耐劳,是否具有工匠精神						
交流沟通 (20分)	是否能良好地表达自己的观点,是否能倾听他人的观点						
团队合作 (20分)	是否与小组成员合作完成任务,做到相互协作、互相帮助、听从指挥						
创新意识 (20分)	看问题是否能独立思考,提出独到见解,是否能够创新思维,解决遇到的问题						
最终小组成员得分							

课后反思

学习情境2	编制施工计划		任务3	绘制施工现场平面图
班　级		第　　组	成员姓名	
情感反思	通过对本任务的学习和实训,你认为自己在社会主义核心价值观、职业素养、学习和工作态度等方面有哪些需要提高的部分?			
知识反思	通过对本任务的学习,你掌握了哪些知识点?请画出思维导图。			
技能反思	在完成本任务的学习和实训过程中,你主要掌握了哪些技能?			
方法反思	在完成本任务的学习和实训过程中,你主要掌握了哪些分析和解决问题的方法?			

学习情境 3
制定主要施工技术组织措施

学习指南

情境导入

国家体育场,俗称"鸟巢"。该工程总占地面积21公顷,建筑面积25.8万 m^2,项目2003年12月24日开工建设,2008年6月28日正式竣工。其造型呈双曲线马鞍形,东西向结构高度为68 m,南北向结构高度为41 m,钢结构最大跨度长轴333 m,短轴297 m,由24榀门式桁架围绕着体育场内部碗状看台区旋转而成,结构组件相互支承,形成网格状构架,组成体育场整个的"鸟巢"造型。

该项目规模大、结构复杂、技术难度高,工期和质量要求严格。因为是典型的钢结构工程,所以焊接工程中切实采用了全面质量管理,即技术和管理的有机结合。全年质量管理的核心是:三全、四个一切、五个管理要素。"三全"的管理思想,即全面的质量管理、全过程的质量管理、全员参加的质量管理。"四个一切"的观点,即一切为用户服务的观点、一切以预防为主的观点、一切以数据说话的观点、一切以PDCA循环办事的观点。"五个管理要素",即人、机、料、法、环。

学习目标

1. 知识目标

(1)能够叙述制定各项措施的依据;

(2)能够总结制定各项措施的基本要求;

(3)能够撰写各项措施的内容。

2. 能力目标

(1)能够根据工程资料和编写依据,制定技术措施方案;

(2)能够根据工程资料和编写依据,制定质量保证措施方案;

(3)能够根据工程资料和编写依据,制定安全生产措施方案。

3. 素质目标

(1)培养学生勇于奉献、精益求精的科学态度;

(2)培养学生环境保护、生态文明的意识;

(3)培养学生严谨、负责的工作作风。

工作任务

任务1 制定技术措施　　　　　　参考学时:课内 4.5 学时(课外 1.5 学时)

任务2 制定质量保证措施　　　　参考学时:课内 4.5 学时(课外 1.5 学时)

任务3 制定安全生产措施　　　　参考学时:课内 4.5 学时(课外 1.5 学时)

任务1 制定技术措施

任务单

学习情境3	制定主要施工技术组织措施			任务1	制定技术措施	
任务学时	课内 4.5 学时(课外 1.5 学时)					
布置任务						
任务目标	1. 能够根据工程情况,制定基础工程和主体工程技术措施; 2. 能够根据工程情况,制定防水工程和装饰工程技术措施; 3. 能够在完成任务过程中锻炼职业素养,做到严谨认真对待工作程序,完成任务能够吃苦耐劳主动承担,能够主动帮助小组落后的其他成员,有团队意识,诚实守信、不瞒骗,培养保证质量等建设优质工程的爱国情怀					
任务描述	由于工程建设工期长、占用资金量大、工作人员多等特点,为了保证工程能够保质、保量按期完成任务,需要提前制定工程施工技术措施,避免不良因素对工程项目的影响。制定技术措施前,工程技术人员应明确技术措施的目标,掌握工程项目的设计要求和施工要求,制定满足项目实际情况的基础工程、主体工程、防水工程和装饰工程等技术措施					
学时安排	资讯	计划	决策	实施	检查	评价
	0.5 学时(课外 1.5 学时)	0.5 学时	0.5 学时	2 学时	0.5 学时	0.5 学时
对学生学习及成果的要求	1. 每名同学均能按照资讯思维导图自主学习,并完成知识模块中的自测训练; 2. 严格遵守课堂纪律,学习态度认真、端正,能够正确评价自己和同学在本任务中的素质表现,积极参与小组工作任务讨论,严禁抄袭; 3. 具备识图的能力,具备计算机知识和计算机操作能力; 4. 小组讨论工程施工技术措施编写的内容,能够结合工程实际情况制定工程施工技术措施; 5. 具备一定的实践动手能力、自学能力、数据计算能力、沟通协调能力、语言表达能力和团队意识; 6. 严格遵守课堂纪律,不迟到、不早退;学习态度认真、端正;每位同学必须积极动手并参与小组讨论; 7. 讲解制定工程施工技术措施的过程,接受教师与学生的点评,同时参与小组自评与互评					

资讯思维导图

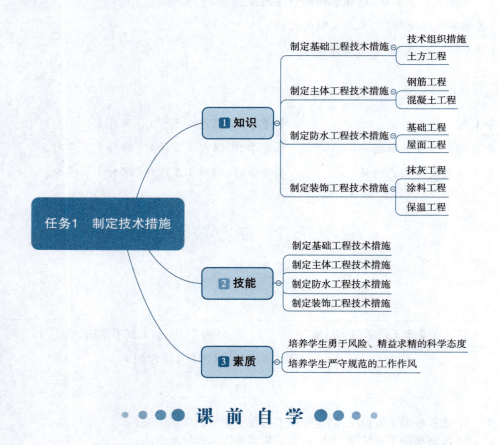

课前自学

任务知识1 制定基础工程技术措施

一、技术组织措施

技术组织措施是为完成工程的施工而采取的具有较大技术投入的措施,通过采取技术方面和组织方面的具体措施,达到保证工程施工质量、按期完成工程施工进度、有效控制工程施工成本的目的。

(一)一般内容

技术组织措施计划一般包括以下内容:
(1)措施的项目和内容。
(2)各项措施所涉及的工作范围。
(3)各项措施预期取得的经济效益。

(二)具体内容

技术组织措施的最终成果反映在工程成本的降低和施工费用支出的减少上。有时在采用某种措施后,一些项目的费用可以节约,但另一些项目的费用将增加,这时,计算经济效果必须将增加和减少的费用都进行计算。工程施工组织设计中的技术组织措施,应根据施工企业组织措施计划,结合工程的具体条件拟定。

(1)认真编制工程降低成本计划对于保证最大限度地节约各项费用,充分发挥潜力以及对工程成本做系统的监督检查有重要作用。

(2)在制订降低成本计划时,要对具体工程对象的特点和施工条件,如施工机械、劳动力、运输、临时设施和资金等进行充分的分析。通常从以下几方面着手:

①科学地组织生产,正确地选择施工方案。
②采用先进技术、改进作业方法、提高劳动生产率、节约单位工程施工劳动量以减少工资支出。
③节约材料消耗,选择经济合理的运输工具。有计划地综合利用材料、修旧利废、合理代用、推广优质廉价材料,如用钢模代替木模、采用特种水泥等。
④提高机械利用率,充分发挥其效能,节约单位工程台班费支出。

二、土方工程

(一)土方开挖

(1)开挖土方前进行场地平整,土方开挖至 −10 m,开挖前将施工区域的地下障碍物清理完毕,应有地下管线会签单。

(2)定位控制线(桩)、标准水平桩及开槽的灰线尺寸必须检查严格,并且办理手续。

(3)夜间施工时应有足够的照明设施,有危险地段应设置明显标志。

(4)熟悉图纸,做好技术交底,并绘出基础桩的位置图,确定其位置以防被破坏。

(5)施工前应根据土方量,绘制土方平衡调配图。

(6)在机械挖不到的土方,用人工配合随时进行挖掘,用手推车把土运到机械能挖到的地方。

(7)土方随开挖随用自卸汽车外运至建设单位指定地点。

(8)从承台、承台梁、防水底板垫层底标高预留 200 mm 厚土层,自然地面土方采用机械挖土,汽车倒运。

(9)承台、承台梁、防水底板垫层底标高预留 200 mm 厚土层采用人工挖土,由塔吊倒运到基坑边缘,然后用自卸汽车外运建设单位指定堆放地点,土方全部外运。

(10)基坑工作面为边承台外扩 1 200 mm。

(11)在距基坑底设计标高 500 mm 槽帮处,抄出水平线,钉上木橛,同时由两端轴线引桩拉通线,检查距基坑边尺寸,确定基坑宽标准,最后清除基底土方。

(12)基底修理铲平后,应请设计单位、勘察单位、建设单位、监理单位、施工单位共同验槽并会签。

(13)施工操作工艺:平整场地→定位放线→基坑支护→土方开挖→清理基底→基底防护→地基验槽。

忆一忆

土方开挖需要采取哪些技术措施?

_____

_____

(二)土方回填

(1)回填土应优先利用基坑中挖出的土,但不得含有有机杂质、建筑垃圾、生活垃圾、腐烂物质,使用前应有过筛,其粒径不大于 50 mm,含水率应符合规定。

(2)检验回填土的质量,有无杂物,粒径是否符合规定,以及回填土的含水量是否控制的范围内如含水量偏高,可采用翻松,或均匀掺入干土措施;如遇回填土的含水量偏低,可采用预先洒水润湿。

(3)回填土应分层铺摊,每层铺土厚度,推土机、压道机、机械打夯 200 mm,人工打夯不大于 200 mm,每层铺摊后随之耙平,铺土厚度压实。

(4)回填土每层至少夯打或碾压三遍,打夯应一夯压半夯,夯夯相接行行相连,纵横交叉,并且严禁采用水浇使土下沉的所谓水夯法。

(5)高低不等的地方回填应先填低处,直至与高处相平时再分层回填,如分段施工,接头应填成阶梯形,不得用斜坡或直接衔接。

（6）回填土每层回填夯实后，应按规范规定进行环刀取样，测出干土的质量密度，达到要求后，再进行上一层铺土。

（7）雨季回填：雨前应及时夯完已填土层或将表面压实，并做成一定坡势，以利排除雨水，施工时应有防雨措施，要防止地面水流入基坑内，以免边坡塌方或基土遭到破坏。

（8）夜间施工时，应合理安排施工顺序，设有足够的照明设施，防止铺填厚度有误，严禁手推车、汽车将土直接倒入槽中。

（9）管沟中的管线，槽内从建筑物伸出的各种管线，均应妥善保护后，再按规定回填土料，不得碰坏。

（10）回填土时设专人进行负责管理。

忆一忆

土方回填需要采取哪些技术措施？

_____

_____

任务知识2　制定主体工程技术措施

一、钢筋工程

视频

制定主体工程施工技术措施

（1）施工前，应认真熟悉施工图纸，了解图纸中构件保护层厚度、钢筋弯曲弯钩等规定，根据图中尺寸计算好其下料长度，同时应增加钢筋必需的搭接长度。

（2）加工成型后的钢筋应按平面布置堆放，场地堆放整齐，并做好标识，注明结构部位及规格长度，堆放处应设 150 mm 高垫木支垫。

（3）钢筋代换可按等强度、等面积代换，当构件受裂缝宽度或挠度控制时。代换后尚须进行裂缝宽度和挠度计算。钢筋代换必须征得设计单位同意和监理工程师同意。

（4）除锈钢筋的表面应洁净，油漆、漆污和用锤击时能剥落的浮皮、铁锈等应在使用前清除干净。

（5）地下剪力墙的竖向钢筋，在浇注底板混凝土前应插入，并与墙下部暗梁绑扎牢。墙体钢筋接头采用焊接或搭接，接头应错开，同截面的接头数量不大于50%，钢筋搭接处应绑扎三个扣。剪力墙为双层钢筋网，应按设计要求绑扎拉结筋来固定两网片的间距。墙体钢筋网绑扎时，钢筋的弯钩应向混凝土内。

（6）框架柱的竖向筋采用直螺纹连接或焊接，其接头应相互错开，同一截面的接头数量不大于50%。在绑扎柱的箍筋时，其开口应交错布置。柱筋的位置必须准确，箍筋加密的范围应符合设计要求。

（7）梁纵向筋采用双层排列时，两排钢筋之间应垫以直径≥25 mm 的短钢筋，间距 800 mm 梅花布置，以保持其设计距离。箍筋开口位置接头应交错布置在梁架立钢筋上。梁箍筋加密范围必须符合设计要求，对钢筋特别密的梁、柱节点，要放样确定绑扎顺序。

（8）板钢筋绑扎短向在下面，应注意板上的负筋位置，上下排筋用马凳固定，以防止被踩下，在板、次梁和主梁交叉处，应板筋在上、次梁钢筋居中、主梁钢筋在下。

（9）钢筋绑完后，由于固定措施不到位，在浇完混凝土后往往容易出现钢筋偏位、保护层厚度不够等现象，必须采取相应的办法。

①墙筋：一般墙筋绑完后，为控制墙筋断面和保护层厚度，除设计用拉筋和保护垫块外，另用 φ12 钢筋短料加工成同墙宽，水平点焊在墙筋上，两头伸出保护层所需长度。为保证墙竖向筋间距位置，将墙每层上、下部位二排水平筋与竖筋点焊固定。钢筋采用人工绑扎连接，安装塑料定型卡具固定钢筋，以保证混凝土保护层厚度。绑扎时注意绑扎方法：采用十字扣式套扣绑扎，加设剪撑筋或竖向架立筋，一定要绑八字扣。

②柱筋：为保证柱纵筋断面和相互间距准确，将柱上、下二排箍筋与柱纵筋点焊好，为控制保护层厚

度,把原砂浆保护垫块(易掉)改为塑料卡保护垫块,由于是工厂加工生产,卡在柱主筋上,既准确又牢固。柱钢筋绑扎采用站在移动平台绑扎,保证箍筋不变形、移位。

③梁筋:主要是负筋二排筋易坠落和梁侧保护层厚度不均,负筋二排筋绑完后用20#铁丝与梁上层面筋绑牢,保护层控制主要应处理好梁、柱节点主筋交叉摆放问题。

④板筋:主要是负筋下坠的问题,除用马凳筋外,对Ⅰ级钢筋更关键的是绑扎成型后不要踩踏。板上已绑扎好的钢筋不得随意在其上踩踏,施工人员若需要在钢筋上通过时应架设马凳,铺设跳板。现浇板上部钢筋下设铁马,铁马采用双向 $\phi 12$ 双向@ 600 mm,下部钢筋垫预制高强度等级砂浆垫块,规格:$h \times a \times b = 15 \times 30 \times 60$ mm。

(10)钢筋在现场集中下料,机械加工,人工绑扎安装,钢筋连接以机械连接为主,钢筋直径≥16 mm采用直螺纹连接,其余钢筋采用人工绑扎。并且在混凝土浇筑完毕后,根据事先设定的位置进行钢筋保护层实体检查,应各抽取构件数量的2%且不少于5个构件进行检验。

(11)为保证钢筋骨架、网片刚度,绑扎时必须正反方向转动绑牢,要求钢筋的交叉点全部绑扎。

(12)剪力墙钢筋、柱钢筋直接插入承台、承台梁下表面,固定采用焊接方法,并绑扎两道水平筋和两道箍筋,末端弯钩长度为 200 mm。

(13)板钢筋绑扎点采用一面顺扣时应交错变换方向,也可采用八字扣,保证钢筋不位移和变形。

(14)梁板下部钢筋不在跨中1/3范围内连接,上部钢筋不在支座1/3范围连接。

(15)梁钢筋绑扎接头的位置应相互错开,从任意绑扎接头中心到搭接长度1.3倍区段范围内,有绑扎接头的受力钢筋截面面积占受力钢筋总截面面积百分率,应符合受拉区不得超过25%,受压区不得超过50%的规定。采用焊接接头时,从任意焊接接头中心到长度为钢筋直径35倍区段范围内(且不小于500 mm),有焊接接头的受力钢筋截面面积占受力钢筋总截面面积百分率,应符合受拉区不得超过25%。

(16)梁柱箍筋弯钩叠合处,应沿受力钢筋方向错开放置。

(17)在柱顶、柱脚600 mm范围内,箍筋进行加密。梁端与柱交接处箍筋应加密,梁端第一个箍筋设置在距柱边50 mm处。基础承台梁、柱、剪力墙中箍筋和拉筋,末端做135°弯钩,平直部分长度为10 d(d:钢筋直径)。

(18)钢筋保护层剪力墙、柱采用高强度塑料定位卡,承台、底板、顶板、梁采用高强度等级水泥砂浆垫块。

忆一忆

钢筋工程需要采取哪些技术措施?

_____
_____
_____

二、混凝土工程

(1)商品混凝土的供货商中标后编制详细的、严格的质量控制和质量保证体系。针对具体的工程部位和设计要求,由供货商和施工双方共同制定书面文件,明确各项技术要求和实施细则,并指定有经验的专业技术人员负责监督检查和执行。

(2)商品混凝土的配合比应根据结构设计要求的强度和耐久性、新拌混凝土的强度和凝结时间,并充分考虑运输和环境温度等条件,通过试配确定。经现场试验确认合格后,方可正式使用。

(3)商品混凝土对原材料的要求。

①宜选用标号不低于42.5号的普通硅酸盐水泥。配置商品混凝土的水泥应通过与高效减水剂的兼容性试验后选定。

②配制商品混凝土应尽可能掺加具有一定活性的优质掺合料,如超磨细矿渣微粉、粉煤灰和硅粉等矿物超细粉料,并置换部分水泥,以改善混凝土拌料和硬化后混凝土的各项技术要求。

③细骨料宜选用质地坚硬、级配良好的河砂,其细度模数不宜小于2.6,含泥量不应超过2%。

④粗骨料应选用质地坚硬、级配良好的岩石,骨料母材的立方体抗压强度应是所配混凝土强度的1.5倍。

⑤粗骨料要求有良好的级配,最大粒径不宜超过25 mm。

⑥为防止碱-骨料反应,碱中含碱总量应予控制,每方混凝土原材料内(包括外加剂)的含碱总量不应超过3 kg。

⑦为防止钢筋锈蚀,混凝土中氯离子含量不得超过水泥重量的0.2%;在预应力混凝土结构中,氯离子含量不得超过水泥重量的0.06%。

⑧混凝土原材料的称量均按重量计,称量的允许偏差不应超过下列限值:水泥和掺合料为61%,粗、细骨料为62%,水和化学外加剂为61%。

⑨商品混凝土的生产必须严格控制拌和水量。砂、石含水率必须在开拌前精确测定后,从拌和用水量中扣除。外加剂的含水量也应从拌和用水量中扣除。

⑩严禁在混凝土拌合料出机后外加水。

(4)浇筑商品混凝土必须采用振捣器捣实,一般情况下宜采用高频振捣器。如拌料的坍落度较小则应加密振点并适当延长振捣时间。

(5)浇筑完毕并初凝后,应立即加以覆盖并浇水养护,以保持混凝土表面湿润,浇水养护日期不少于两周。

(6)留作标准养护的立方体试件数量宜比普通强度混凝土所要求的增加1~2倍,以测定早期及后期强度的变化。

(7)用于测定商品混凝土抗压强度的试件,应采用边长为150 mm的标准尺寸立方体。当采用边长为100 mm的非标准立方体试件时,其抗压强度乘以0.95进行换算。

(8)墙、柱混凝土浇筑应分层进行,每层厚度不超过500 mm,且上下层间不超过混凝土初凝时间,不允许留设任何规范允许外的水平施工缝。墙柱混凝土浇至梁底后应稍加停息约1 h左右,让混凝土达到初步沉落,再浇上部混凝土。震动棒应插入墙柱混凝土50 mm左右,以防发生水平裂缝。

(9)梁板混凝土应同时浇筑。先将梁的混凝土分层浇筑成阶梯形向前推进,当达到板底标高时,再与板的混凝土一起浇捣,随着阶梯不断延长,板的浇筑也不断前进,当梁高度大于1 m时,可先将梁单独浇筑至板底以下20~30 mm处,应稍加停息约1 h,让混凝土达到初步沉落,再浇上部混凝土。震动棒应插入大梁混凝土50 mm左右,以防发生水平裂缝,然后再浇板混凝土。为防止板出现裂缝,先用插入式振捣棒振捣,然后用平板振动器振捣,直到表面泛出浆为止,再用铁滚辗压,在初凝前,用铁抹子压光一遍,最后在终凝前再用铁抹子压光一遍。

忆一忆

混凝土工程需要采取哪些技术措施?

_____

_____

_____

任务知识3　制定防水工程技术措施

一、基础工程

(1)筏板抗渗混凝土抗渗等级P6,混凝土强度等级采用商品混凝土,内掺10% 混凝土 UEA 膨胀剂。

(2)用一台输送泵将混凝土泵送到浇注地点,机械振捣。

(3)防水筏板混凝土分层分段整体浇注,并人工找平。

(4)地下室外墙混凝土浇筑时应在顶板上设置布料机,分两层浇筑,在混凝土初凝前浇筑第二层。

(5)混凝土浇筑 12 h 以内浇筑完毕后用塑料布覆盖进行洒水养护。

(6)每 2 h 进行混凝土内部温度测量。

(7)底板混凝土水泥采用低热性水泥。

(8)严格检查防水混凝土的配比单,现场检测混凝土的坍落度,做好记录。

(9)技术人员根据天气、温度及现场施工情况及时与商混技术室沟通,调整商品混凝土的坍落度。

忆一忆

基础工程需要采取哪些防水技术措施?

_____

_____

_____

二、屋面工程

(1)屋面施工尽量避开雨天,当遇到雨天时将保温层一侧用水泥砂浆抹灰堵上,防止雨水渗入保温层中,并用五彩布覆盖。

(2)屋面为刚柔两道防水,刚性防水必须由专业施工队伍施工,防水材料进场后,按规范要求先取样试验,合格后方可施工。

(3)刚性防水面层施工,按规范设分隔缝,缝宽 20 mm、缝深 20 mm、间距 4 m。女儿墙压顶抹灰每 4 m 远设伸缩缝,防止龟裂,混凝土墙体 4 m 设一道伸缩缝。

(4)在刚性防水面层达到设计强度后,向分隔缝内嵌入密封膏。分隔缝嵌入密封膏前将缝内用钢丝刷清理干净。

忆一忆

屋面工程需要采取哪些防水技术措施?

_____

_____

_____

任务知识4 制定装饰工程技术措施

一、抹灰工程

(1)主体验收完毕预埋管线及门窗框安装完毕开始施工。

(2)在陶粒混凝土抹灰前墙面线槽孔洞用 1:3 水泥砂浆堵严抹平。在陶粒混凝土墙外侧刷界面剂,防止墙面空鼓。

(3)为防止墙裂缝,在陶粒混凝土墙上满挂钢丝网,固定网与墙留有一定间隙。在陶粒墙外侧刷界面剂。

(4)抹灰采用分层抹灰的施工方法。装饰工程采用立体交叉的作业方法进行施工,室内、室外装饰交叉进行,自上而下,先室外,后室内。

(5)抹灰前先将基层处理干净,混凝土梁、柱、墙面,先用 1:1 水泥砂浆掺建筑胶进行搅拌,成稠状掸浆,掸成针状,来强度后方可抹灰。

(6)不同基层采用不同配合比砂浆,特殊部位采用特殊砂浆,不准混用。门窗洞口阳角处抹 100 mm 宽,不小于 2 m 高的水泥砂浆作护角。室内抹灰、门口抹灰前先用水泥砂浆抹出,并在阳角处做 45°角,待墙面抹混合砂浆时一次到位抹齐,保证墙面不出现空鼓开裂。

忆一忆

抹灰工程需要采取哪些装饰技术措施?

_____

_____

二、涂料工程

(1)选择材质合格产品涂料,必须有出厂合格证及检测报告。

(2)在施工中由专人负责,墙表面阴阳角找直,涂料表面光滑无透底。

(3)在每刮腻子前必须首先将天棚及墙面阴角弹线,根据弹线做阴阳角,采有铝合金靠尺杆找直,特别对天棚与墙面之缝交角处,做到线角清晰。

三、保温工程

(1)基层墙体必须清理干净,要求混凝土墙面无油渍、灰尘、脱膜剂、陶粒墙面无泥土等污物,基层墙体的表面平整、超差部分必须剔凿或用1:3水泥砂浆修补平整。基层墙面若太干燥,吸水性能太强时,应先洒水喷淋湿润。

(2)现浇混凝土墙面应事先拉毛,刷界面剂水泥砂浆在墙面成均匀毛钉状,做拉毛处理,不得遗漏,干燥后方可进行下一道工序。

(3)根据建筑立面设计和外墙外保温技术要求,在墙面弹出外门窗水平、垂直控制线及伸缩缝线、装饰线等。

(4)配制聚合物砂浆胶黏剂:根据生产厂家使用说明书提供的配合比配制,专人负责,严格计量,手持式电动搅拌机搅拌,确保搅拌均匀。拌好的胶黏剂在静停 10 min 后还需经二次搅拌才能使用。配好的料注意防晒避风,以免水分蒸发过快。一次配制量应在可操作时间内用完。

忆一忆

保温工程需要采取哪些装饰技术措施?

_____

_____

自学自测

判断题(对的划"√",错的划"×",每题 10 分)

1. 技术组织措施是为了完成工程的施工而采取的具有较大技术投入的措施。（   ）
2. 制定技术组织措施时不用考虑钢筋工程。（   ）
3. 技术组织措施的最终结果反映在工程成本的减低和施工费用支出的减少上。（   ）
4. 熟悉图纸,做好技术交底,并绘出基础桩的位置图,确定其位置以防破坏是技术组织措施。（   ）
5. 选择合格的涂料产品,必须有出厂合格证及检测报告是防水工程技术措施。（   ）
6. 工程施工组织设计中的技术组织措施,应根据施工企业组织措施计划,结合工程的具体条件拟定。（   ）
7. 夜间施工时,应合理安排施工顺序,设置足够的照明设施。（   ）
8. 加工成型后的钢筋应平面布置堆放,场地堆放整齐,并做好标识,不用设置支垫。（   ）
9. 回填土每层回填夯实后,可以不进行取样就进行上一层铺土。（   ）
10. 基底修理铲平后,应组织相关人员进行验槽并会签。（   ）

●●●● 任 务 指 导 ●●●●

根据实际工程的建设管理工作需求,施工单位制定技术措施包括如下步骤。

一、制定基础工程技术措施

结合工程实际情况,制定土方工程和基础工程的技术措施。由于土方工程的工程量大、施工条件复杂,施工中受气候条件、工程地质条件和水文地质条件影响较大,因此在制定技术措施时要针对土方施工的施工特点,制定合理的技术措施。基础工程要结合地基土的具体情况和上部结构类型要求制定技术措施。

二、制定主体工程技术措施

结合工程实际情况,制定钢筋工程和混凝土工程的技术措施。钢筋工程要结合工程中使用的钢筋型号及特点制定相应的技术措施。混凝土工程的各个施工过程都相互联系和影响,避免因为处理不当出现影响混凝土最终质量的现象。

三、制定防水工程技术措施

结合工程实际情况,制定基础工程和屋面工程的技术措施。结合工程特点选择适合的防水材料和防水技术,并制定相应的技术措施。

四、制定装饰工程技术措施

结合工程实际情况,制定抹灰工程、涂料工程和保温工程的技术措施。装饰工程的施工顺序对保证施工质量起着控制作用,应结合工程特点制定相应的技术措施。

📝 笔记栏

工 作 单

计 划 单

学习情境3	制定主要技术组织措施	任务1	制定技术措施
工作方式	组内讨论、团结协作共同制订计划：小组成员进行工作讨论，确定工作步骤	计划学时	0.5学时
完成人			

计划依据：1. 单位工程施工组织设计报告；2. 分配的工作任务

序号	计 划 步 骤	具体工作内容描述
1	准备工作 （准备材料，谁去做?）	
2	组织分工 （成立组织，人员具体都完成什么?）	
3	制订两套方案 （各有何特点?）	
4	记录 （都记录什么内容?）	
5	整理资料 （谁负责？整理什么?）	
6	制定工程施工技术措施 （谁负责？要素是什么?）	
制订计划说明	（写出制订计划中人员为完成任务的主要建议或可以借鉴的建议、需要解释的某一方面）	

决 策 单

学习情境3	制定主要技术组织措施		任务1	制定技术措施
决策学时	0.5学时			
决策目的：确定本小组认为最优的工程施工技术措施				

	方案特点		比对项目	确定最优方案（划√）
方案优劣比对	方案名称1：	方案名称2：		
			基础工程施工技术措施是否合理	方案1优 □ 方案2优 □
			主体工程施工技术措施是否合理	
			防水工程施工技术措施是否合理	
			装饰工程施工技术措施是否合理	
			工作效率的高低	
决策方案描述	（本单位工程最佳方案是什么？最差方案是什么？描述清楚，未来指导现场编写施工组织设计报告的实际工作。）			

作 业 单

学习情境3	制定主要技术组织措施		任务1	制定技术措施
参加编写人员	第　　组 签名：		开始时间： 结束时间：	
序号	工作内容记录 （制定工程施工技术措施的实际工作）		分　工 （负责人）	
1				
2				
3				
4				
5				
6				
7				
8				
9				
10				
11				
12				
小结	主要描述完成的成果及是否达到目标		存在的问题	

检 查 单

学习情境 3	制定主要技术组织措施		任务 1	制定技术措施			
检查学时	课内 0.5 学时			第 组			
检查目的及方式	教师过程监控小组的工作情况,如检查等级为不合格,小组需要整改,并拿出整改说明						
序号	检查项目	检 查 标 准	检查结果分级 (在检查相应的分级框内划"√")				
			优秀	良好	中等	合格	不合格
1	准备工作	资源是否已查到、材料是否准备完整					
2	分工情况	安排是否合理、全面,分工是否明确					
3	工作态度	小组工作是否积极主动、全员参与					
4	纪律出勤	是否按时完成负责的工作内容、遵守工作纪律					
5	团队合作	是否相互协作、互相帮助、成员是否听从指挥					
6	创新意识	任务完成不照搬照抄,看问题具有独到见解、创新思维					
7	完成效率	工作单是否记录完整,是否按照计划完成任务					
8	完成质量	工作单填写是否准确,记录单检查及修改是否达标					
检查评语							教师签字:

评 价 单

1. 小组工作评价单

学习情境3	制定主要技术组织措施		任务1	制定技术措施		
评价学时	课内0.5学时					
班　级				第　　　组		
考核情境	考核内容及要求	分值（100）	小组自评（10%）	小组互评（20%）	教师评价（70%）	实得分（Σ）
汇报展示（20）	演讲资源利用	5				
	演讲表达和非语言技巧应用	5				
	团队成员补充配合程度	5				
	时间与完整性	5				
质量评价（40）	工作完整性	10				
	工作质量	5				
	报告完整性	25				
团队情感（25）	核心价值观	5				
	创新性	5				
	参与率	5				
	合作性	5				
	劳动态度	5				
安全文明（10）	工作过程中的安全保障情况	5				
	工具正确使用和保养、放置规范	5				
工作效率（5）	能够在要求的时间内完成，每超时5分钟扣1分	5				

2. 小组成员素质评价单

学习情境3	制定主要技术组织措施		任务1	制定技术措施
班　级		第　　组	成员姓名	
评分说明	每个小组成员评价分为自评和小组其他成员评价两部分,取平均值计算,作为该小组成员的任务评价个人分数。评价项目共设计5个,依据评分标准给予合理量化打分。小组成员自评分后,要找小组其他成员以不记名方式打分			

评分项目	评 分 标 准	自评分	成员1评分	成员2评分	成员3评分	成员4评分	成员5评分
核心价值观 （20分）	是否有违背社会主义核心价值观的思想及行动						
工作态度 （20分）	是否按时完成负责的工作内容、遵守纪律,是否积极主动参与小组工作,是否全过程参与,是否吃苦耐劳,是否具有工匠精神						
交流沟通 （20分）	是否能良好地表达自己的观点,是否能倾听他人的观点						
团队合作 （20分）	是否与小组成员合作完成任务,做到相互协作、互相帮助、听从指挥						
创新意识 （20分）	看问题是否能独立思考,提出独到见解,是否能够创新思维,解决遇到的问题						
最终小组成员得分							

课 后 反 思

学习情境3	制定主要技术组织措施		任务1	制定技术措施
班　　级		第　　组	成员姓名	
情感反思	通过对本任务的学习和实训,你认为自己在社会主义核心价值观、职业素养、学习和工作态度等方面有哪些需要提高的部分?			
知识反思	通过对本任务的学习,你掌握了哪些知识点?请画出思维导图。			
技能反思	在完成本任务的学习和实训过程中,你主要掌握了哪些技能?			
方法反思	在完成本任务的学习和实训过程中,你主要掌握了哪些分析和解决问题的方法?			

任务2　制定质量保证措施

任 务 单

学习情境3	制定主要技术组织措施			任务2	制定质量保证措施	
任务学时	课内4.5学时（课外1.5学时）					
布 置 任 务						
任务目标	1. 制定基础工程质量保证措施； 2. 制定主体工程质量保证措施； 3. 制定防水工程质量保证措施； 4. 制定装饰工程质量保证措施； 5. 能够在完成任务过程中锻炼职业素养，做到严谨认真对待工作程序，完成任务能够吃苦耐劳主动承担，能够主动帮助小组落后的其他成员，有团队意识，诚实守信、不瞒骗，培养保证质量等建设优质工程的爱国情怀					
任务描述	为了保证工程能够保质、保量按期完成任务，需要提前制定各项质量保证措施，避免不良因素对工程项目的影响。制定质量保证措施前，相关工程技术人员应明确质量目标，建立质量保证体系，对工程项目中经常发生的质量通病制订预防措施，并针对基础工程、主体工程、防水工程和装饰工程等制定质量保证措施					
学时安排	资讯	计划	决策	实施	检查	评价
	0.5学时（课外1.5学时）	0.5学时	0.5学时	2学时	0.5学时	0.5学时
对学生学习及成果的要求	1. 每名同学均能按照资讯思维导图自主学习，并完成知识模块中的自测训练； 2. 严格遵守课堂纪律，学习态度认真、端正，能够正确评价自己和同学在本任务中的素质表现，积极参与小组工作任务讨论，严禁抄袭； 3. 具备识图的能力，具备计算机知识和计算机操作能力； 4. 小组讨论质量保证措施编写的内容，能够结合工程实际情况编写质量保证措施； 5. 具备一定的实践动手能力、自学能力、数据计算能力、沟通协调能力、语言表达能力和团队意识； 6. 严格遵守课堂纪律，不迟到、不早退；学习态度认真、端正；每位同学必须积极动手并参与小组讨论； 7. 讲解编制质量保证措施的过程，接受教师与学生的点评，同时参与小组自评与互评					

资讯思维导图

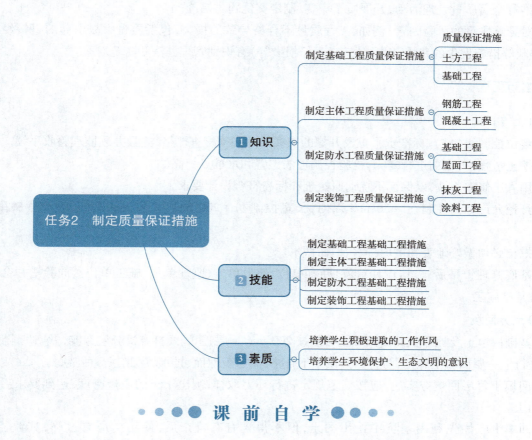

课 前 自 学

任务知识1　制定基础工程质量保证措施

一、质量保证措施

在常规的质量保证体系基础上为了将工程创建成优质工程必须采取相应的管理制度和技术措施。保证工程质量的关键是明确质量目标,建立质量保证体系,对工程对象经常发生的质量通病制定防治措施。

(一)技术措施

(1)确保工程定位、放线、标高测量等准确无误地措施。

(2)确保地基承载力及各种基础、地下结构、地下防水、土方回填施工质量的措施。

(3)确保主体承重结构各主要施工过程质量的措施。

(4)确保屋面、装修工程,尤其是卫生间、洗浴室和屋面防水工程施工质量的措施。

(5)确保水下及冬雨期施工质量的措施。

(6)确保各种材料质量的措施。

(7)试块、试样管理的措施。

(8)解决质量通病的措施。

(二)组织措施

(1)建立各级技术责任制、完善内部质量保证体系,明确质量目标及各级技术人员的职责范围,做到职责明确、各负其责。

(2)加强人员培训工作,贯彻《建筑工程施工质量验收统一标准》和相关专业工程的施工质量验收系列规范。对采用"四新"项目的质量要求或质量通病,应进行分析讲解,以提高施工操作人员的质量意识和工作质量,从而确保工程质量。

(3)建立质量检查验收制度,完善质量检查体系,定期进行质量检查活动,并召开质量分析会议。

(4)推行全面质量管理活动,开展质量竞赛,制定奖优罚劣措施。

(5)对影响质量的风险因素(例如,工程质量不合格导致的损失,包括质量事故引起的直接经济损失、修复和补救等措施发生的费用,以及第三者责任损失等)有识别管理办法和防范对策。

二、土方工程

(一)土方开挖

(1)定位控制线(桩)、标准水平桩及开槽的灰线尺寸必须检查严格,并且办理监理验收手续。

(2)挖土过程中,定期进行复测,检验控制桩的位置和水准点标高。

(3)用人工修整边坡,以保证不扰动原始土和标高符合设计要求。

(4)开挖允许标高控制在 −50 mm 以内,长宽控制在 +200 mm、−50 mm 之间,表面平整度控制在 20 mm。

(5)挖土必须做好地表和坑内排水、地面截水。

(6)基底修理铲平后,应请设计单位、勘察单位、建设单位、监理单位、施工单位共同验槽并会签,合格后进行桩基础施工。

(二)土方回填

(1)基础回填土及地下室四周回填土必须按 200 mm 一层,用蛙式打夯机分层夯实,做回填土试验合格后才能进行上一层回填土施工,防止因回填土不合格,而出现地面、排水坡沉陷质量问题。

(2)回填土每层回填夯实后,应按规范规定进行环刀取样,测出干土的质量密度,达到要求后,再进行上一层铺土。

(3)回填土应优先利用基坑中挖出的土,但不得含有有机杂质,使用前应有过筛,其粒径不大于 50 mm,含水率应符合规定。

(4)设专人监督管理回填土的质量。

忆一忆

土方开挖需要采取哪些质量保证措施?

三、基础工程

(1)持力层经检查验收符合设计承载力要求后才允许下道工序施工。

(2)桩基承载力测试要严格按数量、位置要求留置实验桩,检测结果必须满足设计要求。

(3)支护结构必须符合设计要求,且满足施工方案要求,设计中对深基坑施工必须确保相邻建筑及地下设施的安全。高层及重要建筑施工应有沉降观测记录,建筑物范围内的地下设施的处理记录。

(4)混凝土强度等级经试块检测达不到设计要求时或对试块代表性有怀疑时,应钻芯取样(检测结果符合设计要求,可按合格验收)。

(5)基土、回填土及建筑材料对环境污染的控制应符合设计要求和国家及省的有关规范规定。

综合案例分析

1. 背景

某市一写字楼,建筑面积 45 000 m²,建筑高度 99 m,33 层现浇框架—剪力墙结构,地下两层。该工程位于淤泥质软土地基上,抗震设防裂度为8°,由该市某建筑公司施工总承包,工程于2005年2月18日开工。施工过程中发生如下事件:

事件一:土方开挖时发现一古墓,为抢工期,项目经理安排把古墓里的东西拿走后,要求施工队继续施工。

事件二:为降低工程成本,项目经理决定将挖出的淤泥质软土作为回填土。

事件三:4月25日,项目经理安排项目质量检查员主持编制施工项目质量计划以应对公司28日的综合大检查。

2. 问题

(1)事件一的做法是否妥当,应如何处理?
(2)事件二的做法是否合理,为什么?
(3)事件三的做法是否正确,为什么?
(4)质量计划的定义和作用是什么?

3. 参考答案

(1)不妥。土方开挖中如果发现文物或古墓,应立即妥善保护并及时报请当地有关部门来现场处理,待妥善处理后,方可继续施工。

(2)不合理。因为,填方土料应符合设计要求,保证填方的强度和稳定性。一般不能用淤泥和淤泥质土、膨胀土、有机质物含量大于8%的土、含水溶性硫酸盐大于5%的土、含水量不符合压实要求的黏性土。

(3)不正确。因为项目质量计划应在项目策划过程中,由项目经理主持编制。

(4)质量计划是针对特定的产品、项目或合同,规定专门的质量措施、资源和活动顺序的文件。对工程行业而言,质量计划主要是针对特定的工程项目编制的规定专门的质量措施、资源和活动顺序的文件,其作用是,对外可作为针对特定工程项目的质量保证,对内作为针对特定工程项目质量管理的依据。

忆一忆

基础工程需要采取哪些质量保证措施?

任务知识2　制定主体工程质量保证措施

一、钢筋工程

(一)原材料采购

按施工图预算列出钢筋品种、规格数量清单,提出需用计划。所有钢材全部采用大型钢厂生产的钢材,并按批量检查、要有质保书,钢材进场前先进行外观检查(如锈蚀、裂纹等),进场后取样进行物理性能试验,必要时对其进行化学分析试验,合格后方可使用该钢材,钢筋焊接必须先按规范、规定做焊接试验,合格后方可进行成批钢筋的焊接。

视频

制定主体工程质量保证措施

(二)钢筋检验

钢筋进场前,应按批进行检查和验收。每批由同牌号、同炉罐号、同规格、同交货状态的钢筋组成,重量不大于60 t。对容量不大于30 t的冶炼的钢锭和连续坯轧制的钢筋,允许由同牌号、同冶炼方法、同浇注方法的不同炉罐号组成混合批,但每批检验内容包括外观检查和力学性能试验等。

1. 外观检查

从每批钢筋中抽取1%进行外观检查。钢筋表面不得有裂纹、结疤和折叠。钢筋表面允许有凸块,但不得超过横肋的高度,钢筋表面其他缺陷的深度和高度不得大于所在部位尺寸的允许偏差。钢筋每1 m

弯曲度不应大于 4 mm。

钢筋可按实际重量或公称重量交货。当钢筋按实际重量交货时，应随机抽取 10 根（6 m 长）钢筋称重，如重量偏差大于允许偏差，则应与工厂交涉，以免损害甲方利益。

2. 力学性能试验

从每批钢筋中任选两根钢筋，每根取中间部分做试样，每组试样 5 根，每根取 510 mm 长，分别进行拉伸试验（包括屈服点、抗拉强度和伸长率）和冷弯试验。

拉伸、冷弯、反弯试验试样不允许进行车削加工。计算钢筋强度采用公称横截面面积。反弯试验时，经正向弯曲后的试样应在 100 ℃ 温度下保温不少于 30 min，经自然冷却后再进行反向弯曲。当供方能保证钢筋的反弯性能时，正弯后的试样也可在室温下直接进行反向弯曲。

如果有一项试验结果不符合要求，则从同一批中另取双倍数量的试样重作各项试验。如仍有一个试样不合格，则该批钢筋为不合格品。

钢筋在加工过程中发现脆断、焊接性能不良或机械性能显著不正常等现象时，应进行化学成分分析或其他专项检验。

（三）质量保证措施

（1）钢筋原材料进场时，必须有原材料合格证，必须经过二次复试达到设计要求和检测标准后方能进行使用。

（2）钢筋下料单经技术员复核，首批钢筋下料必须有质检员检验，合格后才能大批量加工。

（3）钢筋规格形状尺寸、数量间距、锚固长度、接头位置，套筒节点在施工时按设计要求施工，不能擅自更改，保证结构安全性能。

（4）钢筋在现场集中下料，机械加工，人工绑扎安装，钢筋连接以焊接为主，梁水平钢筋直径 ≥ 18 mm 采用机械直螺纹套筒连接，其余钢筋采用人工绑扎。

（5）钢筋采用机械直螺纹套筒连接时，操作工人必须持证上岗并保证其工作的稳定性，不得随意调换，以确保套筒连接质量。

（6）钢筋套筒连接前必须按规定现场制作试件，经检验合格后方可正式使用。

（7）在混凝土结构中为保证钢筋位置的准确，保证钢筋保护层厚度，剪力墙钢筋混凝土保护层必须采用高强塑料定位卡，梁板钢筋保护层必须采用理石垫块。

（8）柱、墙钢筋绑扎采用站在移动平台绑扎，保证箍筋不变形、移位。

（9）钢筋绑扎完毕，必须由技术负责人组织各专业人员联合检查验收，形成汇签制度，达到设计要求和施工验收规范标准后方可进行混凝土浇筑及隐蔽验收。

（10）在混凝土浇筑完毕后，根据事先设定的位置进行钢筋保护层实体检查，应各抽取构件数量的 2% 且不少于 5 个构件进行检验。

忆一忆

钢筋工程需要采取哪些质量保证措施？

_____

_____

_____

二、混凝土工程

（1）混凝土施工前必须由监督站、监理单位、施工单位联合检查验收钢筋方可施工。

（2）在确定商品混凝土厂家的时候，同建设单位、监理单位同时到商品混凝土厂家考察，保证混凝土厂家的生产量和供应能力。

（3）在施工过程中，不定期对商品混凝土厂家进行抽查，抽查搅拌站的配料是否按施工配合比进行，保证混凝土质量。

(4)商品混凝土进入施工现场必须有商品混凝土合格证和配合比通知单,方能进行使用。

(5)在施工现场设置坍落度桶,定时检查每罐车内的混凝土坍落度,设专人负责,并进行记录。

(6)在商品混凝土浇筑过程中严禁向车内加水。

(7)主体工程完工后,必须及时做实体检测,且实体检测必须合格后,才能进行装饰工程施工。

(8)现浇板施工时严格控制板的厚度及混凝土的配合比,必须设专人控制监督,保证混凝土的参数。

(9)在柱、板混凝土强度不同时,必须采取措施先浇筑柱混凝土,然后再进行楼板混凝土浇筑,保证达到设计要求。

(10)柱、梁、板的混凝土浇筑完后必须用塑料布覆盖,设专人负责浇水养护,保证混凝土表面湿润,保证混凝土强度。

忆一忆

混凝土工程需要采取哪些质量保证措施?

_____
_____
_____

任务知识3 制定防水工程质量保证措施

一、基础工程

(1)基础混凝土接茬处必须放置钢板止水带,抗裂加强带及沉降缝混凝土浇筑过程中必须掺防水剂,并且混凝土等级比普通混凝土提高一个等级。

(2)止水钢板必须满焊,采用 E40 型焊条,确保焊条干燥。严格控制电流强度。

(3)操作人员需经培训合格,持证上岗、人证相符。

(4)施工缝混凝土浇筑之前应进行专门技术交底,设专人负责验收,合格后方可浇筑混凝土。

(5)浇筑混凝土用水润湿,先浇筑同标号防水砂浆,再浇筑防水混凝土。

(6)加强振捣,不得少振,漏振,设工程技术人员现场监督指导施工。

(7)卷材粘贴基层必须干燥。在施工时,基层由专人检查,必须干燥后,才能进行卷材铺设,卷材搭接必须满足规范要求。

(8)基础卷材必须先做附加层,每侧宽度不小于 250 mm。

(9)卷材施工必须采用满粘施工方法。

(10)所用原材料必须有出厂合格证及复试合格报告,防水材料卷材,必须保证厚度并设专人检查验收。

(11)地下建筑物防水基层必须干燥,含水率不大于8%。

忆一忆

基础工程需要采取哪些防水质量保证措施?

_____
_____
_____

二、屋面工程

(1)卷材粘贴基层必须干燥。

(2)卷材在立面采用满粘方法。

(3)在屋面保温施工前必须做好防水泛水坡度,必须符合设计规定,不能有倒流水、积水现象。卷材必须上返至反水檐底部。

（4）屋面排气孔，泛水、檐口、变形缝处、管道根部一定做好防水附加层，粘贴牢固，封盖严密。加强细部操作，特别是管根水落管口、伸缩缝，必须做好细部处理，必须认真做蓄水试验，保证施工质量。

（5）防水卷材等防水材料进场时，必须经过二次复试达到设计要求和检测标准规定后方能进行使用。

（6）屋面卷材铺设完毕后在屋面最高点设置排气孔。

（7）柔性防水卷材必须先高后低、先远后近铺设，保证搭接长度。

（8）出屋面风道排气道在防水施工前安装并在周围留凹槽以便嵌填密封材料。

（9）外加剂掺量严格按试验执行，获得最佳掺量范围。

（10）刚性屋面混凝土保证一次浇筑完成，原材料进场应按规定进行二次复查合格后方可使用。

（11）严禁雨天施工，防止防水层酥松、麻面、起砂等现象，环境温度在 5～35 ℃范围，不得在负温或暴晒下施工，避免混凝土受冻或失水。

（12）钢筋要调直，不得有弯曲、锈蚀或沾油污，分格处钢筋网片要断开。

（13）浇筑混凝土前应将隔离层表面浮渣杂物清除干净，并检查隔离层质量及平整度，排水坡度和完整性。

（14）分格缝采用分格条，安装前要弹线分格线，分格尺寸 1.5 m×1.5 m，分格缝应平直、整齐。

（15）混凝土在终凝前进行三次压实抹光，做到表面平整光滑，不起砂、不起皮。抹压时不得洒水泥或干水泥砂浆。

（16）为防止小块体混凝土产生裂缝掺入密实剂，防止混凝土开裂。

（17）分格缝中要嵌填合成高分子密封材料，采用耐候密封胶。

（18）钢筋保护层控制在 15 mm，位置设在混凝土中上部，距混凝土上皮 15 mm。有效防止裂缝。

（19）混凝土厚度控制在最薄处不小于 40 mm。

忆一忆

屋面工程需要采取哪些防水质量保证措施？

_____
_____
_____

任务知识 4　制定装饰工程质量保证措施

一、抹灰工程

（1）抹灰前先将基层处理干净，混凝土梁、柱、墙面，先用 1∶1 水泥砂浆掺建筑胶进行搅拌，成稠状掸浆，掸成针状，有强度后方可抹灰。

（2）抹灰前应先做灰饼冲筋挂线确定抹灰厚度，墙面抹灰分别按底层、中层、面层分层施工。

（3）为防止陶粒混凝土墙裂缝，在陶粒块墙两侧钉钢丝网孔 15 mm×15 mm，用 6 分钢钉固定，间距 500 mm 双向设置。

（4）为防止门过梁上方墙体抹灰后开裂，将墙上钉钢丝网，网口孔径为 15 mm×15 mm，面积为 500 mm×800 mm。电气、消防、综合布线开关插座部位加设 300 mm×300 mm 钢丝网，防止线盒四周空鼓开裂。

（5）不同基层采用不同配合比砂浆，特殊部位采用特殊砂浆，不准混用。门窗洞口阳角处抹 80 mm 宽，不小于 2 m 高的水泥砂浆作护角。室内抹灰、门口抹灰前先用水泥砂浆抹出，并在阳角处做 45°角，待墙面抹混合砂浆时一次到位抹齐。

（6）在消防箱、电表箱等箱体外侧，挂钢丝网抹灰，外侧抹混合砂浆，防止结露现象。

（7）不同基层采用不同配合比砂浆，特殊部位采用特殊砂浆，不准混用。

（8）外墙苯板抹抗裂砂浆，在水泥砂浆中掺 1% 抗裂剂。

忆一忆
抹灰工程需要采取哪些装饰质量保证措施?
_____
_____
_____

二、涂料工程

(1)保证护面胶与苯板间黏结牢固,无脱层、开裂现象。

(2)保证苯板与基层墙体黏结牢固,无松动、空点、虚贴现象。

(3)网格布的铺设不得出现纤维松懈、倾斜错位,同时不得有网格布外露、翘边、皱褶等现象。

(4)外保温墙体面层的允许偏差项目执行装饰工程一般抹灰允许偏差标准。

(5)屋面工程保温施工时,必须做好保温层泛水坡度,要符合设计规定,不能有倒流水、积水现象,事先在女儿墙上画好屋面坡度线。

(6)屋面做保温层时,苯板必须用两层错缝铺设,必须在晴天施工,保证其使用功能。

忆一忆
涂料工程需要采取哪些装饰质量保证措施?
_____
_____
_____

自学自测

判断题（对的划"√"，错的划"×"，每题10分）

1. 混凝土施工前必须由监督站、监理单位、施工单位联合检查验收钢筋方可施工。（　　）
2. 保证工程质量的关键是明确质量目标，建立质量保证体系，对工程对象经常发生的质量通病制定防治措施。（　　）
3. 挖土过程中，可以不用定期进行复测。（　　）
4. 钢筋表面不得有裂纹、结疤和折叠。钢筋表面允许有凸块，但不得超过横肋的高度。（　　）
5. 防水卷材等防水材料进场时，必须经过二次复试，达到设计要求和检测标准规定后方可使用。（　　）
6. 建立各级技术责任制、完善内部质量保证体系，明确质量目标和各级技术人员的职责范围，做到职责明确、各负其责。（　　）
7. 钢筋绑扎完毕，必须由技术负责人组织各专业人员联合检查验收。（　　）
8. 内墙涂料可以选用普通防霉涂料。（　　）
9. 不同基层采用不同配比砂浆，特殊部位采用特殊砂浆，不准混用。（　　）
10. 保温工程应保证护面胶与苯板间黏结牢固，无脱层、开裂现象。（　　）

●●●● 任务指导 ●●●●

保证工程质量的关键是明确质量目标,建立质量保证体系,对工程对象经常发生的质量通病制定防治措施。根据实际工程的建设管理工作需求,施工单位制定质量保证措施,包括如下步骤。

一、制定基础工程质量保证措施

结合工程实际情况,制定土方工程和基础工程的质量保证措施。在制定质量保证措施时要针对土方工程施工特点和基础工程的具体情况制定。

二、制定主体工程质量保证措施

结合工程实际情况,制定钢筋工程和混凝土工程的质量保证措施。

三、制定防水工程质量保证措施

结合工程实际情况,制定基础工程和屋面工程的质量保证措施。结合工程特点选择适合的防水材料和防水技术,并制定相应的质量保证措施。

四、制定装饰工程质量保证措施

结合工程实际情况,制定抹灰工程和涂料工程的质量保证措施。装饰工程的施工顺序对保证施工质量起着控制作用,应结合工程特点制定相应的质量保证措施。

📝 笔记栏

工 作 单

计 划 单

学习情境3	制定主要技术组织措施		任务2	制定质量保证措施
工作方式	组内讨论、团结协作共同制订计划:小组成员进行工作讨论,确定工作步骤		计划学时	0.5学时
完成人				
计划依据:1. 单位工程施工组织设计报告;2. 分配的工作任务				
序号	计划步骤		具体工作内容描述	
1	准备工作 (准备材料,谁去做?)			
2	组织分工 (成立组织,人员具体都完成什么?)			
3	制订两套方案 (各有何特点?)			
4	记录 (都记录什么内容?)			
5	整理资料 (谁负责?整理什么?)			
6	制定质量保证措施 (谁负责?要素是什么?)			
制订计划说明	(写出制订计划中人员为完成任务的主要建议或可以借鉴的建议、需要解释的某一方面)			

决 策 单

学习情境3	制定主要技术组织措施		任务2	制定质量保证措施
决策学时	0.5学时			

决策目的：确定本小组认为最优的质量保证措施

方案优劣比对	方案特点		比对项目	确定最优方案（划√）
	方案名称1：	方案名称2：		
			基础工程质量保证措施是否合理	方案1优 □ 方案2优 □
			主体工程质量保证措施是否合理	
			防水工程质量保证措施是否合理	
			装饰工程质量保证措施是否合理	
			工作效率的高低	
决策方案描述	（本单位工程最佳方案是什么？最差方案是什么？描述清楚,未来指导现场编写施工组织设计报告的实际工作。）			

作 业 单

学习情境3	制定主要技术组织措施		任务2	制定质量保证措施
参加编写人员	第 组 签名：		开始时间： 结束时间：	
序号	工作内容记录 （制定质量保证措施的实际工作）			分 工 （负责人）
1				
2				
3				
4				
5				
6				
7				
8				
9				
10				
11				
12				
小结	主要描述完成的成果及是否达到目标			存在的问题

检 查 单

学习情境3	制定主要技术组织措施		任务2	制定质量保证措施			
检查学时	课内0.5学时			第　　组			
检查目的及方式	教师过程监控小组的工作情况,如检查等级为不合格,小组需要整改,并拿出整改说明						
序号	检查项目	检 查 标 准	检查结果分级（在检查相应的分级框内划"√"）				
			优秀	良好	中等	合格	不合格
1	准备工作	资源是否已查到、材料是否准备完整					
2	分工情况	安排是否合理、全面,分工是否明确					
3	工作态度	小组工作是否积极主动、全员参与					
4	纪律出勤	是否按时完成负责的工作内容、遵守工作纪律					
5	团队合作	是否相互协作、互相帮助、成员是否听从指挥					
6	创新意识	任务完成不照搬照抄,看问题具有独到见解、创新思维					
7	完成效率	工作单是否记录完整,是否按照计划完成任务					
8	完成质量	工作单填写是否准确,记录单检查及修改是否达标					
检查评语						教师签字:	

评 价 单

1. 小组工作评价单

学习情境3	制定主要技术组织措施		任务2	制定质量保证措施	
评价学时	课内0.5学时				
班级				第 组	

考核情境	考核内容及要求	分值（100）	小组自评（10%）	小组互评（20%）	教师评价（70%）	实得分（∑）
汇报展示（20）	演讲资源利用	5				
	演讲表达和非语言技巧应用	5				
	团队成员补充配合程度	5				
	时间与完整性	5				
质量评价（40）	工作完整性	10				
	工作质量	5				
	报告完整性	25				
团队情感（25）	核心价值观	5				
	创新性	5				
	参与率	5				
	合作性	5				
	劳动态度	5				
安全文明（10）	工作过程中的安全保障情况	5				
	工具正确使用和保养、放置规范	5				
工作效率（5）	能够在要求的时间内完成，每超时5分钟扣1分	5				

2. 小组成员素质评价单

学习情境3	制定主要技术组织措施		任务2	制定质量保证措施				
班　　级			第　　组	成员姓名				
评分说明	每个小组成员评价分为自评和小组其他成员评价两部分,取平均值计算,作为该小组成员的任务评价个人分数。评价项目共设计5个,依据评分标准给予合理量化打分。小组成员自评分后,要找小组其他成员以不记名方式打分							
评分项目	评　分　标　准	自评分	成员1评分	成员2评分	成员3评分	成员4评分	成员5评分
核心价值观（20分）	是否有违背社会主义核心价值观的思想及行动						
工作态度（20分）	是否按时完成负责的工作内容、遵守纪律,是否积极主动参与小组工作,是否全过程参与,是否吃苦耐劳,是否具有工匠精神						
交流沟通（20分）	是否能良好地表达自己的观点,是否能倾听他人的观点						
团队合作（20分）	是否与小组成员合作完成任务,做到相互协作、互相帮助、听从指挥						
创新意识（20分）	看问题是否能独立思考,提出独到见解,是否能够创新思维,解决遇到的问题						
最终小组成员得分							

课后反思

学习情境3	制定主要技术组织措施		任务2	制定质量保证措施
班　　级		第　　组	成员姓名	
情感反思	通过对本任务的学习和实训,你认为自己在社会主义核心价值观、职业素养、学习和工作态度等方面有哪些需要提高的部分?			
知识反思	通过对本任务的学习,你掌握了哪些知识点?请画出思维导图。			
技能反思	在完成本任务的学习和实训过程中,你主要掌握了哪些技能?			
方法反思	在完成本任务的学习和实训过程中,你主要掌握了哪些分析和解决问题的方法?			

任务3 制定施工安全措施

任 务 单

学习情境3	制定主要技术组织措施			任务3	制定施工安全措施
任务学时	课内4.5学时(课外1.5学时)				
布置任务					
任务目标	1. 能够根据工程情况,制定基础工程和主体工程的安全生产措施; 2. 能够根据工程情况和建筑施工安全检查标准,制定临时施工用电安全生产措施; 3. 能够根据工程情况和机械操作规范要求,制定机械设备安全生产措施; 4. 能够在完成任务过程中锻炼职业素养,做到严谨认真对待工作程序,完成任务能够吃苦耐劳、主动承担,能够主动帮助小组中落后的其他成员,有团队意识,诚实守信、不瞒骗,培养保证质量等建设优质工程的爱国情怀				
任务描述	为了保证工程项目安全目标,相关技术人员应制定符合国家要求的安全保证体系,并以此制定保证本工程的安全管理制度和各项安全技术操作规程,建立各级安全生产责任制,明确各级施工人员的安全职责。同时结合工程特点制定基础工程、主体工程、临时施工用电和机械设备等施工安全措施,对影响安全的因素有识别管理方法和防范对策,同时定期进行安全检查活动和召开安全生产分析会议,对不安全因素及时进行整改				
学时安排	资讯	计划	决策	实施	检查	评价
	0.5学时(课外1.5学时)	0.5学时	0.5学时	2学时	0.5学时	0.5学时
对学生学习及成果的要求	1. 每名同学均能按照资讯思维导图自主学习,并完成知识模块中的自测训练; 2. 严格遵守课堂纪律,学习态度认真、端正,能够正确评价自己和同学在本任务中的素质表现,积极参与小组工作任务讨论,严禁抄袭; 3. 具备识图的能力,具备计算机知识和计算机操作能力; 4. 小组讨论施工安全措施编写的内容,能够结合工程实际情况制定施工安全措施; 5. 具备一定的实践动手能力、自学能力、数据计算能力、沟通协调能力、语言表达能力和团队意识; 6. 严格遵守课堂纪律,不迟到、不早退;学习态度认真、端正;每位同学必须积极动手并参与小组讨论; 7. 讲解制定施工安全措施的过程,接受教师与学生的点评,同时参与小组自评与互评				

学习情境3 制定主要施工技术组织措施

资讯思维导图

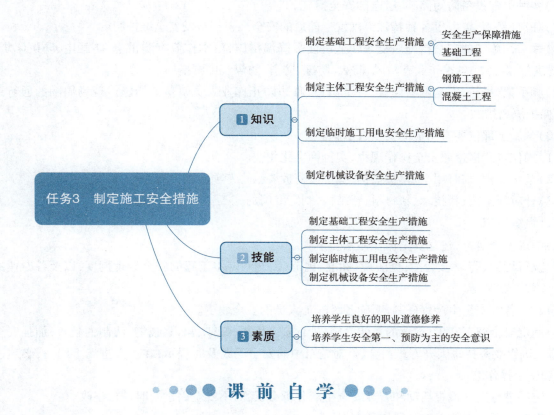

课前自学

任务知识1 制定基础工程安全生产措施

一、安全生产保障措施

加强安全保护、保障安全生产是国家保障劳动人民生命安全的一项重要措施,也是进行工程施工的一项基本原则。为此,应提出有针对性的施工安全保障措施,主要明确安全管理方法和主要安全措施,从而杜绝施工中各种安全事故的发生。

(一)技术措施

1. 施工准备阶段安全生产保障措施

(1)技术准备中要了解工程设计对安全施工的要求,调查工程的自然环境对施工安全,以及施工对周围环境安全的影响等。

(2)物资准备时要及时供应质量合格的安全防护用品,以满足施工需要。

(3)施工现场准备中,各种临时设施、库房、易燃易爆品的存放都必须符合安全规定。

(4)施工队伍准备中,总包、分包单位都应持有《建筑业企业安全资格证》。

2. 施工阶段安全生产保障措施

(1)针对拟建工程地形、地貌、环境、自然气候、气象等情况,提出可能突然发生自然灾害时有关施工安全方面的措施,以减少损失,避免伤亡。

(2)提出易燃、易爆品严格管理、安全使用的措施。

(3)防火、消防措施,有毒、有尘、有害气体环境下的安全措施。

(4)土方、深基础施工、高空作业、结构吊装、上下垂直平行施工时的安全措施。

223

(5)各种施工机具的安全操作要求,外用电梯、井架及塔吊等垂直运输机具的安拆要求、安全装置和防倒塌措施,以及交通车辆的安全管理。

(6)各种电气设备防短路、防触电的安全措施。

(7)狂风、暴雨、雷电等各种特殊天气发生前后的安全检查措施及安全维护制度。

(8)季节性施工的安全措施。夏季作业有防暑降温措施,雨季作业有防雷电、防触电、防沉陷坍塌、防台风、防洪排水措施,冬季作业有防风、防火、防冻、防滑、防煤气中毒措施。

(9)脚手架、吊篮、安全网的设置,各类洞口、临边防止作业人员坠落的措施。现场周围的通行道路及居民的保护隔离措施。

(10)各施工部位要有明显的安全警示牌。

(11)操作者严格遵照安全操作规程,实行标准化作业。

(12)基坑支护、临时用电、模板搭拆、脚手架搭拆要编写专项施工方案。

(13)针对新工艺、新技术、新材料、新结构,制定专门的施工安全技术措施。

(二)组织措施

(1)明确安全目标,建立安全保证体系。

(2)执行国家、行业、地区安全法规、标准、规范,以此制定本工程的安全管理制度,以及各专业的工作安全技术操作规程。

(3)建立各级安全生产责任制,明确各级施工人员的安全职责。

(4)制定安全施工宣传、教育的具体措施,进行安全思想、纪律、知识、技能、法制的教育,加强安全交底工作;施工班组要坚持每天开好班前会,针对施工中的安全问题及时提示;在工人进场上岗前,必须进行安全教育和安全操作培训。

(5)定期进行安全检查活动和召开安全生产分析会议,对不安全因素及时进行整改。

(6)需要持证上岗的工种必须持证上岗。

(7)对影响安全的风险因素(例如,在施工活动中,由于操作者失误、操作对象的缺陷以及环境因素等导致的人身伤亡、财产损失和第三者责任等损失)有识别管理办法和防范对策。

忆一忆

施工准备阶段应该采取哪些安全生产保障措施?

_____

_____

_____

二、基础工程

(1)由工程技术人员编写挖土施工方案。

(2)基础挖土时,在施工现场设置警戒标志,防止机械伤人。要探明地下管网,防止发生意外事故,开挖过程中要有专人监视基坑边的情况变化,防止发生塌方伤人。

(3)在基坑四周绑扎防护栏杆,立杆间距2 m,下埋700 mm,水平杆设三道,分别为扫地杆、腰杆、上杆,护栏高1.2 m,离基坑2 m远,刷红白双色油漆标志,夜间挂红灯示警。基坑四周不得堆放建筑材料和停靠载重车辆。

(4)基坑外施工人员不得向基坑内乱扔杂物,向基坑下传递工具时要接稳后再松手。

(5)坑下人员休息要远离基坑边,以防不慎。

(6)施工机械一切服从指挥,人员尽量远离施工机械,如有必要,现通知操作人员,待回应后方可接近。

(7)坑内外施工人员必须佩戴安全帽。

(8)土方施工时在施工现场设置安全区,派专人负责。

忆一忆

基础工程需要采取哪些安全生产保障措施?

_____
_____
_____

任务知识2 制定主体工程安全生产措施

一、钢筋工程

制定主体工程安全生产措施

(1)钢筋加工前由负责钢筋加工的工长对加工机械(切断机、弯曲机、对焊机、调直机等)的安全操作规程及注意事项进行交底,并由机械技师对所有机械性能进行检查,合格后方可使用。

(2)绑扎边柱、边梁钢筋应搭设防护架,高空绑扎钢筋和安放骨架,须搭设防护架或马道。

(3)多人运钢筋、起落、转停动作要一致,人工传送不得在同一垂直线上,钢筋堆放要分散、稳当,防止倾角和塌落。

(4)绑扎3 m以上柱、墙体钢筋时,搭设操作通道和操作架,禁止在骨架上攀登和行走。

(5)绑扎框架梁必须在有外防护架的条件下进行,外防护架高度必须高出作业面1.2 m,无临边防护不系安全带不得从事临边钢筋绑扎作业。

忆一忆

钢筋工程需要采取哪些安全生产保障措施?

_____
_____
_____

二、混凝土工程

(1)进入施工现场必须佩戴安全帽,高空作业正确系安全带。

(2)泵管在楼内和作业层上要固定牢固,防止打压时泵管移动伤人。

(3)振捣和拉线人员必须穿胶鞋、戴绝缘手套,以防触电。

(4)泵送系统受压时,不得开启任何输送管道。

(5)混凝土施工时派专人检查混凝土泵管卡子,发现有松动、漏浆现象应停止打压,进行加固。

(6)作业前检查电源线路无破损漏电,漏电保护装置灵活可靠,机具各部件连接紧固,旋转方向正确。

(7)振捣器不得放在初凝的混凝土、楼板、脚手架、道路进行试振。

(8)作业转移时,电动机的电源线保持有足够的长度和松度,严禁用电源线拖拉振捣器。

(9)高空及立体叉作业运输混凝土时,应设专人统一指挥。

(10)振捣机器安装漏电保护器,电线架起,不准架设在钢脚手上及钢筋网架上,不准拖地,绝缘良好,振捣工必须使用绝缘手套和绝缘胶鞋。

(11)在布料机动作范围内无障碍物,设置布料机的地方必须具有足够的支撑力。

(12)水平泵送管道线路接近直线,少弯曲,管道及管道支撑必须牢固可靠,且能承受输送过程中产生的水平推力,管道接头密封可靠。

(13)布料机支腿全部支出并固定,未支固前不得启动布料机。布料杆升离支架后方可回转。严禁布料杆起吊或拖拉物件。

忆一忆

混凝土工程需要采取哪些安全生产保障措施？

_____
_____
_____

任务知识3　制定临时施工用电安全生产措施

（1）按JGJ 46—2005《施工现场临时用电安全技术规范》要求由专业电气技术人员编写《临时用电施工组织设计》。经上级部门审批后按《临时用电施工组织设计》施工。临时用电采用TN-S（即三相五线制）系统，实行三级配电两级保护，做到"一机、一闸、一箱、一漏"。

（2）加强施工用电管理，对施工人员进行安全用电教育。

（3）现场各种电气设备未经检查合格不准使用，使用中的电气设备应保持正常的工作状态，严禁带故障运行。

（4）施工现场必须使用制式闸箱并搭设防雨棚，凡被雨淋、水淹的电气设备应进行必要的干燥处理，经检测绝缘合格后方可使用。

（5）配电箱必须坚固、完整、严密并加锁，箱门上设有警示标识并编号，箱内不能有杂物。

（6）施工现场设专业维护电工，电源、电闸箱设专人负责管理，每日按时检查，不允许私接、乱接电器设备。

（7）漏电保护器每周由维护电工按要求检查一次，并做好检查记录，所有电源线、现场照明线必须按要求地下套管敷设。

（8）酒后严禁上岗，工作时间不许打闹，夜班打更忠于职守。

（9）手持电动工具及电钻、无齿锯等电动工具必须加装漏电保护器，设备要有可靠的接地线，移动性手持电动工具的导线采用橡皮软线，测试绝缘应性能良好。

（10）动用电焊、气焊及明火作业需申请动火许可证，施工时必须有防止火灾的措施，加强对现场用火的检查，有专人管理。

（11）使用电气设备前，由电工进行接线运转，正常后交给操作人员使用。

（12）用电人员应按规定穿戴绝缘鞋和防护用品，正确使用绝缘防护用品或工具。

（13）工作结束要将开关箱断电、上锁、保护好电源线和工具。

（14）必须安排身体健康、精神正常、责任心强的人员从事用电工作，操作机械设备必须有操作证。

忆一忆

临时施工用电需要采取哪些安全生产措施？

_____
_____
_____

任务知识4　制定机械设备安全生产措施

（1）加强机械设备的安全管理，按公司管理手册《基础设施和工作环境控制程序》要求塔吊安全保险装置必须齐全、灵敏、可靠。

（2）加强日常维修保养工作，由工程技术人员编制方案，由有专业资质的安装队伍安装，安装前办理安装手续，安装后经有关部门检测合格，发运行牌照后方可使用。

(3)塔吊在允许旋转半径下方,在危险部位搅拌机棚、出入口安全通道、钢筋作业区顶部铺设双层防护棚,间距为600 mm,防护板采用60 mm木板,大风天停止运行后将回转装置松开,且大钩起吊至大臂下2~3 m处。各种施工机械设备必须做到专机专人,按位持证上岗,挂牌使用。

(4)对机械设备日常管理工作,项目部设一名设备管理员,对机械设备的使用、维修、保养情况进行检查,每月将检查记录上报公司设备部,不得带病作业。

(5)所有施工机械设备传动外露部分加设防护罩。

忆一忆

机械设备需要采取哪些安全生产保障措施?

_____
_____
_____

自 学 自 测

判断题(对的划"√",错的划"×",每题10分)

1. 加强安全保护、保障安全生产是国家保障劳动人民生命安全的一项重要措施,也是进行工程施工的一项基本原则。   （   ）
2. 技术准备中要了解工程设计对安全施工的要求,调查工程的自然环境对施工安全以及施工对周围环境安全的影响。   （   ）
3. 应建立各级安全生产责任制,明确各级施工人员的安全职责。   （   ）
4. 各施工部位可以有明显的安全警示牌。   （   ）
5. 进入施工现场必须佩戴安全帽,高空作业必须正确系安全带。   （   ）
6. 钢筋加工前由机械技师对所有机械性能进行检查,合格后方可使用。（   ）
7. 基础挖土时,在施工现场应设置警戒标志,防止机械伤人。   （   ）
8. 使用电气设备前,由电工进行接线运转,正常后交给操作人员使用。（   ）
9. 临时用电实行三级配电两级保护,做到"一机、一闸、一箱、一漏"。（   ）
10. 机械设备应加强日常维修保养,由专业资质安装队伍安装后即可使用。（   ）

任务指导

根据实际工程的建设管理工作需求,施工单位制定安全生产措施包括如下步骤。

一、制定基础工程安全生产措施

结合工程实际情况,制定基础工程安全生产措施,对影响安全的风险因素有识别方法和防范对策。对基坑支护要编写专项施工方案。

二、制定主体工程安全生产措施

结合工程实际情况,制定钢筋工程和混凝土工程的安全生产措施。需要持证上岗的工种必须持证上岗。针对施工中的安全问题及时提示,在工人进场上岗前,必须进行安全教育和安全操作培训。

三、制定临时施工用电安全生产措施

结合工程实际情况和用电安全技术规范要求,制定相应的安全生产措施,要及时供应质量合格的安全防护用品,以满足施工需要。

四、制定机械设备安全生产措施

结合工程实际情况和机械设备使用手册要求,制定相应的安全生产措施。

笔记栏

工 作 单

计 划 单

学习情境3	制定主要技术组织措施	任务3	制定施工安全措施
工作方式	组内讨论、团结协作共同制订计划：小组成员进行工作讨论，确定工作步骤	计划学时	0.5学时
完成人			

计划依据：1. 单位工程施工组织设计报告；2. 分配的工作任务

序号	计 划 步 骤	具体工作内容描述
1	准备工作 （准备材料，谁去做？）	
2	组织分工 （成立组织，人员具体都完成什么？）	
3	制订两套方案 （各有何特点？）	
4	记录 （都记录什么内容？）	
5	整理资料 （谁负责？整理什么？）	
6	制定安全生产保障措施 （谁负责？要素是什么？）	
制订计划说明	（写出制订计划中人员为完成任务的主要建议或可以借鉴的建议、需要解释的某一方面）	

决 策 单

学习情境3	制定主要技术组织措施	任务3	制定施工安全措施
决策学时	0.5学时		

决策目的：确定本小组认为最优的安全生产保障措施

方案优劣比对	方案特点		比对项目	确定最优方案（划√）
	方案名称1：	方案名称2：		
			基础工程安全生产保障措施是否合理	方案1优 □ 方案2优 □
			主体工程安全生产保障措施是否合理	
			临时用电安全生产保障措施是否合理	
			机械设备安全生产保障措施是否合理	
			工作效率的高低	

决策方案描述	（本单位工程最佳方案是什么？最差方案是什么？描述清楚,未来指导现场编写施工组织设计报告的实际工作。）

作 业 单

学习情境3	制定主要技术组织措施		任务3	制定施工安全措施
参加编写人员	第 组 签名：		开始时间： 结束时间：	
序号	工作内容记录 （制定安全生产保障措施的实际工作）		分 工 （负责人）	
1				
2				
3				
4				
5				
6				
7				
8				
9				
10				
11				
12				
小结	主要描述完成的成果及是否达到目标		存在的问题	

检 查 单

学习情境3	制定主要技术组织措施		任务3	制定施工安全措施			
检查学时	课内0.5学时			第　　组			
检查目的及方式	教师过程监控小组的工作情况,如检查等级为不合格,小组需要整改,并拿出整改说明						
序号	检查项目	检 查 标 准	检查结果分级 (在检查相应的分级框内划"√")				
			优秀	良好	中等	合格	不合格
1	准备工作	资源是否已查到、材料是否准备完整					
2	分工情况	安排是否合理、全面,分工是否明确					
3	工作态度	小组工作是否积极主动、全员参与					
4	纪律出勤	是否按时完成负责的工作内容、遵守工作纪律					
5	团队合作	是否相互协作、互相帮助、成员是否听从指挥					
6	创新意识	任务完成不照搬照抄,看问题具有独到见解、创新思维					
7	完成效率	工作单是否记录完整,是否按照计划完成任务					
8	完成质量	工作单填写是否准确,记录单检查及修改是否达标					
检查评语							教师签字:

评 价 单

1. 小组工作评价单

学习情境3	制定主要技术组织措施		任务3	制定施工安全措施	
评价学时	课内0.5学时				
班 级			第 组		
考核情境	考核内容及要求	分值(100)	小组自评(10%)	小组互评(20%)	教师评价(70%)	实得分(∑)
汇报展示(20)	演讲资源利用	5				
	演讲表达和非语言技巧应用	5				
	团队成员补充配合程度	5				
	时间与完整性	5				
质量评价(40)	工作完整性	10				
	工作质量	5				
	报告完整性	25				
团队情感(25)	核心价值观	5				
	创新性	5				
	参与率	5				
	合作性	5				
	劳动态度	5				
安全文明(10)	工作过程中的安全保障情况	5				
	工具正确使用和保养、放置规范	5				
工作效率(5)	能够在要求的时间内完成，每超时5分钟扣1分	5				

注：上表中的"分值"列中标题为"分值(100)"，其余评价列标题分别为"小组自评(10%)"、"小组互评(20%)"、"教师评价(70%)"、"实得分(∑)"。

2. 小组成员素质评价单

学习情境3	制定主要技术组织措施		任务3	制定施工安全措施				
班　　级		第　　组		成员姓名				
评分说明	每个小组成员评价分为自评和小组其他成员评价两部分,取平均值计算,作为该小组成员的任务评价个人分数。评价项目共设计5个,依据评分标准给予合理量化打分。小组成员自评分后,要找小组其他成员以不记名方式打分							
评分项目	评 分 标 准		自评分	成员1评分	成员2评分	成员3评分	成员4评分	成员5评分
核心价值观（20分）	是否有违背社会主义核心价值观的思想及行动							
工作态度（20分）	是否按时完成负责的工作内容、遵守纪律,是否积极主动参与小组工作,是否全过程参与,是否吃苦耐劳,是否具有工匠精神							
交流沟通（20分）	是否能良好地表达自己的观点,是否能倾听他人的观点							
团队合作（20分）	是否与小组成员合作完成任务,做到相互协作、互相帮助、听从指挥							
创新意识（20分）	看问题是否能独立思考,提出独到见解,是否能够创新思维,解决遇到的问题							
最终小组成员得分								

课 后 反 思

学习情境3	制定主要技术组织措施		任务3	制定施工安全措施
班　　级		第　　组	成员姓名	
情感反思	通过对本任务的学习和实训，你认为自己在社会主义核心价值观、职业素养、学习和工作态度等方面有哪些需要提高的部分？			
知识反思	通过对本任务的学习，你掌握了哪些知识点？请画出思维导图。			
技能反思	在完成本任务的学习和实训过程中，你主要掌握了哪些技能？			
方法反思	在完成本任务的学习和实训过程中，你主要掌握了哪些分析和解决问题的方法？			

附录A "自学自测"参考答案

学习情境1

任务1
一、单选题
1. A 2. C 3. B 4. D 5. C。
二、判断题
1. √ 2. √ 3. × 4. √ 5. √。

任务2
一、单选题
1. D 2. C 3. A 4. D 5. C。
二、判断题
1. × 2. √ 3. × 4. √ 5. ×。

学习情境2

任务1
一、单选题
1. A 2. B 3. B 4. B 5. A 6. A 7. A
8. D 9. C 10. B。
二、判断题
1. √ 2. √ 3. √ 4. √ 5. ×。

任务2
一、单选题
1. A 2. C 3. C 4. B 5. B 6. C 7. A
8. B 9. A 10. C。
二、判断题
1. √ 2. √ 3. × 4. √ 5. √。

任务3
一、单选题
1. D 2. A 3. A 4. B 5. D。
二、判断题
1. × 2. √ 3. × 4. × 5. √。

学习情境3

任务1
判断题
1. √ 2. × 3. √ 4. √ 5. × 6. √
7. √ 8. × 9. × 10. √。

任务2
判断题
1. √ 2. √ 3. × 4. √ 5. √ 6. √
7. √ 8. √ 9. √ 10. √。

任务3
判断题
1. √ 2. √ 3. √ 4. × 5. √ 6. √
7. √ 8. √ 9. √ 10. √。

参考文献

[1] 林立,高春萍,白学敏.建筑施工组织[M].北京:中国建材工业出版社,2021.

[2] 刘萍.建筑施工组织[M].西安:西安电子科技大学出版社,2014.

[3] 茹望民.建筑施工组织[M].2版.武汉:武汉理工大学出版社,2017.

[4] 鲁春梅.建筑施工组织(修订版)[M].哈尔滨:哈尔滨工程大学出版社,2012.

[5] 郭庆阳.建筑施工组织[M].2版.北京:中国电力出版社,2014.

[6] 侯洪涛,南振江.建筑施工组织[M].北京:人民交通出版社,2007.

[7] 张廷瑞.建筑施工组织与进度控制[M].北京:北京大学出版社,2012.

[8] 肖凯成,王平,柴家付.建筑施工组织[M].3版.北京:化学工业出版社,2020.

[9] 祁顺彬.建筑施工组织设计[M].2版.北京:北京理工大学出版社,2022.

[10] 徐运明,陈梦琦.建筑施工组织[M].2版.长沙:中南大学出版社,2022.